Méthodes
QUANTITATIVES

Christiane
SIMARD

Approche progressive
pour les sciences humaines

3e édition

les éditions
Le Griffon d'argile

Coordination de l'édition : Sophie Descoteaux **Graphisme :** Charles Lessard
Révision linguistique : Dominique Johnson **Infographie :** Composition Orléans

Tableau de la page couverture
Convergences
Œuvre de Lyse Favreau

les éditions
Le Griffon d'argile

7649, boulevard Wilfrid-Hamel
Sainte-Foy (Québec) G2G 1C3
(418) 871-6898 • 1 800 268-6898
Télécopieur: (418) 871-6818
www.griffondargile.com
admin@griffondargile.com

Méthodes quantitatives. Approche progressive pour les sciences humaines, 3ᵉ édition
ISBN 2-89443-189-9

Nous reconnaissons l'aide financière du gouvernement du Canada par l'entremise du
Programme d'aide au développement de l'industrie de l'édition (PADIE) pour nos activités d'édition.

Gouvernement du Québec - Programme de crédit d'impôt pour l'édition de livres - Gestion SODEC

Dépôt légal 2003
Bibliothèque nationale du Canada
Bibliothèque nationale du Québec

Imprimé au Québec, Canada

À Pierre et Marie-France

Remerciements

Un ouvrage comme celui que vous tenez dans vos mains ne se fait pas sans le concours, au fil des années et des nouvelles éditions, de nombreuses personnes. Je tiens d'abord à exprimer toute ma gratitude à André Ross, sans l'aide et le soutien de qui je ne me serais probablement jamais lancée dans l'incroyable aventure de l'édition.

Je désire aussi remercier ceux et celles qui ont collaboré de près ou de loin à la préparation des deux premières éditions du présent ouvrage : Hélène Laprise a effectué la solution des exercices de la version du manuscrit en notes de cours, et Belhassen Redjeb a apporté de l'information pertinente sur le processus de recherche en sciences humaines. Je désire également souligner l'apport de Louise Viens, Raymond Cloutier, Lyse Favreau, Lise Pariseau, Nancy Lafontaine, Paul-Edmond Lalancette et Lucie Nadeau, qui ont contribué à la correction et à l'amélioration du manuscrit.

Pour ce qui est de cette troisième édition, je m'en voudrais de passer sous silence la collaboration d'Emmanuelle Reny-Nolin, de Mireille Guay et de François Verret.

J'adresse par ailleurs un merci bien chaleureux à mon amie Lyse Favreau qui a réalisé le magnifique tableau de la page couverture et dont quelques éléments ont été repris à l'intérieur de l'ouvrage.

J'ai encore une fois éprouvé beaucoup de plaisir à travailler avec les « filles » du Griffon, Josée Breton, Sophie Descoteaux et Dominique Johnson, qui ont vu à m'égayer et à m'encourager jusqu'à la fin du projet.

Enfin, je suis reconnaissante envers mes étudiants en sciences humaines qui, en me montrant qu'ils appréciaient mes notes de cours, m'ont motivée à en améliorer constamment l'efficacité pédagogique et m'ont amenée à oser publier le présent ouvrage.

Christiane Simard

Avant-propos

De nos jours, il est impensable d'aborder des études universitaires en sciences humaines sans une connaissance de base en statistique. Que ce soit pour effectuer un sondage d'opinions, étudier un phénomène, réaliser une étude de marché ou vérifier la qualité d'un produit, on a recours à la statistique. Le présent manuel expose diverses méthodes statistiques employées pour traiter et analyser les données recueillies dans le cadre d'une étude. La première partie est consacrée à la statistique descriptive et la seconde à l'inférence statistique.

Partie 1 : La statistique descriptive (appelée souvent, dans le langage populaire, « les statistiques ») permet, comme son nom l'indique, de décrire un phénomène à l'aide de données portant sur ce même phénomène (les statistiques démographiques, financières, économiques ou sociales en sont des exemples). De façon plus précise, la statistique descriptive a pour objet l'application de diverses méthodes de présentation et d'analyse de données. C'est grâce à elle que l'on peut transformer des masses de données et de faits en une information concise facilement utilisable. Les quatre premiers chapitres sont consacrés à ce premier volet de la statistique.

Partie 2 : L'inférence statistique permet pour sa part d'étudier une population en utilisant les données d'un échantillon aléatoire tiré de cette population. Dans ce second volet de la statistique, nous apprenons comment estimer un paramètre d'une population, tester une hypothèse de recherche et étudier la relation entre deux variables en se basant sur des données échantillonnales. Par exemple, nous voyons comment, à partir d'un échantillon aléatoire de 1 000 électeurs, on peut prévoir les résultats d'une élection avec une certaine précision, ou encore comment tester l'hypothèse voulant qu'il y ait un lien entre le sexe et l'opinion politique. Le chapitre 5 porte sur l'étude de la loi normale, modèle mathématique dont l'acquisition est nécessaire pour aborder les chapitres 6 et 7 qui portent respectivement sur l'estimation et les tests d'hypothèse de paramètres d'une population. Enfin, le chapitre 8 aborde l'étude de la relation entre deux variables.

Démarche pédagogique

Les notions sont introduites selon une approche pédagogique **original**e caractérisée par une présentation visuelle des différents concepts. Afin de donner du sens à ces derniers, une approche **intuitive**, par des mises en situation notamment, est privilégiée avant la formalisation. En outre, pour soutenir l'apprentissage, des **exercices éclair** permettent de vérifier au fur et à mesure, en classe, la compréhension de la matière. À cela s'ajoutent des exemples et des exercices diversifiés, la plupart du temps conçus à partir de **données réelles**. Des **exercices récapitulatifs** et une liste des compétences à acquérir permettent de réviser les notions d'un chapitre. Pour faciliter l'intégration des concepts, on trouve un **résumé** et un **problème de synthèse** à la fin de chacune des parties du manuel. Afin de préparer l'élève à une évaluation de synthèse de session, le second problème de synthèse porte sur toutes les notions présentées dans l'ouvrage.

Il est reconnu que l'apprentissage est de meilleure qualité et beaucoup plus intéressant lorsqu'on fait plutôt que lorsqu'on regarde faire : ainsi a-t-on recours à des **exemples à compléter** afin d'inviter, par des questionnements, les élèves à participer activement à la construction de leur connaissance.

Quoi de neuf dans cette 3e édition ?

Le lecteur trouvera une nouvelle mise en pages dynamique et une réorganisation de la matière entre les chapitres 3 et 4, et 7 et 8. Les ratios et les taux sont maintenant traités dans le chapitre 4. Le test du khi-deux a été déplacé au chapitre 8 et sa présentation ne nécessite pas d'avoir au préalable vu le chapitre 7 portant sur les tests d'hypothèse, sur une moyenne et un pourcentage.

Les problèmes avec données réelles ont été actualisés ou, dans certains cas, remplacés pour susciter plus d'intérêt. L'approche pédagogique de certaines notions, telle l'estimation, a été raffinée, notamment, par l'ajout d'analogies et d'exercices de compréhension qui devraient aider à dégager le sens.

Un résumé a été ajouté à la fin de chacune des deux parties de l'ouvrage et le problème de synthèse de la partie 1 a été remplacé. De plus, la solution des deux problèmes de synthèse est maintenant donnée dans le livre.

Également chez l'éditeur

Méthodes quantitatives. Approche progressive pour les sciences humaines, 3e édition (maître) ISBN 2-89443-190-2

Méthodes quantitatives. Laboratoires Excel ISBN 2-89443-191-0

Conçu pour accompagner le manuel *Méthodes quantitatives*, ce document initie, par la méthode du pas à pas, à l'utilisation d'Excel pour le traitement statistique de données. Le tableau qui suit expose les objectifs des laboratoires et donne un aperçu du contenu de chacun.

Laboratoire[1]	Objectif	Contenu
Laboratoire 1	Traiter les données d'une variable qualitative.	Tableau de distribution, diagrammes circulaire et à rectangles.
Laboratoire 2	Traiter les données d'une variable quantitative.	Tableau de distribution, mesures et histogramme.
Laboratoire 3	Traiter simultanément les données de deux variables.	Tableau à deux variables, mesures, diagramme à barres et polygone de fréquences.
Laboratoire 4	Étudier la relation entre deux variables.	Test d'indépendance du khi-deux, corrélation et régression linéaire.

1.   On peut utiliser l'une ou l'autre des versions suivantes du logiciel : Excel 1997 ou Excel 2000 sous Windows, Excel 1998 ou Excel 2001 sous MacOs.

Matériel complémentaire

Les professeurs qui adoptent l'ouvrage pourront se procurer les documents suivants auprès de l'éditeur :

• Pour la prestation du cours :
   – la version maître,
   – des transparents.

Sur CD-ROM :
- Pour la planification du cours :
  - un plan de cours,
  - un calendrier répartissant, par rencontre, la matière et les activités d'apprentissage.
- Pour l'évaluation de la matière :
  - une banque de tests portant sur différents chapitres,
  - deux examens de synthèse exploitant l'ensemble de la matière dans l'étude d'un phénomène.
- Pour consolider les apprentissages :
  Trois travaux longs :
  - les familles résidant dans les habitations à loyer modique,
  - le passage du secondaire au collégial,
  - l'épreuve uniforme de français.

Le travail consiste à étudier une population à partir de données échantillonnales (chaque élève disposant de son propre échantillon). Il vise à faciliter l'intégration des notions présentées en classe et en laboratoire. Voici la liste des documents fournis pour chaque travail :

- le document « Sondage » contenant les consignes pour réaliser l'étude,
- la base de données de la population (données réelles),
- une série de 80 échantillons présélectionnés (chaque échantillon contient dix numéros de répondants dont la valeur des variables doit être prélevée dans la population),
- des réponses, pour chaque échantillon, ainsi qu'une grille de correction.

On peut avoir un aperçu de ces documents sur le site Internet des éditions Le Griffon d'argile (www.griffondargile.com).

RUBRIQUES ET ÉLÉMENTS PARTICULIERS

Objectifs de chapitre et de laboratoire

Au début de chaque chapitre sont énoncés les objectifs de formation visés ainsi que les objectifs du laboratoire associé au chapitre.

MISES EN SITUATION

La mise en situation est un problème permettant d'introduire concrètement une notion avant de passer à sa formalisation. L'icône ❖, qui figure dans certaines mises en situation, annonce une question dont la réponse permettra de guider l'élève dans la recherche d'une solution.

EXEMPLES

Pour éviter un apprentissage par mimétisme sans réelle compréhension, nous n'avons pas misé sur la quantité des exemples, mais plutôt sur la qualité et l'efficacité pédagogique de ceux-ci. Pour permettre un cours plus dynamique, nous avons choisi de ne pas écrire la solution de certains exemples afin d'inviter l'élève à participer à la construction de la solution.

Exercices

Chaque série d'exercices comporte des problèmes de compréhension, des applications (dont un grand nombre avec des données réelles) et des questions portant sur des notions vues dans les chapitres antérieurs. Afin d'éviter les problèmes répétitifs qui conduisent trop souvent à un apprentissage irréfléchi, chaque problème d'une série d'exercices aborde la matière sous un angle différent du problème précédent.

Exercices éclair

Ces exercices permettent de faire une pause dans le déroulement du cours afin que l'élève et le professeur puissent mesurer jusqu'à quel point la matière est comprise.

Exercices récapitulatifs

À la fin de chaque chapitre figurent des problèmes, présentés dans un ordre aléatoire, qui portent sur l'ensemble des notions du chapitre.

Préparation à l'examen

Sous cette rubrique apparaît la liste des compétences attendues à la fin d'un chapitre. Cette liste est présentée sous forme d'une liste de contrôle, et l'élève peut s'en servir pour guider sa révision en vue d'une évaluation.

Résumé de partie

On trouve à la fin de chacune des deux parties de l'ouvrage un résumé des notions présentées.

Problème de synthèse

Présenté sous la forme d'étude d'un phénomène, il permet un retour sur les notions étudiées. Le premier problème porte sur les notions de la première partie et le second sur celles de l'ensemble de l'ouvrage.

Table des matières

Partie

1

Statistique descriptive

La recherche en sciences humaines et les types de variables

OBJECTIFS

– Situer les méthodes quantitatives dans un processus de recherche.

– Définir les étapes d'une démarche scientifique de recherche.

– Différencier une population d'un échantillon.

– Distinguer un recensement d'un sondage.

– Définir les types de variables et les échelles de mesure.

Avant d'aborder la statistique descriptive,
nous nous intéresserons à la place qu'occupent
les méthodes quantitatives en sciences humaines.
Par la suite, nous définirons les termes couramment
employés en statistique et apprendrons à classer
les variables selon certaines caractéristiques.

Quel est le rôle des méthodes quantitatives en sciences humaines ?

Les méthodes quantitatives tiennent une place importante dans les différentes disciplines des sciences humaines où elles sont employées, entre autres choses, pour représenter divers phénomènes par des données numériques : le chômage, l'évolution des prix, la natalité, etc. Dans une recherche en sciences humaines, on a recours aux méthodes quantitatives pour présenter et analyser les données recueillies et pour valider statistiquement le lien présumé entre certains éléments d'un sujet de recherche. La première partie du présent chapitre va permettre de mieux saisir le rôle des méthodes quantitatives dans un processus de recherche en sciences humaines.

1.1   La recherche en sciences humaines

1.1.1   Méthodes d'acquisition de connaissances

Les sciences humaines traitent de l'étude de l'être humain sous tous ses aspects : comportement, environnement, histoire, organisation sociale, etc. Les situations observées sont souvent complexes au point de paraître ambiguës, et seule une approche rigoureuse de la réalité peut permettre l'acquisition des connaissances de ces concepts. Il existe deux méthodes d'acquisition de connaissances : la méthode scientifique et la méthode non scientifique.

La caractéristique principale d'une connaissance scientifique est qu'elle peut être vérifiable, c'est-à-dire démontrable par des faits observés dans la réalité. Une connaissance acquise par une méthode scientifique provient et résulte d'une démarche structurée d'observation objective de la réalité. Cette démarche, lorsqu'elle est reprise par d'autres chercheurs, devrait aboutir au même résultat, c'est-à-dire à la même connaissance.

Par opposition à ce qui précède, la démarche non scientifique produit des connaissances qui relèvent des subjectivités ou des croyances d'ordre métaphysique. La démarche artistique et les croyances religieuses en sont des exemples.

1.1.2 **Domaines de recherche**

Deux domaines de recherche s'appuient sur une méthode scientifique d'acquisition de connaissances : la recherche théorique et la recherche empirique.

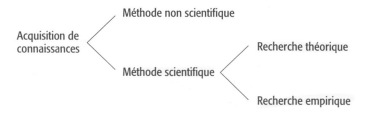

La recherche théorique (savoir théorique) s'appuie sur des règles logiques pour élaborer des concepts et des cadres d'analyse qui viennent enrichir les connaissances scientifiques. La recherche empirique (savoir pratique) porte sur des objets concrets et précis ; c'est une recherche des faits et des phénomènes faite sur le terrain. L'objet d'une recherche empirique doit être observable et mesurable. Les sciences humaines ont recours aux deux types de recherche. Toutefois, un enseignement de base en sciences humaines doit être axé sur la connaissance de faits et de phénomènes, en privilégiant la recherche empirique.

1.1.3 **Méthodes quantitatives et méthodes qualitatives**

Dans une recherche empirique, il y a deux approches possibles d'un sujet de recherche : l'approche qualitative et l'approche quantitative.

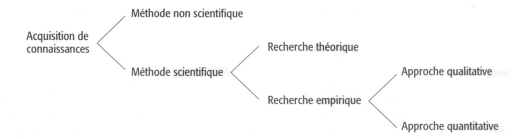

L'approche retenue sera déterminée en fonction du but, de la question et de l'hypothèse de recherche. Une approche qualitative sera privilégiée si le but de la recherche est d'explorer un phénomène inconnu ou d'analyser l'évolution d'un individu ou d'une société. Un historien utilisera une approche qualitative pour dresser, à l'aide d'écrits et d'entrevues, la vie d'un homme politique ; un anthropologue adoptera aussi cette approche pour reconstituer, à l'aide d'artefacts et de différents documents, le mode de vie des Iroquois au XVIIe siècle ; il en sera de même pour un psychologue qui, en procédant à des études de cas, relèvera les principaux problèmes vécus par les membres d'une famille dont un des parents est alcoolique. Généralement, les faits observés dans une recherche qualitative ne sont pas d'ordre numérique, ce qui amène le chercheur à employer des méthodes qualitatives pour analyser les données recueillies. Ces méthodes consistent essentiellement à grouper les données selon certains critères de classification avant d'en faire l'analyse et d'en dégager une signification.

Une approche quantitative sera appropriée si le but de la recherche est de décrire de façon détaillée un phénomène quantifiable (que l'on peut mesurer à l'aide de nombres) ou de l'expliquer en faisant ressortir les liens entre les différents éléments. Les données recueillies dans ce type d'étude seront analysées à l'aide des diverses méthodes quantitatives que nous présenterons dans le présent manuel. L'approche quantitative est celle qui est la plus utilisée en sciences humaines ; que l'on pense à toutes les études qui portent sur les analyses d'opinion, d'attitude ou de comportement.

Il ne faut pas conclure pour autant que le choix d'une approche quantitative dans une recherche exclut nécessairement l'approche qualitative ; dans bien des cas, ces deux approches sont complémentaires. Supposons, par exemple, qu'une étude soit menée auprès des enfants placés dans des familles d'accueil ; on peut utiliser une approche quantitative pour dresser le profil de ces enfants (âge, sexe, cause du placement, type de famille d'accueil...). Par la suite, une analyse qualitative de l'expérience de vie de certains de ces enfants pourrait venir compléter la recherche.

1.1.4 La démarche scientifique

Pour qu'une recherche soit crédible, il faut qu'elle soit menée en respectant une démarche structurée et rigoureuse que l'on appelle la **démarche scientifique**. Le respect des différentes étapes de la démarche scientifique garantira des résultats de recherche valides, vérifiables et transmissibles. Bien qu'il puisse y avoir une certaine variation dans le nombre d'étapes d'une discipline à une autre des sciences humaines, nous arrêterons notre choix sur une démarche constituée des sept étapes suivantes :

1. Formuler la problématique et préciser la question de recherche.
2. Élaborer l'hypothèse de recherche.
3. Opérationnaliser les concepts.
4. Choisir la technique d'observation et construire l'instrument de mesure.
5. Effectuer l'observation.
6. Traiter et organiser les données.
7. Analyser et interpréter les données.

Avant d'aborder chacune de ces étapes, il est bon de préciser que les cinq premières étapes de la démarche scientifique sont vues en profondeur dans le cours Méthodologie en sciences humaines, alors que les deux dernières étapes font partie du contenu du cours Méthodes quantitatives.

1. Formuler la problématique et préciser la question de recherche

Cette première étape consiste à présenter la problématique de la recherche : cerner clairement le problème, le situer par rapport aux autres recherches sur le même sujet, préciser en quoi la recherche que l'on désire entreprendre apportera un éclairage nouveau. Il va de soi qu'une recension des études sur le sujet de recherche est préalable à la présentation de la problématique. Une fois que celle-ci est établie, le but et les objectifs particuliers de la recherche devront être clairement définis. Généralement, le but de la recherche est exprimé sous forme de question. Voici quelques exemples de questions de recherche :

- Y a-t-il un lien entre l'âge d'un étudiant à son entrée au cégep et son rendement scolaire au premier trimestre ?
- Quelles sont les caractéristiques socioéconomiques des personnes ayant déjà consommé de la drogue ?
- L'accès d'un élève du secondaire aux études collégiales dépend-il de son origine socioéconomique ?
- Quel est l'effet de la délinquance d'un enfant sur la vie de ses parents ?

2. Élaborer l'hypothèse de recherche

Une hypothèse est une réponse plausible donnée par le chercheur à la question de recherche. C'est l'hypothèse qui donne un sens et oriente la recherche. Les choix à faire tant en ce qui concerne la sélection des observations que la méthode d'analyse (qualitative ou quantitative) seront déterminés à partir de l'hypothèse de recherche. Il est important de préciser que, même si l'analyse des données recueillies ne confirme pas l'hypothèse de recherche, la recherche aura quand même fait avancer la connaissance. L'hypothèse s'exprime sous la forme d'une affirmation établissant un lien entre deux ou plusieurs éléments du problème. Une recherche peut contenir plusieurs hypothèses. Voici des hypothèses possibles pour les questions de recherche énoncées ci-dessus :

- Il y a un lien entre l'âge d'un étudiant à son entrée au cégep et son rendement scolaire au premier trimestre.

- Le pourcentage de personnes ayant déjà consommé de la drogue augmente avec la scolarité et le revenu.

- Les chances d'accès aux études collégiales augmentent avec l'augmentation du niveau socioéconomique d'origine de l'élève.

- Les parents d'un enfant délinquant sont touchés dans leur vie de couple, le rendement au travail, les rapports aux autres et leur propre estime.

3. Opérationnaliser les concepts

Une hypothèse contient souvent des concepts qui peuvent porter à plusieurs interprétations, par exemple : qu'est-ce qu'on entend par « rendement scolaire » ? Pour éviter de mauvaises interprétations, le chercheur doit préciser le sens de chaque concept et indiquer les dimensions du concept qui seront retenues. Il doit de plus déterminer les indicateurs (signes mesurables et observables par des faits) qui seront utilisés pour mesurer les dimensions du concept dans la réalité. À la fin de ce processus, le chercheur aura opérationnalisé les concepts et pourra, s'il y a lieu, raffiner son hypothèse de recherche de façon que celle-ci soit exprimée en termes clairs et vérifiables par des faits. Voici, à titre d'exemple, comment on peut opérationnaliser le concept de « rendement scolaire » et raffiner l'hypothèse de recherche qui s'y rattache :

Définition
Le rendement scolaire peut être défini comme le rapport entre le nombre de cours réussis, abandonnés ou échoués et le nombre de cours suivis par l'étudiant à son premier trimestre au collégial.

Dimensions
Cours suivis, cours réussis, cours abandonnés, cours échoués.

Indicateurs
Nombre de cours suivis
Nombre de cours réussis
Nombre de cours abandonnés
Nombre de cours échoués

Reformulation de l'hypothèse
Plus l'étudiant est jeune à son entrée au collégial, plus son taux de réussite au premier trimestre est élevé.

> **REMARQUE** La notion d'indicateur correspond à ce que l'on appelle une **variable** en statistique.

4. Choisir la technique d'observation et construire l'instrument de mesure

À cette étape, le chercheur doit décider si les observations s'effectueront sur toute la population visée par l'étude ou sur un échantillon de cette population. Il doit aussi choisir la technique qu'il entend utiliser pour effectuer ses observations : entrevues, étude de cas, enquête de type sondage, enquête sociologique, histoire de vie, etc. Par la suite, il doit construire l'instrument de mesure nécessaire pour la collecte des données sur le terrain : grille d'observation, questionnaire, schéma d'entrevues...

5. Effectuer l'observation

Il s'agit ici de procéder à la collecte de l'information ou des données auprès de la population ou de l'échantillon choisi en utilisant l'instrument de mesure construit et la technique d'investigation retenue.

6. Traiter et organiser les données

C'est à cette étape que l'on effectue la saisie des données à l'ordinateur et que l'on procède au groupement des données pour les présenter sous forme de tableaux et de graphiques afin d'en faciliter l'analyse. Les diverses règles permettant de grouper et de présenter des données seront abordées dans le présent ouvrage.

7. Analyser et interpréter les données

Cette étape est l'aboutissement de tout processus de recherche. Le chercheur recourt aux méthodes statistiques pour analyser les données recueillies et pour vérifier si ces dernières permettent de confirmer, de rejeter, de reformuler ou d'annuler son hypothèse de recherche. C'est aussi à cette étape qu'il peut, dans le cas d'une étude faite sur un échantillon aléatoire, généraliser à toute la population les caractéristiques observées sur l'échantillon.

1.2 Exercices

Vous trouverez facilement les réponses à ces exercices dans le texte qui précède.

1. Donner le nom des deux méthodes d'acquisition de connaissances.

2. Quels sont les deux grands domaines de recherche où l'on recourt à la méthode scientifique ?

3. Quelles sont les deux approches possibles pour étudier un sujet de recherche ?

4. Indiquer s'il faut privilégier une approche qualitative ou quantitative pour les sujets de recherche suivants.

   a) Analyser l'évolution des demandes constitutionnelles du Québec de 1940 à 1996.

   b) Analyser l'évolution socioéconomique de la région de Montréal de 1985 à 1995.

5. Donner les étapes de la démarche scientifique de recherche en sciences humaines.

6. À quelle étape ou à quelles étapes doit-on recourir aux méthodes quantitatives dans le processus de la démarche scientifique de recherche en sciences humaines ?

7. Donner trois éléments qui font partie de la présentation de la problématique d'une recherche.

8. Sous quelle forme est généralement présenté le but de la recherche ?

9. Qu'est-ce qu'une hypothèse de recherche ?

10. En quoi consiste l'opérationnalisation d'un concept ?

11. Une fois les données d'une recherche recueillies, à quoi servent les statistiques ?

1.3 La terminologie et les variables

Nous avons vu dans la première partie du chapitre qu'un des rôles des méthodes quantitatives dans un processus de recherche est de fournir des outils permettant de grouper et de présenter les données recueillies afin d'en faciliter l'analyse. La façon de procéder pour ce faire dépend du type de la variable (indicateur) étudiée ; c'est pourquoi nous commencerons par apprendre à reconnaître et à classer ces variables. Mais, auparavant, il est important de bien définir quelques-uns des termes couramment employés en statistique.

1.3.1 Terminologie

Comme toute science, la statistique a un vocabulaire qui lui est propre et qu'il convient de définir avant d'en aborder l'étude.

Population et recensement

On donne le nom de **population** à l'ensemble de toutes les personnes, de tous les objets ou de tous les faits sur lesquels porte une étude. Chaque élément de la population est appelé **unité statistique**.

Un **recensement** est une étude réalisée auprès de toutes les unités statistiques de la population.

EXEMPLE

Pour chacun des sujets d'étude suivants, décrire la population et l'unité statistique, et dire pourquoi il s'agit d'un recensement.

a) On désire évaluer le cours Méthodes quantitatives en faisant remplir un questionnaire à tous les étudiants ayant suivi ce cours.

Population étudiée : l'ensemble des étudiants ayant suivi le cours Méthodes quantitatives.

Unité statistique : un étudiant.

Étude faite par recensement : tous les étudiants auront à répondre au questionnaire.

b) On veut étudier la nature des crimes enregistrés en 1995 par le Service de police de Québec.

Population étudiée : tous les crimes enregistrés en 1995 par le Service de police de Québec.

Unité statistique : un dossier criminel.

Étude faite par recensement : tous les dossiers criminels seront étudiés.

NOTE Le recensement le plus connu est celui qu'effectue Statistique Canada tous les cinq ans à la grandeur du pays. Il permet, entre autres choses, de connaître la taille exacte de la population canadienne ainsi que sa répartition géographique. Les coûts d'une telle opération sont élevés : à titre d'exemple, celui de 1991 a coûté 250 millions de dollars et a nécessité l'embauche de 45 000 personnes.

Échantillon et sondage

Un **échantillon** est un sous-ensemble d'unités de la population sur lesquelles on effectue une étude. Si l'échantillon est choisi au hasard, on pourra généraliser certains résultats à l'ensemble de la population. Dans le cas contraire, on ne pourra pas faire d'inférence statistique.

Un **sondage** est une étude menée auprès d'un échantillon provenant de la population que l'on désire étudier.

Pour chacun des sujets d'étude suivants, décrire la population, l'unité statistique et l'échantillon.

a) Dans un sondage, on interroge 1 000 électeurs prélevés au hasard parmi tous les électeurs du Québec pour connaître leur intention de vote.

Population étudiée : tous les électeurs du Québec.

Unité statistique : un électeur.

Échantillon : les 1 000 électeurs prélevés au hasard.

b) On veut vérifier si le volume moyen de jus versé par une machine dans des contenants, au cours de la dernière heure de production, est bien conforme au volume désiré. Pour ce faire, on prélève au hasard 20 contenants de la dernière heure de production et on vérifie le volume de jus de chacun.

Population étudiée : les contenants de jus de la dernière heure de production.

Unité statistique : un contenant de jus.

Échantillon : les 20 contenants de jus prélevés dans la dernière heure de production.

c) Pour connaître les habitudes de lecture des étudiants du cégep, on fait remplir un questionnaire à un échantillon de 200 étudiants du cégep choisis au hasard.

Population étudiée : tous les étudiants du cégep.

Unité statistique : un étudiant.

Échantillon : les 200 étudiants du cégep prélevés au hasard.

Variable

Une **variable** est une caractéristique de l'unité statistique que l'on désire étudier. Elle peut prendre des valeurs différentes selon l'unité statistique considérée. Une même unité statistique peut comporter plusieurs variables.

– Si l'unité statistique considérée est un travailleur, la variable pourrait être l'âge, le sexe ou le salaire.

– Si l'unité statistique est un cégep, la variable pourrait être le nombre d'étudiants, la langue d'enseignement ou le nombre de programmes de formation technique offerts.

1.3.2 **Classification des variables**

Variable qualitative et variable quantitative

Une variable sera dite **quantitative** lorsque ses valeurs possibles sont des nombres (quantité). Sinon, elle sera dite **qualitative** (qualité) et on donnera alors le nom de **catégories** ou de **modalités** à ses valeurs.

NOTE Si, dans une question portant sur une variable précise, on désire donner la liste des valeurs ou des catégories de la variable, cette liste doit comporter les caractéristiques suivantes :
– Elle doit être *exhaustive* : il faut y inclure tous les cas. On doit souvent prévoir une catégorie « autre » pour les réponses que l'on ne peut prévoir.
– Elle doit être *exclusive* : chaque valeur ou catégorie exclut les autres. Il n'y a pas possibilité de chevauchement ou de recoupement entre les valeurs ou les catégories.

EXEMPLE

Pour chacune des questions suivantes, nommer la variable, donner ses valeurs ou ses catégories et dire si elle est quantitative ou qualitative.

a) « Depuis combien de temps êtes-vous marié(e) ? »

Variable : nombre d'années de mariage.

Valeurs : probablement des nombres compris dans l'intervalle]0 an ; 60 ans[.

C'est une variable quantitative.

b) « Quel est votre sexe ? »

Variable : sexe du répondant.

Catégories : féminin, masculin.

C'est une variable qualitative.

c) « Combien d'enfants avez-vous ? »

Variable : nombre d'enfants.

Valeurs : 0, 1, 2, 3…

C'est une variable quantitative.

d) « Vivez-vous dans une famille monoparentale, biparentale traditionnelle ou reconstituée ? »

Variable : type de famille.

Catégories : monoparentale, biparentale traditionnelle, reconstituée.

C'est une variable qualitative.

Types de variables qualitatives

Une variable qualitative sera dite **ordinale** si l'on peut établir une relation d'ordre entre les catégories de la variable ; sinon, elle sera dite **nominale**.

EXEMPLES

a) Les catégories suggérées comme réponse à la question « Aimez-vous les études ? » sont :

Pas du tout   Un peu   Moyennement   Beaucoup

Cette variable est de type qualitative ordinale.

b) Les catégories suggérées pour la question « Quelle est votre situation de famille ? » sont :

Célibataire   Séparé(e)   Marié(e)   Veuf (veuve)   Divorcé(e)   Conjoint(e) de fait

Cette variable est de type qualitative nominale.

c) Les catégories suggérées pour la question « Vous êtes-vous senti(e) seul(e) au cours de la dernière semaine ? » sont :

Jamais   De temps en temps   Assez souvent   Très souvent

Cette variable est de type qualitative ordinale.

Types de variables quantitatives

Une variable quantitative est dite **discrète** si les valeurs qu'elle peut prendre sont isolées les unes des autres. Si, théoriquement, la variable peut prendre n'importe laquelle des valeurs contenues dans un intervalle donné de nombres réels, elle sera dite **continue**. Autrement dit, pour une variable continue, on peut, si on le désire, augmenter la précision de la mesure, ce que l'on ne peut pas faire avec une variable discrète.

EXEMPLES

a) Les variables suivantes sont des variables quantitatives discrètes :

– le nombre d'enfants dans une famille : 0, 1, 2…

– le nombre de téléphones par ménage : 1, 2…

– le nombre d'employés dans un magasin : 1, 2, 3…

b) Les variables suivantes sont des variables quantitatives continues :

– l'âge d'une personne. En effet, quand vous dites que vous avez 18 ans, en fait votre âge réel est un nombre entre 18 ans et 0 jour et 18 ans et 364 jours, donc un nombre situé quelque part dans l'intervalle [18 ans, 19 ans [. Par exemple, en réalité, vous avez peut-être 18,43 ans ;

– la taille d'une personne. Quand on dit qu'une personne mesure 172 cm, ce résultat est approximatif : sa vraie taille est en fait un nombre entre 171,5 cm et 172,5 cm, donc compris dans l'intervalle]171,5 cm, 172,5 cm[. Pour aller chercher la taille exacte, il nous faudrait un instrument de mesure beaucoup plus précis qu'un ruban gradué en centimètres ;

– le temps pris par le traversier pour faire la navette entre Québec et Lévis ;

– le nombre moyen d'enfants par famille pour chacune des villes du Québec ;

– le pourcentage de filles dans chaque programme du cégep.

Le schéma suivant illustre la subdivision des variables selon leurs types.

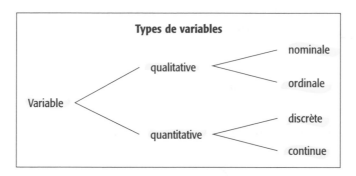

1.4 Échelles de mesure

Échelle nominale

Il arrive souvent que l'on fasse correspondre un code numérique à chaque catégorie d'une variable qualitative nominale dans le but de manipuler plus facilement les données. On dit alors que l'on emploie une **échelle nominale** pour coder les catégories. Par exemple, on peut attribuer le code 0 à la catégorie « masculin » et le code 1 à la catégorie « féminin » de la variable « sexe ». Dans ce contexte, il est évident qu'il n'y a pas de relation d'ordre possible entre ces codes, et il serait faux d'écrire que $0 < 1$, les nombres 0 et 1 ayant été attribués de façon arbitraire.

Une échelle nominale permet uniquement de différencier les catégories d'une variable par des codes. Elle ne permet pas d'établir une relation d'ordre entre les codes, ni d'effectuer des opérations arithmétiques $(+, -, \times, \div)$ avec ces codes.

Échelle ordinale

Lorsque des codes sont assignés aux catégories d'une variable qualitative ordinale, on dit que l'on emploie une **échelle ordinale** pour coder les catégories. Par exemple, à la question « Aimez-vous les études ? », les catégories pourraient être codées ainsi :

1. Pas du tout   2. Un peu   3. Moyennement   4. Beaucoup

Dans ce cas-ci, on peut établir une relation d'ordre entre les différents codes et affirmer que $1 < 2$ ou que $3 < 4$.

On utilise aussi ce genre d'échelle pour une variable quantitative dont les valeurs sont présentées sous forme de catégories codées. Par exemple, à la question « Quel est votre salaire ? », on a codé les réponses ainsi :

1. 19 999 $ et moins   2. Entre 20 000 $ et 49 999 $ 3. 50 000 $ et plus

Une échelle ordinale permet de différencier les catégories de la variable et de les ordonner par des codes. Par contre, elle ne permet pas d'effectuer d'opérations arithmétiques $(+, -, \times, \div)$ avec ces codes.

Échelle d'intervalle

On se sert de cette échelle uniquement pour des variables quantitatives. Les échelles de température graduées en Celsius ou en Fahrenheit emploient une échelle d'intervalle. Ce type d'échelle est caractérisé par le fait que le zéro et la graduation sont fixés par convention. Par exemple, en degrés Celsius, 0 correspond au point de congélation de l'eau et 100 à son point d'ébullition. Il y a donc 100 degrés d'écart entre ces deux températures. En degrés Fahrenheit, le point de congélation de l'eau est de 32 et le point d'ébullition de 212, ce qui constitue un écart de 180 degrés. Cet exemple illustre le fait que les graduations de ces échelles de température ont été établies par convention et que 0 degré est seulement un point de repère de l'échelle ; il n'indique pas que la caractéristique mesurée n'existe pas. En d'autres mots, lorsque la température est de 0 °C, ça ne veut pas dire qu'il y a absence de température.

Ce type d'échelle nous permet de comparer deux valeurs par soustraction, mais pas par division. En effet, on peut dire qu'il y a une différence de 4 degrés entre la température de 2 degrés d'hier et celle de 6 degrés d'aujourd'hui. Par contre, on ne peut comparer ces températures par division (6 degrés $\div$ 2 degrés = 3) en disant qu'il fait 3 fois plus chaud aujourd'hui qu'hier.

La mesure du temps, selon le calendrier grégorien, emploie aussi une échelle de mesure d'intervalle. On peut dire qu'une personne née en 1970 est 10 ans plus vieille qu'une personne née en 1980. On peut comparer ces valeurs par soustraction, mais pas par division (l'opération 1980 $\div$ 1970 n'a pas de sens). L'an zéro est fixé par convention et n'implique pas qu'il y avait alors absence de temps.

Une échelle d'intervalle permet de différencier les valeurs de la variable, de les ordonner et de les comparer par soustraction, mais pas par division.

Échelle de rapport

C'est une échelle que l'on emploie avec des variables quantitatives. Dans une échelle de rapport, le zéro est absolu, c'est-à-dire qu'il n'est pas fixé par convention. Une valeur zéro signifie alors une absence de la caractéristique mesurée. Par exemple, on utilise une échelle de rapport pour mesurer le nombre d'échecs d'un étudiant : un étudiant qui a 6 échecs en a 4 de plus que celui qui en a 2 ; on peut aussi dire qu'il en a 3 fois plus. La valeur 0 indique qu'un étudiant n'a pas eu d'échec.

Une échelle de rapport permet de différencier les valeurs de la variable, de les ordonner et de les comparer par soustraction ou par division. C'est l'échelle qui offre le plus de possibilités.

Utilité des échelles de mesure

Le choix de l'échelle de mesure est déterminant pour l'analyse d'une variable : plus une mesure est précise, plus l'analyse des résultats pourra être raffinée. Par exemple, une échelle de rapport permet une analyse plus détaillée des données recueillies qu'une échelle nominale ou ordinale. Il faut donc toujours se préoccuper de la précision recherchée pour la caractéristique mesurée en choisissant son échelle de mesure.

EXEMPLE

Supposons qu'un chercheur désire obtenir de l'information sur la consommation de cigarettes chez les jeunes. Pour ce faire, il peut poser l'une ou l'autre des questions suivantes :

Q1 : Fumez-vous la cigarette ?   1. Oui   2. Non

On utilise ici une échelle nominale. À l'analyse des données, ce type de mesure permettra uniquement de calculer le pourcentage de fumeurs ou de non-fumeurs parmi les répondants.

Q2 : Fumez-vous la cigarette ?
1. Jamais   2. Rarement   3. Occasionnellement   4. Régulièrement

Dans cette question, on utilise une échelle ordinale qui permettra une analyse un peu plus détaillée que l'échelle choisie à la question Q1. En effet, on pourra calculer le pourcentage de fumeurs parmi les répondants et répartir ces fumeurs en trois types.

Q3 : Généralement, combien de cigarettes fumez-vous par jour ?
1. 0   2. De 1 à 10   3. De 11 à 25   4. 26 et plus

On emploie ici aussi une échelle ordinale qui permettra de faire le même genre d'analyse qu'à la question Q2. Toutefois, l'utilisation d'une variable quantitative permettra de mieux distinguer les différents types de fumeurs.

Q4 : Généralement, combien de cigarettes fumez-vous par jour ?

Pour cette question, on emploie une échelle de rapport. Ce type d'échelle permettra une analyse très raffinée des réponses obtenues. On pourra calculer le pourcentage de fumeurs parmi les répondants, le pourcentage de fumeurs selon les différents types de fumeurs qu'il nous plaira de définir, calculer le nombre moyen de cigarettes fumées par jour, etc.

Cet exemple illustre bien comment le choix de réponses offert à une question est déterminant pour l'analyse d'une variable.

Le tableau suivant associe les types de variables à chaque échelle de mesure.

Échelle de mesure et type de variable

Échelle de mesure	Type de variable
Échelle nominale	Qualitative nominale
Échelle ordinale	Qualitative ordinale Quantitative (discrète et continue)
Échelle d'intervalle	Quantitative (discrète et continue)
Échelle de rapport	Quantitative (discrète et continue)

Exercices éclair

1. Une étude est menée pour connaître les causes de décès chez les jeunes de 15 à 24 ans au Québec en 2001.

   a) Décrire la population étudiée : _____.

   b) Décrire l'unité statistique : _____.

   c) Nommer la variable étudiée : _____.

   d) Donner quelques catégories de cette variable : _____

   _____.

   e) Donner le type de cette variable : _____.

   f) Quelle serait l'échelle de mesure si l'on codait les catégories ? _____.

2. Pour chacune des questions suivantes, donner le type de la variable étudiée et l'échelle de mesure :

   a) Êtes-vous marié(e) ?   1. Oui   2. Non

   Type : _____ . Échelle _____.

   b) En quelle année vous êtes-vous marié(e) ?

   Type : _____ . Échelle _____.

   c) Depuis combien de temps êtes-vous marié(e) ?

   Type : _____ . Échelle _____.

   d) Jusqu'à quel point êtes-vous satisfait de votre relation de couple ?
   1. Insatisfait(e)   2. Satisfait(e)   3. Très satisfait(e)

   Type : _____ . Échelle _____.

   e) Combien de partenaires sexuels autres que votre conjoint(e) avez-vous eus depuis 2 ans ?
   1. 0   2. 1   3. 2 ou 3   4. 4 et plus

   Type : _____ . Échelle _____.

1.5 Exercices

Les réponses figurent en fin d'ouvrage.

1. Pour chacune des quatre études suivantes :
   a) Décrire la population étudiée.
   b) Décrire l'échantillon.
   c) Décrire l'unité statistique.
   d) Nommer la variable étudiée.
   e) Décrire l'ensemble des catégories ou des valeurs de la variable.
   f) Donner le type de variable étudiée.

   1° Un sondage est effectué auprès de 200 citoyens de la ville de Québec afin de connaître leur chaîne de télévision favorite.

   2° Dans une étude portant sur l'évolution de la situation économique du Québec de 1980 à 1990, on s'intéresse au taux de chômage annuel de cette décennie.

   3° Afin de déterminer le profil socioéconomique des ménages de la ville de Montréal, on a noté le nombre d'enfants par ménage pour un échantillon de 380 ménages.

   4° Au recensement de 1996, 82 % des Québécois ont déclaré parler le français à la maison, 10 % ont déclaré parler l'anglais à la maison et 8 % ont déclaré parler une langue autre que le français ou l'anglais à la maison.
   Source : Institut de la statistique du Québec.

2. Donner le type de chacune des variables suivantes :
   a) La superficie des lacs du Québec.
   b) Le pays d'origine des immigrants.
   c) Le nombre d'étudiants dans les cégeps du Québec.
   d) Le diamètre d'une tige.

e) Possédez-vous une automobile ?
   1. Oui   2. Non

f) Ressentez-vous du stress avant un examen ?
   1. Toujours   2. Souvent   3. Parfois
   4. Rarement   5. Jamais

3. Donner le type de variable et l'échelle de mesure pour chacune des questions suivantes :
   a) Avez-vous échoué des cours à votre premier trimestre au cégep ?
      1. Non   2. Oui

   b) Combien de cours avez-vous échoué(s) à votre premier trimestre au cégep ?
      1. 0   2. 1   3. 2 à 3   4. 4 et plus

   c) Combien de cours avez-vous échoué(s) à votre premier trimestre au cégep ? _____

   d) Quel est votre taux d'échec à votre premier trimestre au cégep ?

   Taux d'échec : $\dfrac{\text{n}^{\text{bre}} \text{ de cours échoués}}{\text{n}^{\text{bre}} \text{ de cours suivis}}$

      1. 0 %
      2. De 1 % à 15,9 %
      3. De 16 % à 49,9 %
      4. 50 % et plus

   e) Quel est votre taux d'échec à votre premier trimestre au cégep ?

   f) Quel est votre degré d'accord avec l'affirmation suivante : « Les étudiants qui ont échoué plus de la moitié de leurs cours ne devraient pas être admis au trimestre suivant » ?
      1. Fortement en désaccord
      2. En désaccord
      3. D'accord
      4. Fortement d'accord

   g) Quelle est votre année de naissance ?

Préparation à l'examen

Pour préparer votre examen, assurez-vous d'avoir les compétences suivantes.

Si vous avez la compétence, cochez.

La recherche en sciences humaines

- Différencier :
  - Méthode de recherche scientifique et méthode de recherche non scientifique _____
  - Recherche théorique et recherche empirique _____
  - Approche quantitative et approche qualitative d'un sujet de recherche _____
  - Les étapes de la démarche scientifique de recherche en sciences humaines _____

Terminologie et variables

- Différencier recensement et sondage _____
- À partir de l'énoncé d'une étude :
  - Décrire la population _____
  - Décrire l'échantillon _____
  - Donner l'unité statistique _____
  - Donner le type de la variable (qualitative nominale ou ordinale, quantitative discrète ou continue) _____
  - Donner l'échelle de mesure (nominale, ordinale, d'intervalle ou de rapport) _____

Tableaux et graphiques

OBJECTIF

Présenter les données d'une étude statistique à l'aide de tableaux et de graphiques de façon à en faciliter l'analyse.

OBJECTIF DU LABORATOIRE

Le laboratoire 1 permet d'atteindre l'objectif suivant :
utiliser Excel pour traiter les données d'une variable qualitative.

Après avoir effectué la collecte des données auprès des unités statistiques pour chacune des variables retenues dans le cadre d'une étude, le chercheur doit procéder au traitement de ces données. Ce traitement consiste à grouper les données par valeur ou par catégorie et à les présenter sous forme de tableaux ou de graphiques pour en faciliter l'analyse. Les normes de présentation sont étroitement liées au type de la variable étudiée. Dans le présent chapitre, nous apprendrons à construire les tableaux et les graphiques appropriés pour chaque type de variable : qualitative, quantitative discrète et quantitative continue.

Tableaux et graphiques

Nous utiliserons les données de la mise en situation suivante pour présenter les différentes notions contenues dans le chapitre.

MISE EN SITUATION

Dans le cadre d'une étude menée par la Direction générale de l'enseignement collégial, on a dressé le profil statistique de chacun des 48 collèges publics du Québec à l'automne 1999. Nous nous intéresserons aux données recueillies pour les quatre variables suivantes :

La langue d'enseignement du collège   *Variable qualitative nominale*

Le nombre d'étudiants inscrits à l'enseignement régulier   *Variable quantitative discrète*

Le nombre de programmes préuniversitaires offerts[1]   *Variable quantitative discrète*

Le pourcentage d'étudiants en préuniversitaire   *Variable quantitative continue*

Nom du collège	Langue d'enseignement	Nombre d'étudiants	Nombre de programmes préuniversitaires	Pourcentage d'étudiants en préuniversitaire
1. Abitibi-Témiscamingue	Français	2634	5	44,2 %
2. Ahuntsic	Français	6472	4	36,0 %
3. Alma	Français	1415	6	54,2 %
4. André-Laurendeau	Français	2704	5	48,0 %
5. Baie-Comeau	Français	813	3	43,3 %
6. Beauce-Appalaches	Français	1457	4	46,9 %
7. Bois-de-Boulogne	Français	2898	6	70,1 %
8. Champlain Regional College	Anglais	4613	6	70,2 %
9. Chicoutimi	Français	3166	6	36,1 %

---

1. Les programmes de la formation préuniversitaire sont groupés dans six catégories ou familles de programmes : les sciences de la nature, les sciences humaines, les arts, les lettres, les arts et lettres (combinés) et les programmes multiples.

Nom du collège	Langue d'enseignement	Nombre d'étudiants	Nombre de programmes préuniversitaires	Pourcentage d'étudiants en préuniversitaire
10. Dawson	Anglais	7243	6	67,5 %
11. Drummondville	Français	1697	6	49,9 %
12. Édouard-Montpetit	Français	7076	4	50,7 %
13. François-Xavier-Garneau	Français	6273	4	50,5 %
14. De la Gaspésie et des Îles	Bilingue	1278	4	34,4 %
15. Granby-Haute-Yamaska	Français	1425	4	48,6 %
16. Gérald-Godin	Français	734	3	33,1 %
17. Héritage	Anglais	734	5	54,4 %
18. John Abbott	Anglais	4993	6	70,7 %
19. Jonquière	Français	3990	5	27,0 %
20. De La Pocatière	Français	1136	5	28,7 %
21. Lévis -Lauzon	Français	3436	6	30,3 %
22. Limoilou	Français	5878	3	37,0 %
23. Lionel-Groulx	Français	3661	6	50,9 %
24. Maisonneuve	Français	5498	4	52,8 %
25. Marie-Victorin	Français	2918	6	28,8 %
26. Matane	Français	631	4	25,5 %
27. Montmorency	Français	4513	5	36,5 %
28. Outaouais	Français	3582	6	51,8 %
29. Régionale de Lanaudière	Français	3081	6	54,5 %
30. Région de l'Amiante	Français	1023	4	33,2 %
31. Rimouski	Français	3504	6	31,4 %
32. Rivière-du-Loup	Français	1518	5	29,4 %
33. Rosemont	Français	2415	4	44,1 %
34. Saint-Félicien	Français	1316	4	38,7 %
35. Sainte-Foy	Français	6338	6	57,1 %
36. Saint-Hyacinthe	Français	2932	4	48,9 %
37. Saint-Jean-sur-Richelieu	Français	2348	5	47,5 %
38. Saint-Jérôme	Français	3243	5	41,9 %
39. Saint-Laurent	Français	2491	6	56,3 %
40. Sept-Îles	Bilingue	742	4	41,8 %
41. Shawinigan	Français	1448	3	39,4 %
42. Sherbrooke	Français	5361	6	41,3 %
43. Sorel-Tracy	Français	1103	4	37,2 %
44. Trois-Rivières	Français	4543	6	39,9 %
45. Valleyfield	Français	1812	4	44,1 %
46. Vanier	Anglais	4710	6	57,9 %
47. Victoriaville	Français	1584	3	36,7 %
48. Vieux-Montréal	Français	5967	6	33,0 %

Source : Ministère de l'Éducation, Secteur de l'enseignement supérieur, Direction des statistiques et des études quantitatives, 2001.

Série statistique

L'ensemble des données brutes recueillies pour chacune des variables étudiées porte le nom de **série statistique**.

2.1 Présentation d'une variable qualitative

MISE EN SITUATION (SUITE)

Considérons la série statistique de la variable « langue d'enseignement » pour les 48 collèges publics du Québec. Cette variable comporte trois catégories : français (F), anglais (A), bilingue (B).

F	F	F	F	F	F	F	A	F	A	F	F	F
B	F	F	A	A	F	F	F	F	F	F	F	F
F	F	F	F	F	F	F	F	F	F	F	F	F
B	F	F	F	F	F	A	F	F				

Pour faciliter l'analyse de cette variable, il faut grouper les données brutes par catégorie et présenter le résultat dans ce qu'on appelle un **tableau de distribution**.

2.1.1 Tableau de distribution

Pour construire un tableau de distribution, on énumère les catégories de la variable et on fait correspondre à chacune le nombre ou le pourcentage de données de la série statistique dans cette catégorie. On dit que ce tableau donne la **distribution** de la variable étudiée.

Voici le tableau de distribution pour la langue d'enseignement :

**Répartition des 48 collèges publics du Québec
selon la langue d'enseignement, 1999**

Langue d'enseignement	Nombre de collèges	Pourcentage de collèges
Français	41	85,4 %
Anglais	5	10,4 %
Bilingue	2	4,2 %
Total	48	100,0 %

Source: Ministère de l'Éducation, Secteur de l'enseignement supérieur, Direction des statistiques et des études quantitatives, 2001.

Avec ce tableau, il est maintenant beaucoup plus facile d'analyser les données recueillies. Cette analyse consiste à attirer l'attention du lecteur sur deux ou trois faits saillants et non à énumérer tous les résultats du tableau de distribution.

Analyse des données

En 1999, on compte 48 collèges publics au Québec : 85 % donnent un enseignement en français et 15 % en anglais ou dans les deux langues.

REMARQUES
- La deuxième ou la troisième colonne peut être absente dans un tableau de distribution.
- Nous conviendrons de garder une seule décimale dans le calcul des pourcentages du tableau de distribution. Nous nous permettrons toutefois d'arrondir les pourcentages à l'entier dans le texte d'analyse des données du tableau de distribution.
- Nous conviendrons d'appliquer la règle suivante pour arrondir les pourcentages : si la deuxième décimale est 5 ou plus, on ajoute 1 à la première décimale. Par exemple, 6,38 % sera arrondi à 6,4 %, alors que 10,63 % sera arrondi à 10,6 %.

Règles de présentation d'un tableau de distribution

Voici quelques règles à respecter dans la présentation d'un tableau de distribution :

1. Le tableau doit avoir un titre. Nous suggérons d'utiliser la formulation suivante :
   « Répartition des (*unités statistiques*) selon (*nom de la variable*) »

2. La première colonne (ou ligne) du tableau donne les catégories (ou les valeurs) de la variable étudiée et a pour titre le nom de cette variable.

3. La deuxième colonne (ou ligne) donne le nombre ou le pourcentage d'unités statistiques pour chaque catégorie de la variable. Le titre de cette colonne a la forme suivante :
   « Nombre d'(*unités statistiques*) » ou « Pourcentage d'(*unités statistiques*) »

4. La dernière ligne (ou colonne) du tableau donne le nombre ou le pourcentage total des unités statistiques.

5. Lorsque les données présentées sont tirées d'une recherche, il faut en indiquer la source sous le tableau.

REMARQUE   Dans une recherche, s'il y a beaucoup de tableaux, on numérote généralement ces tableaux et on en donne la liste au début ou à la fin du rapport.

Effectif ou fréquence absolue

On donne le nom d'**effectif** ou de **fréquence absolue** au nombre de données d'une catégorie.

Fréquence relative

On donne le nom de **fréquence relative** à la proportion de données d'une catégorie (ou d'une valeur). La fréquence relative est généralement exprimée en pourcentage. Elle est particulièrement utile lorsqu'on veut comparer deux séries statistiques dont l'effectif total est différent.

EXEMPLE

Dans le tableau de la page 22, l'effectif de la catégorie « Français » est 41 et sa fréquence relative est 85,4 %.

2.1.2   **Graphiques pour une variable qualitative**

La représentation graphique d'une distribution permet, en un coup d'œil, de se faire une idée de la répartition des données entre les catégories de la variable. Pour une variable qualitative, il y a trois types de graphiques possibles : le diagramme à rectangles verticaux, le diagramme à rectangles horizontaux et le diagramme circulaire.

Diagramme à rectangles verticaux

On construit ce type de graphique de la façon suivante. Après avoir inscrit chaque catégorie de la variable sous l'axe horizontal d'un système d'axes, on érige des rectangles, non adjacents, de hauteur égale à l'effectif ou à la fréquence relative (en %) au-dessus de chaque catégorie. On désigne l'axe horizontal par le nom de la variable et l'axe vertical par le nombre ou le pourcentage des unités statistiques. Par la suite, un titre, précisant la distribution représentée, est donné au graphique.

DIAGRAMME À RECTANGLES VERTICAUX

Répartition des 48 collèges publics du Québec selon la langue d'enseignement, 1999

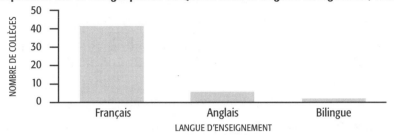

Diagramme à rectangles horizontaux

Contrairement au diagramme à rectangles verticaux, on réserve l'axe vertical pour les catégories de la variable et l'axe horizontal pour le nombre ou le pourcentage des unités statistiques. Les rectangles construits se trouvent alors en position horizontale.

DIAGRAMME À RECTANGLES HORIZONTAUX

Répartition des 48 collèges publics du Québec selon la langue d'enseignement, 1999

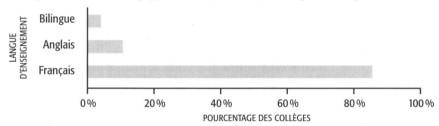

Diagramme circulaire

Pour construire un diagramme circulaire, on divise un cercle en autant de secteurs circulaires qu'il y a de catégories pour la variable. L'angle de chaque secteur doit être proportionnel à la fréquence relative de la catégorie qu'il représente. Un titre et une légende désignant chaque secteur doivent accompagner le graphique. Il est plus facile de construire ce type de graphique à l'aide d'un ordinateur. Si on le trace à la main, on utilise la formule suivante pour calculer les angles des secteurs circulaires :

$$\text{Angle du secteur} = 360° \times \text{fréquence relative de la catégorie}$$

REMARQUE   Il faut éviter d'utiliser le diagramme circulaire si la variable contient plus de sept catégories, car sa lecture devient alors trop complexe.

On calcule ainsi les angles des secteurs circulaires des catégories de langue d'enseignement :

Français :   angle = 360° × 85,4 % ≈ 307°

Anglais :   angle = 360° × 10,4 % ≈ 37°

Bilingue :   angle = 360° × 4,2 % ≈ 15°

Note : La somme des angles égale à 359° (plutôt qu'à 360°) en raison de l'arrondissement des valeurs d'angle.

DIAGRAMME CIRCULAIRE

Répartition des collèges publics du Québec selon la langue d'enseignement, 1999

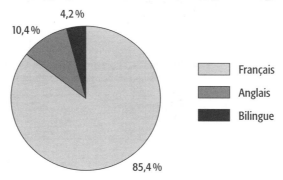

4,2 %

10,4 %

85,4 %

□ Français

■ Anglais

■ Bilingue

Source : Ministère de l'Éducation, Secteur de l'enseignement supérieur, Direction des statistiques et des études quantitatives, 2001.

Règles de présentation d'un graphique

1. Le graphique doit avoir un titre. Nous suggérons d'utiliser la formulation suivante : « Répartition des (*unités statistiques*) selon (*nom de la variable*) »

2. Les axes doivent être définis pour un graphique construit avec un système d'axes.

3. Pour un diagramme circulaire, une légende doit désigner les secteurs circulaires.

4. Lorsque les données sont tirées d'une recherche, on en indique la source sous le graphique.

REMARQUE Dans une recherche, s'il y a beaucoup de graphiques, on numérote généralement ces graphiques et on en donne la liste au début ou à la fin du rapport.

2.2 Présentation d'une variable quantitative discrète

MISE EN SITUATION (SUITE)

Pour les 48 collèges publics du Québec, on a recueilli les données suivantes pour la variable « nombre de programmes préuniversitaires » :

5	4	6	5	3	4	6	6	6	6	6	4
4	4	4	3	5	6	5	5	6	3	6	4
6	4	5	6	6	4	6	5	4	4	6	4
5	5	6	4	3	6	4	6	4	6	3	6

Cette variable comporte quatre valeurs différentes : 3, 4, 5 et 6.

2.2.1 **Tableau de distribution**

Pour construire le tableau de distribution d'une variable quantitative discrète, on énumère les valeurs de la variable et on fait correspondre à chaque valeur le nombre ou le pourcentage de données de la série statistique ayant cette valeur.

Dénombrement

||||

|||| |||| ||||

|||| ||||

|||| |||| |||| ||||

Répartition des 48 collèges publics du Québec selon le nombre de programmes préuniversitaires offerts, 1999

Nombre de programmes préuniversitaires	Nombre de collèges	Pourcentage de collèges
3	5	10,4 %
4	15	31,3 %
5	9	18,8 %
6	19	39,6 %
Total	48	100,1 %

Source : Ministère de l'Éducation, Secteur de l'enseignement supérieur, Direction des statistiques et des études quantitatives, 2001.

NOTE Le total de 100,1 dans la colonne des pourcentages est attribuable aux arrondis.

REMARQUE La partie intitulée « Dénombrement » indique une technique rapide pour procéder au calcul des effectifs pour chaque valeur. Au lieu de parcourir quatre fois la liste des données pour compter combien il y a de 3, de 4, de 5 et de 6, on le fait *une seule fois* en plaçant au fur et à mesure un trait devant la valeur lue. Lorsqu'on rencontre une valeur pour la cinquième fois, on indique ce fait par un trait horizontal sur les quatre traits déjà inscrits.

Analyse des données

En 1999, 50 % des collèges publics du Québec offrent quatre ou cinq programmes de formation menant à l'université, et 40 % en proposent six.

2.2.2 **Graphique pour une variable quantitative discrète**

La distribution d'une variable quantitative discrète est représentée par un diagramme en bâtons.

Diagramme en bâtons

Pour construire un diagramme en bâtons, on porte sur l'axe horizontal les différentes valeurs de la variable selon une échelle choisie arbitrairement et on élève sur chaque valeur un bâton de longueur proportionnelle à l'effectif ou à la fréquence relative (en %). Il faut ensuite donner un titre au graphique et définir les axes.

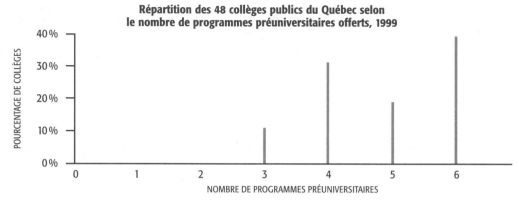

DIAGRAMME EN BÂTONS

**Répartition des 48 collèges publics du Québec selon
le nombre de programmes préuniversitaires offerts, 1999**

Source : Ministère de l'Éducation, Secteur de l'enseignement supérieur, Direction des statistiques et des études quantitatives, 2001.

Exercice éclair

Une étude portant sur les naissances au Québec en l'an 2000 a permis d'obtenir les statistiques suivantes :

– il y a eu 71 900 naissances dont 37 103 garçons ;

– 46,9 % des nouveau-nés sont des enfants de rang 1 (1ᵉʳ enfant de la mère). Pour les enfants de rang 2, 3, 4 et 5, les pourcentages sont respectivement 35,2 %, 12,3 %, 3,6 % et 1,0 %. Quant aux enfants de rang 6 et plus, ils représentent 1,0 % des nouveau-nés.

Source : Institut de la statistique du Québec, *La situation démographique au Québec, bilan 2001.*

a) i) Construire un tableau de distribution pour le sexe des nouveau-nés québécois en 2000.

Titre : _____

_____

Source : Institut de la statistique du Québec, *La situation démographique au Québec, bilan 2001.*

ii) Quel(s) graphique(s) faudrait-il choisir pour représenter la distribution ci-dessus ?

iii) Au premier abord, on considère qu'il y a une chance sur deux qu'un nouveau-né soit un garçon. Les statistiques sur les naissances de l'an 2000 confirment-elles cette hypothèse ? Justifier.

b) i)   La seconde partie de l'énoncé donne de l'information sur le rang des nouveau-nés. Indiquer le type de variable étudiée.

ii)   Donner un titre au diagramme en bâtons ci-dessous.

Titre : _____

_____

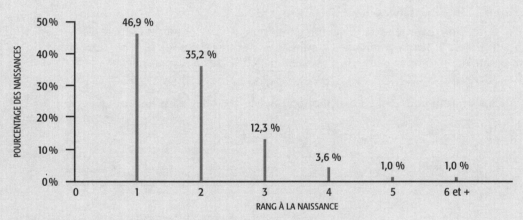

Source : Institut de la statistique du Québec, *La situation démographique au Québec, bilan 2001*.

iii) En 1950, 20 % des nouveau-nés étaient des enfants de rang 6 et plus. Qu'en est-il du rang à la naissance des nouveau-nés de l'an 2000 ? Dresser un portrait de la situation en donnant quelques faits saillants tirés du diagramme en bâtons.

2.3 Exercices

1. On a retenu les données d'une étude de l'Institut de la statistique du Québec, publiée dans *La situation démographique au Québec, bilan 2001*, pour construire les graphiques suivants :

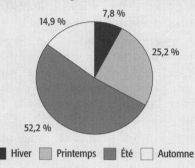

Graphique 1
Répartition des mariages selon la saison, Québec, 2000

- Hiver
- Printemps
- Été
- Automne

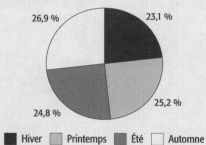

Graphique 2
Répartition des décès selon la saison, Québec, 2000

- Hiver
- Printemps
- Été
- Automne

a) En considérant ces statistiques, laquelle des interprétations suivantes est vraie ?
   1° En l'an 2000, un peu plus de la moitié des Québécois se marient en été et le quart décèdent au printemps.
   2° En l'an 2000, un peu plus de la moitié des mariages ont lieu en été et près d'un Québécois sur quatre meurt au printemps.
   3° En l'an 2000, un peu plus de la moitié des mariages se font en été et le quart des décès ont lieu au printemps.
   4° En l'an 2000, un peu plus d'un Québécois sur deux se marie en été et un décès sur quatre se produit au printemps.

b) En l'an 2000, les mariages et les décès sont-ils influencés par les saisons ? Écrire un court texte pour répondre à cette question en appuyant l'argumentation de quelques données statistiques.

2. On a demandé à des étudiants combien de films ils avaient loués au cours du dernier mois. Le diagramme en bâtons suivant représente la distribution des données.

Répartition des étudiants selon le nombre de films loués en un mois

a) Nommer la variable étudiée.
b) Donner le type de cette variable.
c) Construire le tableau de distribution qui correspond à ce diagramme en bâtons.
d) Combien d'étudiants ont été interrogés ?
e) Analyser les données.
f) Donner la série statistique correspondant à cette distribution.

3. On a posé à 25 étudiants la question suivante :
   « Quel est ton degré de stress avant un examen ? »
   1. Nul   2. Faible   3. Moyen
   4. Élevé   5. Très élevé
   Voici la série statistique des réponses obtenues :

Très élevé	Élevé	Très élevé
Élevé	Élevé	Très élevé
Moyen	Élevé	Élevé
Très élevé	Nul	Très élevé
Très élevé	Très élevé	Faible
Très élevé	Élevé	Moyen
Moyen	Faible	Élevé
Très élevé	Élevé	Moyen
Très élevé		

a) Construire le tableau de distribution (en pourcentage).
b) Analyser les données.

4. Dans une enquête, on posait la question suivante :

   « Dans quel type de famille vivez-vous ? »

   Les choix étaient :

   0. Famille monoparentale
   1. Famille biparentale

   Voici les réponses que l'on a obtenues pour les 30 jeunes interrogés :

0	0	1	1	1	1	1	1	0	1
1	1	1	0	1	0	1	1	1	1
0	1	0	1	0	0	0	1	1	1

   a) Nommer la variable étudiée et donner son type.
   b) Construire le tableau de distribution et le graphique approprié.
   c) Analyser les données.

5. On a posé la question suivante à un groupe de 48 jeunes de 15 à 24 ans.

   « Combien de confidents (quelqu'un à qui vous pouvez parler librement de vos problèmes) y a-t-il dans votre entourage ? »

   Voici la série statistique des données recueillies pour cette question :

0	2	1	1	2	3	0	1	2	2
3	2	3	3	2	0	2	3	4	2
3	4	2	4	4	1	3	4	4	1

4	0	4	3	4	3	1	2	4	3
1	3	0	3	3	2	3	2		

   a) Nommer la variable étudiée et donner son type.
   b) Construire le tableau de distribution (en pourcentage) et le graphique approprié.
   c) Analyser les données.

6. Construire les deux graphiques qui pourraient accompagner les données statistiques suivantes et en faire l'analyse.

   Les chercheurs André Lachance et Jacques La Haye ont analysé le cheminement scolaire au Québec des 5 443 étudiants qui se sont inscrits, à temps plein, à un des programmes de baccalauréat en sciences humaines à l'automne 1984 :

   – parmi ces 5 443 étudiants, 3 829 ont terminé leurs études et 1 614 les ont abandonnées ;

   – parmi les 1 614 étudiants qui ont abandonné leurs études, 842 les ont laissées après la première année, 473 après la deuxième année, 199 après la troisième année et 100 après la quatrième année.

   Source : André Lachance et Jacques La Haye, *Cheminement scolaire à l'université*, Québec, Gouvernement du Québec, 1992.

2.4 Présentation d'une variable quantitative continue

La mise en situation qui suit servira à montrer comment on présente les données recueillies pour une variable quantitative continue.

> **REMARQUE** Une variable quantitative discrète qui comporte un grand nombre de valeurs différentes, comme le nombre d'étudiants inscrits dans chaque cégep du Québec, sera traitée de la même façon qu'une variable quantitative continue.

MISE EN SITUATION

Supposons que la série statistique suivante donne l'âge des 40 professeurs d'une école.

48	35	29	44	42	52	43	38	40	47
30	56	32	49	40	<u>59</u>	37	39	40	46
53	37	48	45	46	42	43	35	33	51
<u>26</u>	45	41	41	34	38	43	41	38	35

L'âge des professeurs est une variable quantitative continue.

2.4.1 **Tableau de distribution**

Pour construire le tableau de distribution pour une variable quantitative continue, on groupe d'abord les données en catégories, que l'on appelle **classes**. On énumère par la suite ces classes et on leur fait correspondre le nombre ou le pourcentage de données qu'elles contiennent.

On pourrait, par exemple, grouper les 40 professeurs de la mise en situation en 7 classes d'âge ; on obtiendrait alors le tableau de distribution suivant :

Répartition des professeurs selon l'âge

Âge (en ans)	Nombre de professeurs	Pourcentage
$25 \leq X < 30$	2	5,0 %
$30 \leq X < 35$	4	10,0 %
$35 \leq X < 40$	9	22,5 %
$40 \leq X < 45$	12	30,0 %
$45 \leq X < 50$	8	20,0 %
$50 \leq X < 55$	3	7,5 %
$55 \leq X < 60$	2	5,0 %
Total	40	100,0 %

Analyse des données

Le corps professoral de cette école est assez âgé : près de 63 % des professeurs ont 40 ans et plus, et seulement 5 % ont moins de 30 ans. C'est dans la classe des 40 à 44 ans que l'on trouve le plus de professeurs (30 %). On peut déduire de ces statistiques que les étudiants de cette école bénéficient des services de professeurs qui ont une longue expérience dans l'enseignement. On pourrait également déduire que ces étudiants ont de « bien vieux » professeurs !

Notation d'une classe

Pour décrire la première classe, on emploie la notation « $25 \leq X < 30$ », qui signifie que les professeurs dans cette classe d'âge ont un âge, que l'on symbolise par la lettre X, compris entre 25 ans inclus et 30 ans exclus. On peut aussi utiliser la notation « [25 ; 30[» pour décrire cette classe. On dit que 25 est la **limite inférieure** de la classe, et 30 la **limite supérieure**.

> **NOTE**   Lorsque la variable étudiée est l'âge, on rencontre aussi la notation « 25–29 ».

Amplitude d'une classe

L'amplitude d'une classe est égale à la différence entre la limite supérieure et la limite inférieure de celle-ci. Dans le tableau ci-dessus, chaque classe a une amplitude de cinq ans.

Démarche pour construire des classes

Comment détermine-t-on l'amplitude et le nombre de classes qu'il faut pour grouper les données d'une série statistique ?

Nous utiliserons les 40 données de la mise en situation pour illustrer la procédure qui a permis de créer les classes du tableau de distribution.

1. Fixer temporairement le nombre de classes

Le nombre de classes nécessaires pour grouper les données d'une série statistique dépend du nombre de données. Nous nous servirons de la table de Sturges pour fixer temporairement le nombre de classes de la distribution de l'âge des professeurs.

Repérons, dans la première colonne du tableau, l'intervalle dans lequel se situe le nombre de données de la série statistique.

Table de Sturges

Nombre de données	Nombre approximatif de classes
Entre 10 et 22	5
Entre 23 et 44	6
Entre 45 et 90	7
Entre 91 et 180	8
Entre 181 et 360	9
Entre 361 et 720	10

❓ Avec 40 données, quel est le nombre *approximatif* de classes suggéré par la table de Sturges ? _____

Nous retiendrons donc, temporairement, ce nombre de classes pour la suite de la démarche.

2. Calculer l'étendue de la série

L'amplitude des classes dépend de l'étendue des données. L'étendue, que l'on note E, est égale à la différence entre la plus grande et la plus petite valeur de la série statistique.

$E = x_{max} - x_{min}$

❓ Calculer l'étendue de la série statistique étudiée : $E =$ _____

3. Déterminer l'amplitude

Amplitude calculée

Nous voulons savoir quelle sera la largeur de chaque classe si nous prenons une étendue de 33 ans et que nous la divisons en 6 classes. Il apparaît logique de penser que le calcul suivant donne la réponse à cette question.

❓ Amplitude calculée = $\dfrac{\text{étendue}}{\text{nombre de classes}}$ = _____ = _____ ans

Amplitude choisie

À cette étape de la démarche, il faut se servir de son jugement pour choisir une amplitude qui facilitera la lecture du tableau de distribution. Les éléments suivants peuvent vous guider dans votre choix :

– il est préférable de choisir comme amplitude un multiple de 5 ou un nombre pair. On peut, pour atteindre cet objectif, s'éloigner de l'amplitude calculée sans toutefois exagérer (choisir une amplitude qui serait le double de l'amplitude calculée dépasserait grandement la mesure) ;

– nous conviendrons de choisir un nombre entier comme amplitude si les données à grouper sont des entiers. Si les données sont précises au dixième près ou au centième près, nous utiliserons la même précision pour l'amplitude choisie.

❓ Quelle amplitude choisissez-vous ? _____ ans

4. Choisir la limite inférieure de la première classe

La limite inférieure de la première classe est déterminante dans la construction des classes. Nous choisirons donc un nombre qui, en considérant l'amplitude choisie, donnera un tableau de distribution agréable à lire. Il va de soi que la limite inférieure de la première classe devra être plus petite ou égale à la plus petite donnée de la série statistique.

❓ Que devrions-nous prendre pour limite inférieure de la première classe ? _____

Quelle est la première classe de la distribution ? _____

Par la suite, on construit les autres classes en s'assurant bien que la plus grande donnée de la série statistique soit comprise dans la dernière classe de la distribution.

NOTE   Les choix que nous avons faits pour l'amplitude et la limite inférieure de la première classe nous donneront finalement 7 classes au lieu des 6 que nous avions prévues au début ; cela n'a pas d'importance, l'essentiel étant d'avoir un tableau qui se lit bien.

Démarche pour construire des classes

1. Fixer temporairement le nombre de classes avec la table de Sturges.

2. Calculer l'étendue de la série : $E = x_{max} - x_{min}$

3. Déterminer l'amplitude :
   - Amplitude calculée : $\dfrac{\text{étendue}}{\text{nombre de classes}}$
   - Amplitude choisie.

4. Choisir la limite inférieure de la première classe.

REMARQUE   La démarche proposée est très utile lorsqu'on n'a aucune idée de la façon de construire les classes. Il peut toutefois arriver dans certains milieux que l'on ne fasse pas cette démarche parce qu'une convention, propre au type de données à traiter, a déjà été établie pour répondre aux besoins. Par exemple, dans le milieu scolaire, il est habituel de grouper les notes d'un examen par tranches de 10 points : [40 ; 50[, [50 ; 60[, [60 ; 70[, etc.

EXEMPLE

Donner la première des classes qui permettrait de grouper une série statistique de 36 données, précises au centième près, sachant que la plus petite donnée est 2,65 $ et la plus grande 18,45 $.

Solution

On désire grouper en classes les revenus hebdomadaires d'un groupe de 80 personnes. Ces revenus sont exprimés en nombres entiers ; le plus petit revenu est 252 $ et le plus grand 937 $. Donner la première classe de la distribution du revenu.

2.4.2   **Graphiques pour une variable quantitative continue**

La distribution d'une variable continue est représentée par un histogramme ou un polygone de fréquences.

Histogramme (classes égales)

L'histogramme est formé de rectangles adjacents. Les bases des rectangles correspondent aux classes de la distribution, et les *surfaces doivent être proportionnelles aux fréquences* (relatives ou absolues) des classes.

Quand toutes les classes ont la même amplitude, on respecte le principe de proportionnalité entre les surfaces des rectangles et les fréquences en érigeant, sur chaque classe préalablement indiquée sur l'axe horizontal, un rectangle dont la hauteur est égale à la fréquence de la classe.

On peut, si on le désire, donner le pourcentage de chaque classe au-dessus des rectangles.

Voici l'histogramme représentant la répartition de l'âge des 40 professeurs (voir p. 31) :

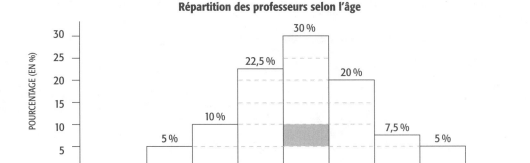

Répartition des professeurs selon l'âge

- Vérifions la proportionnalité entre la surface des rectangles et le pourcentage des classes :

  – La 4e classe contient le plus grand pourcentage de données. Le 4e rectangle a la plus grande surface.

  – Le pourcentage de données dans la 5e classe égale quatre fois celui dans la 1re classe :
  $20\% = 4 \times 5\%$

  La surface du 5e rectangle (S_5) égale quatre fois celle du 1er rectangle (S_1). En prenant le rectangle ombré comme unité de mesure, on a :
  $S_5 = 4$ rectangles ombrés et $S_1 = 1$ rectangle ombré, donc $S_5 = 4 \times S_1$

  La relation entre les pourcentages s'applique aux surfaces.

- Le principe de proportionnalité nous permet de faire la déduction suivante :

  La surface du 1er rectangle représente 5 % de la surface totale de l'histogramme, soit la même valeur que le pourcentage de données dans la classe. Vérifions cette affirmation.

$$\text{Aire totale de l'histogramme} = 20 \times \text{aire du rectangle ombré}$$

$$\text{Aire du 1er rectangle} = 1 \times \text{aire du rectangle ombré}$$

$$\frac{\text{Aire du 1}^{\text{er}}\text{ rectangle}}{\text{Aire totale de l'histogramme}} \times 100 = \frac{1}{20} \times 100 = 5\ \%$$

Un pourcentage de données dans une classe peut donc se calculer, à partir de l'histogramme, de la façon suivante :

$$\text{Pourcentage de données dans une classe} = \frac{\text{aire du rectangle de cette classe}}{\text{aire totale de l'histogramme}} \times 100$$

Polygone de fréquences

Pour construire un polygone de fréquences, il suffit de joindre par un segment de droite les points milieux des sommets de tous les rectangles et de fermer la figure ainsi construite en ajoutant, au début et à la fin de l'histogramme, une classe de fréquence nulle. *Il est important de fermer le polygone afin de s'assurer que l'aire sous celui-ci soit approximativement égale à l'aire totale de l'histogramme.*

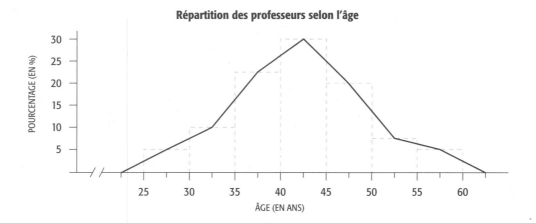

Répartition des professeurs selon l'âge

Utilité du polygone de fréquences

Le polygone de fréquences est utilisé, de préférence à l'histogramme, lorsqu'on désire comparer deux distributions. On s'en sert aussi pour trouver le modèle mathématique qui pourrait s'appliquer à la distribution : par exemple, si le polygone de fréquences a la forme d'une cloche, comme ci-dessus, on dira que l'on a une distribution normale.

EXEMPLE

Utiliser les données du tableau ci-dessous pour comparer la distribution de l'âge des Québécois en 1998 à celle qui a été obtenue en 1665 lors du premier recensement québécois.

Répartition de la population du Québec en 1665 et 1998 selon l'âge

Âge	1665		1998	
	Effectif	Pourcentage	Effectif	Pourcentage
]0 ; 10[	1 014	32,3 %	910 380	12,4 %
[10 ; 20[	416	13,3 %	940 613	12,8 %
[20 ; 30[	802	25,6 %	969 217	13,2 %
[30 ; 40[	501	16,0 %	1 234 505	16,8 %
[40 ; 50[	233	7,4 %	1 189 344	16,2 %
[50 ; 60[	108	3,4 %	868 892	11,8 %
[60 ; 70[	45	1,4 %	600 658	8,2 %
[70 ; 80[	13	0,4 %	423 460	5,8 %
[80 ; 90[	4	0,1 %	168 422	2,3 %
90 et plus	0	0,0 %	27 792	0,4 %
Total	3 136	99,9 %	7 333 283	99,9 %

Source : Statistique Canada (http: //statcan.ca).

Une représentation graphique mettrait beaucoup plus en évidence la différence entre ces deux distributions. Le polygone de fréquences est le graphique approprié : en effet, la construction de deux histogrammes superposés donnerait un graphique tout à fait illisible. Pour comparer les distributions, nous utiliserons les pourcentages et non les effectifs de chaque recensement puisque l'effectif total des distributions est différent. Il faut noter qu'il n'est pas nécessaire de passer par l'histogramme pour construire un polygone de fréquences.

> **REMARQUE**   Lorsque la limite inférieure ou supérieure d'une classe n'est pas clairement définie, comme pour la classe « 90 et plus », on dit que la distribution a une **classe ouverte**. Pour construire l'histogramme ou le polygone de fréquences, on ferme généralement cette classe en lui donnant la même amplitude que celle des autres classes, ce qui donnera la classe [90 ; 100[. Normalement, les polygones devraient être fermés à gauche au centre de l'intervalle [–10 ; 0[, mais, comme l'âge ne peut être négatif, nous fermerons les polygones au point (0 ; 0).

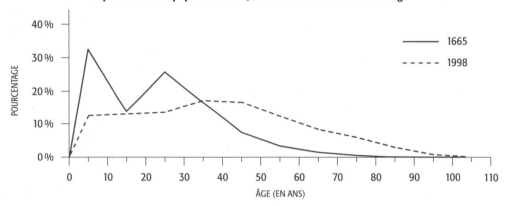

Répartition de la population du Québec en 1665 et 1998 selon l'âge

Source : Statistique Canada. (http://statcan.ca).

Analyse des données

La population du Québec est passée de quelque 3 000 habitants en 1665 à plus de 7 millions en 1998.

En 1665, la population du Québec était très jeune : la surface sous le polygone est beaucoup plus grande avant 35 ans qu'après cet âge. Il est intéressant de souligner que, en ce temps-là, seulement 5 % des habitants avaient 50 ans et plus, alors qu'aujourd'hui ils sont 6 fois plus nombreux, avec 29 %.

En 1665, le groupe des moins de 10 ans avait un poids démographique très important, avec 32 % de la population : on voit que le polygone atteint un sommet à cet endroit. La tranche des 20 à 30 ans arrive au deuxième rang, avec le quart de la population.

En 1998, le groupe des 30 à 50 ans a le poids démographique le plus important, avec 33 % de la population.

Exercices éclair

1. a) En utilisant l'information donnée, compléter le tableau de distribution et l'histogramme représentant le salaire annuel d'un groupe de 200 personnes.

Répartition des personnes selon le salaire annuel

Salaire annuel (en 000 $)	Pourcentage de personnes
$10 \leq X < 20$	
$20 \leq X < 30$	
$30 \leq X < 40$	50,0 %
$40 \leq X < 50$	
50 et plus	5,0 %
Total	100,0 %

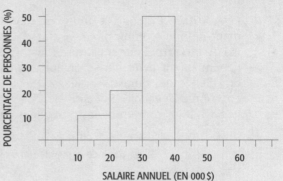

Répartition des personnes selon le salaire annuel

   b) Tracer le polygone de fréquences sur l'histogramme construit en *a*.

   c) Combien de personnes gagnent entre 40 000 $ et 50 000 $?_____

2. Une distribution est représentée par l'histogramme suivant.

   a) Trouver le pourcentage de données dans la quatrième classe en utilisant un rapport de surfaces.

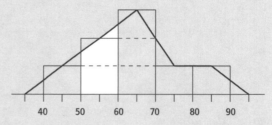

   b) La partie blanche du polygone de fréquences représente approximativement quel pourcentage de la surface totale sous le polygone de fréquences ?

Histogramme (classes inégales)

Il peut arriver que l'on doive grouper des données dans des classes d'amplitude inégale lorsque, avec des classes d'amplitude égale, on a peu ou pas de données dans une ou plusieurs classes de la distribution. On ne vous demandera pas de construire de telles classes, mais par contre vous devrez être en mesure de représenter graphiquement une distribution ayant des classes inégales. Comment faire pour construire un histogramme ou un polygone de fréquences avec des classes d'amplitude inégale ? La mise en situation suivante montre la façon de procéder dans un tel cas.

MISE EN SITUATION

Voici le tableau de distribution du poids, en kilogrammes, des différentes roches que l'on trouve dans une rocaille de fleurs. On désire construire l'histogramme de cette distribution.

Répartition des roches de la rocaille selon le poids

Poids (en kg)	Pourcentage de roches
$10 \leq X < 30$	10 %
$30 \leq X < 40$	25 %
$40 \leq X < 50$	35 %
$50 \leq X < 80$	30 %
Total	100 %

Dans ce tableau de distribution, les classes ont les amplitudes suivantes : 20, 10, 10 et 30.

Voici l'histogramme que l'on obtiendrait en appliquant la même technique de construction que celle qui a été utilisée pour construire un histogramme ayant des classes d'amplitude égale.

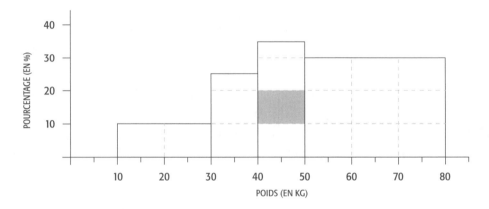

Ce graphique respecte-t-il le principe de proportionnalité entre surface et pourcentage ?

– On trouve le plus grand pourcentage dans la 3e classe, mais le rectangle ayant la plus grande surface est dans la 4e classe !

– La surface du 1er rectangle occupe-t-elle 10 % de la surface totale de l'histogramme ?

$$\frac{\text{Aire du } 1^{er} \text{ rectangle}}{\text{Aire totale de l'histogramme}} \times 100 = \frac{2}{17} \times 100 = 11,8 \text{ \% !}$$

La preuve est faite. La technique de construction utilisée pour construire des histogrammes avec des classes égales ne permet pas de respecter le principe de proportionnalité lorsque les classes sont inégales. Il faut donc choisir une autre technique de construction.

Nous prendrons la technique suivante pour construire un histogramme comportant des classes inégales :

– On choisit une amplitude de base, généralement celle que l'on trouve le plus souvent pour les classes de la distribution.

– Une classe dont l'amplitude est égale à deux fois l'amplitude de base sera considérée comme le groupement de deux classes standard et, par conséquent, la hauteur du rectangle de cette classe devra être égale à la moitié de sa fréquence. On applique ce même principe si une classe correspond à plus de deux fois l'amplitude standard. On dit alors que l'on fait une **rectification de fréquences**.

❓ Effectuer la rectification de fréquences de la distribution suivante :

Répartition des roches de la rocaille selon le poids

Amplitude	Poids (en kg)	Pourcentage de roches	Pourcentage rectifié
20	$10 \leq X < 30$	10 %	
10	$30 \leq X < 40$	25 %	
10	$40 \leq X < 50$	35 %	
30	$50 \leq X < 80$	30 %	
	Total	100 %	

Répartition des roches de la rocaille selon le poids

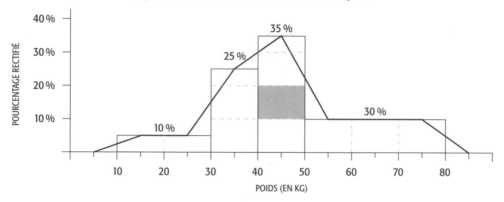

NOTES – On écrit **pourcentage rectifié** pour désigner l'axe vertical.

– On indique le pourcentage de données de chaque classe au-dessus des rectangles.

❓ Vérifier qu'avec cet histogramme la surface du 1ᵉʳ rectangle correspond bien à 10 % de la surface totale de l'histogramme, respectant ainsi le principe de proportionnalité.

$$\frac{\text{Aire du 1}^{\text{er}}\text{ rectangle}}{\text{Aire totale de l'histogramme}} \times 100 = \frac{}{} \times 100 =$$

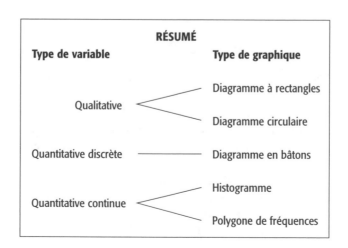

RÉSUMÉ

Type de variable	Type de graphique
Qualitative	Diagramme à rectangles
	Diagramme circulaire
Quantitative discrète	Diagramme en bâtons
Quantitative continue	Histogramme
	Polygone de fréquences

Exercices éclair

1. Compléter l'histogramme de la distribution suivante :

A	Classe	Effectif
	[10 ; 40[	12
	[40 ; 50[	20
	[50 ; 60[	18
	[60 ; 80[	10
	Total	60

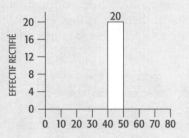

2. Compléter le tableau de distribution suivant en utilisant l'information donnée par l'histogramme.

Classe	Pourcentage
[10 ; [	
[; [	
[; [	
[; 70 [	
Total	100 %

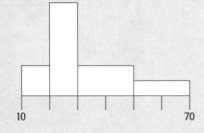

2.5 Ogive ou courbe de fréquences cumulées

Pour connaître le pourcentage de données inférieures à une certaine valeur, on construit un tableau de distribution de fréquences cumulées en ajoutant une colonne, donnant les pourcentages cumulés, au tableau de distribution. Pour représenter la distribution cumulée d'une variable quantitative continue, on trace une ogive ou une courbe de fréquences cumulées.

MISE EN SITUATION

Dans un cégep, on a mené une enquête auprès des étudiants en sciences de la nature pour déterminer le nombre d'heures par semaine qu'ils consacrent à leurs études.

Répartition des étudiants selon le nombre d'heures d'étude par semaine

Nombre d'heures d'étude	Pourcentage d'étudiants	Pourcentage cumulé
Moins de 15	5 %	5 %
$15 \leq X < 20$	23 %	28 %
$20 \leq X < 25$	22 %	50 %
$25 \leq X < 30$	21 %	71 %
$30 \leq X < 35$	15 %	86 %
35 et plus	14 %	100 %

Source : *Enquête sur la tâche réelle des étudiants*, Québec, Cégep de Limoilou, 1988.

Une analyse des pourcentages de la troisième colonne indique que 50 % des étudiants en sciences de la nature consacrent moins de 25 heures par semaine à leurs études. On peut aussi déduire que 29 % d'entre eux donnent hebdomadairement 30 heures et plus à l'étude.

L'**ogive** permet de représenter la distribution de fréquences cumulées. On construit cette courbe de la façon suivante :

– Pour chaque classe, on détermine un point (x, y) dans le plan cartésien où x est la limite supérieure de la classe et y la fréquence cumulée de la classe.

– En partant du point correspondant à la limite inférieure de la première classe sur l'axe horizontal, on relie ensuite tous ces points par des segments de droite.

– Enfin, on définit les axes et on donne un titre au graphique.

Répartition cumulative des étudiants selon le nombre d'heures d'étude

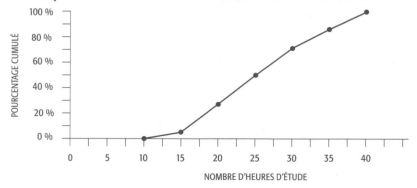

Source : *Enquête sur la tâche réelle des étudiants*, Québec, Cégep de Limoilou, 1988.

Exercice éclair

On a étudié la durée d'un échantillon d'appels téléphoniques. Compléter le tableau de distribution et construire l'ogive.

Répartition des appels téléphoniques selon la durée

Durée (en min)	Pourcentage des appels	Pourcentage cumulé
[2 ; 4[	20 %	
[4 ; 6[	10 %	
[6 ; 8[	40 %	
[8 ; 10[	30 %	
Total	100 %	

Répartition cumulative des appels téléphoniques selon la durée

2.6   Exercices

1. Quelle amplitude devrait-on choisir pour grouper en classes les séries statistiques suivantes ? Dans chaque cas, indiquer la démarche justifiant votre choix et la première classe.

   a) La série statistique compte 150 données dont la plus petite est 0,1 et la plus grande 11,6.

   b) La série statistique compte 74 données dont la plus petite est 142 et la plus grande 206.

2. Rappelons la série statistique du nombre d'étudiants par collège au Québec, en 1999, présentée dans la mise en situation en début de chapitre.

2634	6472	1415	2704	813	1457
2898	4613	3166	7243	1697	7076
6273	1278	1425	734	734	4993
3990	1136	3436	5878	3661	5498
2918	631	4513	3582	3081	1023
3504	1518	2415	1316	6338	2932
2348	3243	2491	742	1448	5361
1103	4543	1812	4710	1584	5967

   a) Quelle amplitude de classes et quelle limite inférieure pour la première classe devrait-on choisir pour grouper ces données en classes ?

   b) Construire le tableau de distribution du nombre d'étudiants par collège.

   c) Analyser les données.

3. **Répartition des familles selon le nombre de téléviseurs**

Nombre de téléviseurs par famille	0	1	2	3	4
Nombre de familles	1	13	11	3	2

   a) Indiquer la variable étudiée et donner ses valeurs.

   b) Donner le type de cette variable.

   c) Compléter le tableau en donnant le nombre total de données de la série statistique.

   d) Donner la série statistique correspondant à cette distribution.

   e) Construire le graphique approprié pour représenter cette distribution.

4.

**Répartition des particuliers ayant un revenu,
par sexe, selon le revenu disponible¹,
Québec, 1997**

Revenu (en 000 $)	Pourcentage des femmes	Pourcentage des hommes
Moins de 10	36,0 %	18,2 %
[10 ; 20[	36,9 %	31,0 %
[20 ; 30[	18,6 %	25,6 %
[30 ; 40[	6,3 %	15,5 %
[40 ; 50[	1,8 %	6,0 %
50 et plus	0,5 %	3,7 %
Total	100,1 %	100,0 %

1. Revenu disponible = revenu brut − impôts.
Source : Institut de la statistique du Québec, 2001.

a) Représenter la distribution en traçant, sur un même système d'axes afin de faciliter la comparaison, les polygones de fréquences du revenu des hommes et des femmes.

b) Dans un court texte, donner quelques faits saillants sur la différence de revenu entre les hommes et les femmes.

5. On vous a demandé d'étudier la natalité au Québec de 1980 à 2000. Sur le site Internet de l'Institut de la statistique du Québec, vous avez trouvé des données permettant de construire le tableau ci-dessous. Compléter le texte d'analyse des données qui accompagnera ce tableau.

**Répartition des naissances selon l'âge de la mère,
Québec, 1980 et 2000**

Âge de la mère (en ans)	Nombre de naissances	
	1980	2000
Moins de 20	5 035	3 190
20 – 24	29 429	14 695
25 – 29	39 453	24 240
30 – 34	18 709	19 849
35 – 39	4 312	8 480
40 – 44	526	1 406
45 et plus	34	40
Total	97 498	71 900

Source : Institut de la statistique du Québec, 2001.

Analyse des données

On observe une baisse importante des naissances au Québec en vingt ans : alors qu'il y avait près de 97 500 nouveau-nés en 1980, on en compte _____ de moins en 2000.

De nos jours, de plus en plus de femmes retardent le moment d'être mère. Les statistiques du tableau donnent une bonne idée de cette tendance : en 1980, _____ % des nouveau-nés avaient une mère de plus de 30 ans contre _____ % en 2000, soit _____ % de plus. Il va de soi que cette augmentation s'accompagne d'une diminution du pourcentage de nouveau-nés ayant une mère de moins de 25 ans : _____ % en 1980 contre _____ % en 2000, soit _____ % de moins.

6. Dans le cadre d'un travail en sociologie, vous devez dresser et comparer le portrait statistique de la langue parlée à la maison pour la population du Québec et pour la population de la région de Montréal, en utilisant les données du recensement de 1996. Après avoir trouvé les données pertinentes sur le site Internet de l'Institut de la statistique du Québec, vous rédigez l'analyse comparative qui suit :

« En 1996, 82 % de la population du Québec parle français à la maison contre 54 % de la population de la région de Montréal. On dénombre 10 % de Québécois qui s'expriment en anglais à la maison et 6 % qui utilisent une autre langue que l'anglais ou le français à la maison ; chez les Montréalais, ces pourcentages sont respectivement de 24 % et de 17 %. On compte aussi 2 % de Québécois qui emploient plus d'une langue à la maison alors que chez les Montréalais ils sont 5 % dans la même situation. »

Note : Vous trouverez les statistiques pour votre région sur Internet à l'adresse électronique suivante : www.stat.gouv.qc.ca/donstat/lesregions/rmr/index.htm.

a) Les diagrammes circulaires ci-dessous accompagneront l'analyse ; les compléter.

Graphique 1

Titre : _____

_____

_____

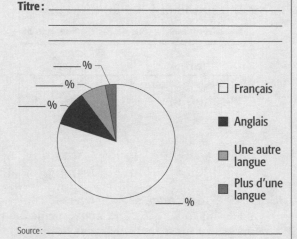

_____ %

_____ %

_____ %

_____ %

☐ Français

■ Anglais

▨ Une autre langue

▨ Plus d'une langue

Source : _____

Graphique 2

Titre : _____

_____

_____

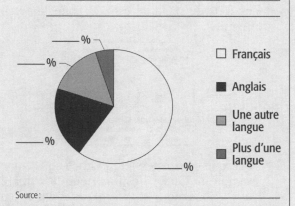

_____ %

_____ %

_____ %

_____ %

☐ Français

■ Anglais

▨ Une autre langue

▨ Plus d'une langue

Source : _____

b) En 1996, la population du Québec est de 6 892 895 habitants et celle de la région de Montréal de 1 749 510 habitants. Quel pourcentage de Québécois parlant anglais à la maison habitent la région de Montréal ?

7. On a construit le tableau qui suit afin de mesurer la demande de professeurs au cégep dans une dizaine d'années :

Répartition des professeurs de cégep selon l'âge, Québec, 1996-1997

Âge (en ans)	Pourcentage de professeurs
Moins de 30	2 %
$30 \leq X < 40$	16 %
$40 \leq X < 50$	42 %
$50 \leq X < 60$	36 %
60 et plus	4 %
Total	100 %

Source : *Indicateurs de l'éducation au Canada*, rapport du Programme d'indicateurs pancanadiens de l'éducation, 1999.

a) Donner quelques faits saillants de la distribution de l'âge des professeurs de cégep et formuler une hypothèse sur le pourcentage du corps professoral qu'il faudra renouveler sur une période de 10 ans, à partir de 1997.

b) Construire l'histogramme de cette distribution.

c) Construire la courbe de fréquences cumulées (ogive).

8. Construire un histogramme pour représenter la distribution suivante.

Répartition de 32 magasins selon le volume des ventes en août

Volume des ventes (en 000 $)	Nombre de magasins
$50 \leq X < 100$	8
$100 \leq X < 125$	7
$125 \leq X < 150$	9
$150 \leq X < 250$	8
Total	32

9. a) Construire le tableau de distribution, en pourcentage, correspondant à l'histogramme ci-dessous.

b) Superposer le polygone de fréquences sur cet histogramme.

Répartition des enfants selon l'âge

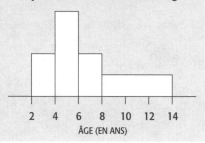

ÂGE (EN ANS)

10.

Répartition des 48 collèges publics du Québec selon le pourcentage d'étudiants en préuniversitaire, 1999

Pourcentage d'étudiants en préuniversitaire	Pourcentage de collèges
Moins de 35 %	22,9 %
[35 % ; 45 %[	33,3 %
[45 % ; 55 %[	29,2 %
[55 % ; 65 %[	6,3 %
[65 % ; 75 %[	8,3 %
Total	100,0 %

Source : Ministère de l'Éducation, Secteur de l'enseignement supérieur, Direction des statistiques et des études quantitatives, 2001.

a) Construire l'histogramme permettant de représenter la distribution ci-dessus.

b) Les cégépiens du Québec s'inscrivent soit en formation technique, soit en formation préuniversitaire. On considère qu'un cégep est à prédominance technique si au moins 55 % des étudiants sont inscrits dans un programme technique et à prédominance préuniversitaire si au moins 55 % des étudiants sont inscrits dans un programme préuniversitaire. Analyser le tableau de distribution sous cet angle.

11. À un sondage, on a posé la question suivante : « Pouvez-vous nous dire quel montant d'argent représente approximativement l'utilisation de votre carte de crédit ou de vos cartes de crédit pour une année ? »

Répartition des répondants selon le montant annuel d'utilisation des cartes de crédit

Montant (en $)	Pourcentage de répondants
Moins de 1 000	48 %
[1 000 ; 2 000[	17 %
[2 000 ; 5 000[	20 %
[5 000 ; 10 000[	10 %
10 000 et plus	5 %
Total	100 %

Source : Sondage IQOP-Le Soleil, 24 décembre 1989.

Si on voulait construire un histogramme pour représenter cette distribution :

a) Quelle devrait être la hauteur du rectangle construit au-dessus de la classe [2 000 ; 5 000[?

b) Quelle devrait être la hauteur du rectangle construit au-dessus de la classe [5 000 ; 10 000[?

12. Construire la courbe de fréquences cumulées de la distribution suivante.

Répartition des garçons de 3 ans selon la taille

Taille (en cm)	Pourcentage de garçons
Moins de 90 cm	4,4 %
[90 ; 94[	26,2 %
[94 ; 98[	44,4 %
[98 ; 102[	22,0 %
102 et plus	3,0 %
Total	100,0 %

13. En 1990, des étudiants à l'université contestant la nouvelle politique gouvernementale concernant le « dégel » des frais de scolarité ont distribué le tract reproduit ci-dessous pour inviter leurs compagnons à venir manifester leur désaccord devant le parlement. La représentation graphique de l'effet appréhendé par les étudiants au sujet du « dégel » des frais de scolarité est-elle honnête ? Justifier.

14. À la suite de la récession, l'Office de la construction du Québec estimait que le nombre de maisons neuves mises en chantier en 1991 serait égal à la moitié de ce qu'il était l'année précédente dans la région de Québec. Lequel des deux graphiques suivants donnerait la meilleure représentation de cette estimation ?

a)

b)

2.7 Tableaux et graphiques à deux variables

Dans une recherche, on désire souvent étudier le lien entre deux variables. Pour ce faire, on groupe les données recueillies pour ces variables dans un tableau appelé **tableau à deux variables** ou **tableau à double entrée**. Ce tableau permet de répartir les données en tenant compte des deux variables en même temps. Nous allons apprendre comment analyser un tel tableau à l'aide de la mise en situation suivante.

MISE EN SITUATION

Au Québec, en 1998, 603 jeunes âgés entre 15 et 24 ans sont décédés. Y a-t-il plus de garçons que de filles parmi ces jeunes ? Quelles sont les principales causes de décès ? Y a-t-il un lien entre le sexe et la cause du décès ? Pour répondre à toutes ces questions, il faut construire un tableau donnant la répartition des décès en tenant compte du sexe et de la cause, puis en faire l'analyse.

Tableau 1

Répartition des décès des 15–24 ans selon le sexe et la cause du décès, Québec, 1998

Cause du décès	Hommes	Femmes	Total
Accident	195	63	258
Suicide	175	52	227
Maladie[1]	45	18	63
Cancer	18	17	35
Autre	7	13	20
Total	440	163	603

1. Sauf le cancer.
Source : Institut de la statistique du Québec, 2001.

Analyse d'un tableau à deux variables

L'hypothèse émise par le chercheur sur le type de lien attendu entre deux variables conduit à considérer les données d'un tableau à deux variables selon l'un des trois angles d'analyse suivants :

1. Analyse de la répartition du grand total selon les deux variables ;

2. Analyse de la répartition du total des colonnes selon les catégories des lignes ;

3. Analyse de la répartition du total des lignes selon les catégories des colonnes.

Nous allons étudier les données du tableau 1 sous chacun des trois angles d'analyse.

1. <u>Analyse de la répartition du grand total selon les deux variables</u>

   Analyse de la répartition des 603 décès des 15–24 selon le sexe et la cause du décès :

   • Comment se répartissent les 603 décès selon le sexe ?
     – 440 jeunes décédés sont des hommes, soit 73 % des décès (440 ÷ 603) ;
     – 163 jeunes décédés sont des femmes, soit 27 % des décès.

   • Comment se répartissent les 603 décès selon la cause du décès ?
     – 258 décès sont attribuables à des accidents, soit 42,8 % des décès (258 ÷ 603) ;
     – 227 décès sont attribuables à des suicides, soit 37,6 % des décès.

• Comment se répartissent les 603 décès selon les deux variables en même temps ?

   – 195 jeunes décédés sont des hommes morts par accident, soit 32,3 % des décès (195 ÷ 603).

   – 63 jeunes décédés sont des femmes mortes par accident, soit 10,4 % des décès.

Pour analyser les données sous cet angle, il faut exprimer chaque donnée du tableau 1 en pourcentage du nombre total des décès, soit 100 % des décès. Cela donne le tableau 2.

Tableau 2
Répartition des décès des 15–24 ans selon le sexe et la cause du décès, Québec, 1998

Cause du décès	Hommes	Femmes	Total
Accident	32,3 %	10,4 %	42,8 %[1]
Suicide	**29,0 %**	8,6 %	**37,6 %**
Maladie[2]	7,5 %	3,0 %	10,4 %
Cancer	3,0 %	2,8 %	5,8 %
Autre	1,2 %	2,2 %	3,3 %
Total	**73,0 %**	27,0 %	100 %

1. Ce sont les arrondis qui font que 32,3 % + 10,4 % ne donne pas exactement 42,8 %. Il en est de même pour les autres lignes.
2. Sauf le cancer.

On interprète ainsi les pourcentages en caractères gras du tableau 2 :

   – **29,0 %** des décès chez les 15–24 ans touchent des hommes qui se sont suicidés ;

   – **37,6 %** des décès chez les 15–24 ans sont des suicides ;

   – **73,0 %** des décès chez les 15–24 ans touchent des hommes.

Analyse des données du tableau 2

Au Québec, en 1998, 73 % des jeunes de 15 à 24 ans décédés sont des hommes. L'accident est la première cause de décès dans 43 % des cas et le suicide la deuxième cause dans 38 % des cas. En considérant le sexe et la cause du décès, on observe que 61 % des jeunes décédés sont des hommes morts par accident ou par suicide.

2. Analyse de la répartition du total des colonnes selon les catégories des lignes

Tableau 1
Répartition des décès des 15–24 ans selon le sexe et la cause du décès, Québec, 1998

Cause du décès	Hommes	Femmes	Total
Accident	195	63	258
Suicide	175	52	227
Maladie[1]	45	18	63
Cancer	18	17	35
Autre	7	13	20
Total	440	163	603

1. Sauf le cancer.
Source : Institut de la statistique du Québec, 2001.

Supposons que, dans le cadre de son étude, le chercheur émette l'hypothèse suivante :

« La répartition des décès selon leur cause dépend du sexe. »

Autrement dit, le chercheur affirme qu'une analyse des causes de décès, par sexe, montrera une différence entre la répartition des décès des hommes et des femmes. Étant donné qu'il y a plus d'hommes que de femmes qui sont décédés, la comparaison n'a de sens que si l'on utilise des pourcentages.

Analyse de la répartition des décès, par sexe, selon la cause :
- Répartition des 440 hommes selon les causes du décès :
  - 195 sont décédés par accident, soit 44,3 % (195 ÷ 440) ;
  - 175 sont décédés par suicide, soit 39,8 %.

- Répartition des 163 femmes selon les causes du décès :
  - 63 sont décédées par accident, soit 38,7 % (63 ÷ 163) ;
  - 52 sont décédées par suicide, soit 31,9 %.

Le tableau 3 permettra de comparer l'ordre, par sexe, des causes de décès. Noter la façon de formuler le titre.

Tableau 3
Répartition des décès des 15–24 ans, par sexe , selon la cause du décès, Québec, 1998

Cause du décès	Hommes	Femmes	Total
Accident	44,3 %	**38,7 %**	42,8 %
Suicide	**39,8 %**	31,9 %	37,6 %
Maladie[1]	10,2 %	11,0 %	10,4 %
Cancer	4,1 %	10,4 %	5,8 %
Autre	1,6 %	8,0 %	3,3 %
Total	100 %	100 %	100 %

1. Sauf le cancer.
Source : Institut de la statistique du Québec, 2001.

On interprète ainsi les pourcentages en caractères gras du tableau 3 :

- **39,8 %** des hommes de 15 à 24 ans décédés se sont suicidés ;
- **38,7 %** des femmes de 15 à 24 ans décédées ont eu un accident.

Analyse du tableau 3

L'ordre des causes de décès est le même pour les deux sexes : accident, suicide, maladie (sauf le cancer) et cancer. Toutefois, certaines causes sont plus fréquentes chez les hommes que chez les femmes : il y a 5 % plus d'hommes que de femmes qui sont décédés par accident et 8 % plus d'hommes qui se sont suicidés. Pour ce qui est des décès par cancer, on compte 6 % plus de femmes que d'hommes décédées de cette façon.

3. <u>Analyse de la répartition du total des lignes selon les catégories des colonnes</u>

Tableau 1
**Répartition des décès des 15–24 ans selon le sexe et la cause du décès,
Québec, 1998**

Cause du décès	Hommes	Femmes	Total
Accident	195	63	258
Suicide	175	52	227
Maladie[1]	45	18	63
Cancer	18	17	35
Autre	7	13	20
Total	440	163	603

1. Sauf le cancer.
Source : Institut de la statistique du Québec, 2001.

Supposons que le chercheur émette l'hypothèse suivante :

« La répartition des décès entre les hommes et les femmes dépend de la cause du décès. »

Le chercheur s'attend à ce qu'une analyse, par cause, de la répartition des décès selon le sexe montre que cette répartition varie d'une cause à l'autre.

Analyse de la répartition des décès, par cause, selon le sexe :
* Répartition des 258 décès par accident selon le sexe :
  – 195 étaient des hommes, soit 76,6 % (195 ÷ 258) ;
  – 63 étaient des femmes, soit 24,4 %.

* Répartition des 227 décès par suicide selon le sexe :
  – 175 étaient des hommes, soit 77,1 % (175 ÷ 227) ;
  – 52 étaient des femmes, soit 22,9 %.

Le tableau 4 permettra au chercheur de vérifier son hypothèse. Porter attention au titre du tableau.

Tableau 4
**Répartition des décès des 15–24 ans, par cause , selon le sexe,
Québec, 1998**

Cause du décès	Hommes	Femmes	Total
Accident	75,6 %	**24,4 %**	100 %
Suicide	**77,1 %**	22,9 %	100 %
Maladie[1]	71,4 %	28,6 %	100 %
Cancer	51,4 %	48,6 %	100 %
Autre	35,0 %	65,0 %	100 %
Total	73,0 %	27,0 %	100 %

1. Sauf le cancer.
Source : Institut de la statistique du Québec, 2001.

On interprète ainsi les pourcentages en caractères gras du tableau 4 :

  – **77,1 %** des jeunes de 15 à 24 ans décédés par suicide sont des hommes ;
  – **24,4 %** des jeunes de 15 à 24 ans décédés par accident sont des femmes.

Analyse du tableau 4

La répartition des décès selon le sexe varie avec la cause du décès. Alors que les hommes comptent pour 73 % des jeunes décédés, ils constituent 77 % des jeunes décédés par suicide et 51 % des jeunes décédés par cancer.

Représentation graphique

Les tableaux à deux variables peuvent être représentés par des **graphiques à bandes** plus ou moins complexes. Voici deux façons d'exprimer les données du tableau 2 :

Graphique 1

Répartition des décès des 15–24 ans selon le sexe et la cause du décès, Québec, 1998

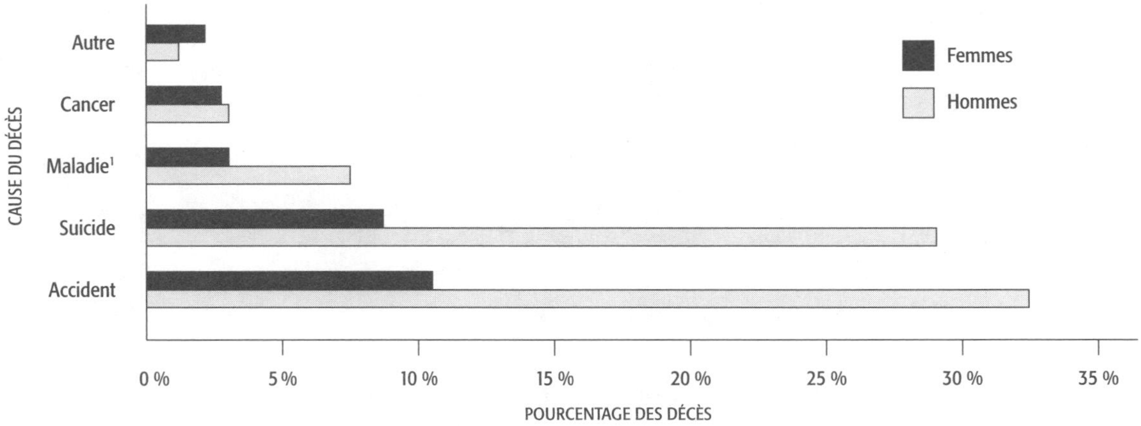

1. Sauf le cancer.
Source : Institut de la statistique du Québec, 2001.

Dans le graphique suivant, les rectangles s'« empilent » plutôt que de se chevaucher.

Graphique 2

Répartition des décès des 15–24 ans selon le sexe et la cause du décès, Québec, 1998

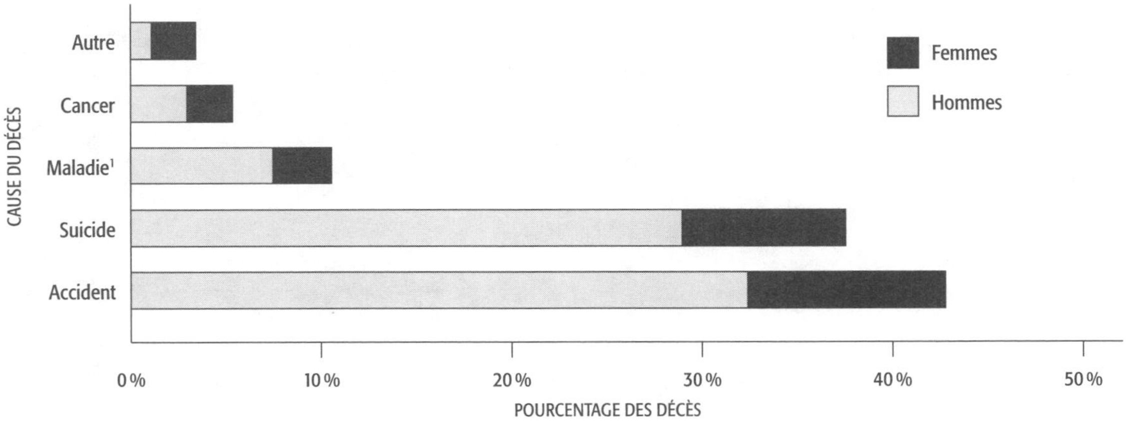

1. Sauf le cancer.
Source : Institut de la statistique du Québec, 2001.

Construction d'un tableau à deux variables

Pour construire, à partir des données brutes, un tableau à deux variables, on énumère les catégories d'une des variables dans la première colonne et les catégories de l'autre variable sur la première ligne. On définit bien chacune des variables et on donne un titre au tableau. Ce titre a la forme suivante :

« Répartition (*des unités statistiques*) selon (*nom d'une des variables*) et (*nom de l'autre variable*) »

On emploie la méthode des petits bâtonnets vue précédemment pour effectuer le dénombrement : pour chaque unité statistique, on lit la valeur pour chacune des variables étudiées et on place un petit bâton dans la case du tableau se situant à l'intersection de la valeur lue pour chaque variable.

EXEMPLE

On a posé les questions suivantes à un groupe de 13 personnes :

Question 1 : Quel est votre sexe ?

Question 2 : Consommez-vous de la drogue ?

Régulièrement (R)   À l'occasion (O)   Jamais (J)

Voici les réponses obtenues pour chacun des 13 répondants :

	1	2	3	4	5	6	7	8	9	10	11	12	13
Q1	F	F	H	F	H	H	F	H	H	H	F	H	H
Q2	O	J	J	J	J	O	R	R	J	R	J	J	J

Répartition des répondants selon le sexe et le type de consommateur de drogue

Sexe	Type de consommateur		Ne consomme pas		Total
	Régulier	Occasionnel			
Femme	I 1	I 1	III	3	5
Homme	II 2	I 1	JHT	5	8
Total	3	2		8	13

NOTE Il va de soi que les petits bâtonnets utilisés pour le dénombrement ne doivent pas apparaître dans le tableau final de présentation des résultats.

Exercices éclair

Des chercheurs ont effectué une recherche sur l'issue de la grossesse à l'adolescence. L'étude de 633 cas d'adolescentes enceintes de la région de Québec a permis de construire le tableau suivant :

Tableau 1

Répartition des adolescentes enceintes selon l'âge et l'issue de la grossesse, région de Québec, 1997

Âge	Issue de la grossesse		Total
	Avortement	Naissance	
Moins de 16 ans	29	6	35
16–17 ans	133	50	183
18–19 ans	248	167	415
Total	410	223	633

Source : Lise Cyr, Sylvie Dumais et Édith Guilbert, *Grossesses à l'adolescence et interruption volontaire de grossesse*, Québec, Centre de santé publique de Québec, 1997.

1. a) Quel est le pourcentage d'adolescentes qui ont subi un avortement ? _____

   b) Quel est le pourcentage d'adolescentes qui ont 17 ans ou moins ? _____

   c) Quel est le pourcentage d'adolescentes de 16 ou 17 ans qui se sont fait avorter ?
   _____

   d) Quel est le pourcentage d'adolescentes qui ont 16 ou 17 ans et qui se sont fait avorter ?
   _____

   e) Quel est le pourcentage d'adolescentes s'étant fait avorter qui ont 16 ou 17 ans ?
   _____

2. Dans le cadre de cette étude, les chercheurs ont voulu vérifier l'hypothèse suivante :

   « Plus l'adolescente est jeune, plus il y a de risques que sa grossesse se termine par un avortement. »

   Pour vérifier cette hypothèse, ils ont construit le tableau 2 ci-dessous.

   a) Donner un titre approprié au tableau.

Tableau 2

Titre : _____

Âge	Issue de la grossesse		Total
	Avortement	Naissance	
Moins de 16 ans	**82,6 %**	17,1 %	100 %
16–17 ans	72,7 %	27,3 %	100 %
18–19 ans	**59,8 %**	40,2 %	100 %
Total	64,8 %	35,2 %	100 %

b) L'hypothèse des chercheurs est-elle confirmée ? Justifier par une phrase qui contiendra l'interprétation des deux pourcentages en caractères gras dans le tableau précédent.

c) Avec les données du tableau 1, on construit le tableau 3 ci-dessous.

i) Donner un titre approprié au tableau.

Tableau 3

Titre : _____

_____

Âge	Issue de la grossesse		
	Avortement	Naissance	Total
Moins de 16 ans	**7,1 %**	2,7 %	**5,5 %**
16–17 ans	32,4 %	22,4 %	28,9 %
18–19 ans	60,5 %	74,9 %	65,6 %
Total	100 %	100 %	100 %

ii) Interpréter les deux pourcentages en caractères gras.

2.8 Série chronologique

Définition

Il arrive que l'on désire étudier le comportement d'une variable, par exemple le taux de chômage, en fonction du temps (année, mois, jour, heure...). On donnera alors le nom de **série chronologique** à la succession de valeurs prises par une variable chronologiquement dans le temps.

Représentation graphique

On peut représenter une série chronologique par l'une ou l'autre des deux façons suivantes :

– par une série de points reliés par des segments de droite dans le plan cartésien. L'abscisse de chacun de ces points représente le temps, et l'ordonnée la valeur prise par la variable au temps considéré. On donne parfois le nom de **chronogramme** à ce graphique (voir le graphique de la page 56) ;

– par un diagramme à rectangles. Pour utiliser ce type de graphique, il faut toutefois que le nombre de périodes de temps considérées ne soit pas trop grand.

EXEMPLE 1

Le diagramme à rectangles qui suit permet de mesurer l'évolution du pourcentage de personnes qui quittent le système d'éducation québécois sans diplôme d'études secondaires.

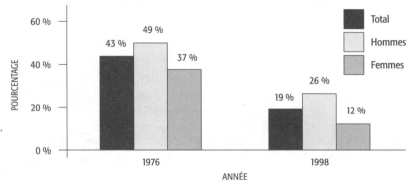

Évolution du pourcentage de personnes quittant le système d'éducation sans diplôme d'études secondaires, Québec, 1976 et 1998

Source : Ministère de l'Éducation, *Indicateurs de l'éducation, 2000.*

Analyse des données

En une vingtaine d'années, le pourcentage de personnes qui quittent le système d'éducation sans diplôme d'études secondaires est passé de 43 % à 19 %. Bien qu'il reste encore près d'une personne sur cinq qui aborde le marché du travail sans ce diplôme, on a quand même diminué le pourcentage de 24 %. Si l'on considère le sexe, le pourcentage de garçons qui quittent le système scolaire sans diplôme d'études secondaires est passé d'un sur deux en 1976 à un sur quatre en 1998. Pendant la même période, le pourcentage de filles dans la même situation passait de 37 % à 12 %.

EXEMPLE 2

Le tableau suivant donne le pourcentage des naissances hors mariage au Québec pour les nouveau-nés de rang 1 (1er enfant de la mère) et de rang 2 (2e enfant de la mère) pour certaines années entre 1976 et 2000.

Évolution du pourcentage des naissances hors mariage selon le rang, Québec, 1976–2000

Année	1976	1980	1984	1988	1992	1996	2000
Rang 1	14,8 %	20,7 %	31,8 %	43,2 %	54,1 %	62,3 %	65,9 %
Rang 2	5,1 %	8,3 %	15,7 %	25,9 %	37,6 %	48,9 %	54,8 %

Source : Institut de la statistique du Québec, 2002.

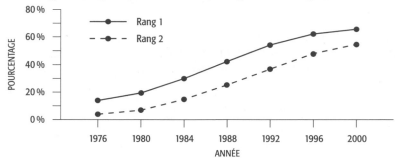

Évolution du pourcentage des naissances hors mariage selon le rang, Québec, 1976–2000

Analyse des données

Ce chronogramme montre à quel point la société québécoise a changé en 25 ans : alors qu'en 1976 seulement 15 % des premiers-nés avaient des parents non mariés, en 2000, on en compte 66 %. Si, du temps de nos grands-parents, dans une société catholique et pratiquante, la pression sociale était forte pour inciter les parents à se marier après une première naissance hors mariage, ce n'est plus le cas aujourd'hui : en l'an 2000, 55 % des nouveau-nés de rang 2 sont nés hors mariage. Le fait que, pour cette même année, 48 % des nouveau-nés de rang 3 et 42 % des nouveau-nés de rang 4 et plus ont des parents non mariés indique que de nombreuses familles québécoises ne seront jamais unies par les liens du mariage.

Si l'on considère l'ensemble des nouveau-nés, tous rangs confondus, on compte 58 % de naissances hors mariage au Québec en l'an 2000. Une analyse régionale de ce phénomène (voir le tableau ci-dessous) révèle des résultats surprenants : c'est à Montréal et à Laval que les pourcentages sont les plus bas (40 % et 48 %), alors qu'ils sont de 75 % et plus dans les cinq régions suivantes : Bas-Saint-Laurent, Abitibi-Témiscamingue, Mauricie, Côte-Nord, Gaspésie–Îles-de-la-Madeleine. Pourquoi ? Beau sujet d'étude pour un sociologue !

Pourcentage des naissances hors mariage par région administrative, Québec, 2000

Région administrative	Pourcentage de naissances hors mariage
Montréal	40 %
Laval	48 %
Outaouais	62 %
Montérégie	63 %
Chaudière-Appalache	64 %
Estrie	64 %
Québec	66 %
Nord-du-Québec	67 %
Saguenay–Lac-Saint-Jean	67 %
Laurentides	68 %
Centre-du-Québec	68 %
Lanaudière	70 %
Bas-Saint-Laurent	75 %
Abitibi-Témiscamingue	76 %
Mauricie	77 %
Côte-Nord	79 %
Gaspésie–Îles-de-la-Madeleine	82 %
Ensemble du Québec	**58 %**

Source : Institut de la statistique du Québec, 2002.

Exercice éclair

Le tableau suivant donne l'espérance de vie des hommes et des femmes de 1951 à 2001. Tracer le chronogramme de l'espérance de vie des femmes sur le même graphique que celui des hommes, et compléter l'analyse.

Évolution de l'espérance de vie à la naissance selon le sexe, Québec, 1951–2001

Année	1951	1961	1971	1981	1991	2001
Hommes	64,4 ans	67,3 ans	68,2 ans	71,0 ans	73,6 ans	75,6 ans
Femmes	68,6 ans	72,8 ans	75,2 ans	78,7 ans	80,7 ans	81,8 ans

Source : Institut de la statistique du Québec, 2002.

Évolution de l'espérance de vie à la naissance, Québec 1951–2001

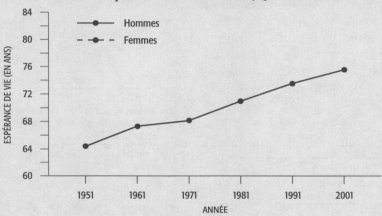

Source : Institut de la statistique du Québec, 2002.

Analyse des données

L'espérance de vie des Québécoises à la naissance a connu une hausse remarquable en cinquante ans, passant de _____ ans en 1951 à _____ ans en 2001, soit _____ ans de plus. Pour les hommes, l'espérance de vie est passée de _____ ans en 1951 à _____ ans en 2001, soit _____ ans de plus. Toutefois, si les femmes ont toujours eu une espérance de vie supérieure à celle des hommes au cours de ces années, l'écart a augmenté avec le temps, passant de _____ ans en 1951 à _____ ans en 2001.

2.9 Exercices

1. Qu'en est-il de la consommation du tabac chez les adolescents en l'an 2000 ? Pour dresser un portrait de la situation, un sondage a été réalisé par l'Institut de la statistique du Québec auprès d'un échantillon de 4 730 élèves du secondaire. Les tableaux 1, 2, 3 et 4 ont été construits à l'aide des données du sondage.

Tableau 1

Répartition des élèves de l'échantillon selon le statut de fumeur et le sexe, Québec, 2000

Sexe	Statut de fumeur de l'élève			Total
	Fumeurs réguliers	Fumeurs débutants	Non-fumeurs	
Garçons	374	220	1 811	2 405
Filles	505	272	1 548	2 325
Total	879	492	3 359	4 730

Source : Institut de la statistique du Québec, *Enquête québécoise sur le tabagisme chez les élèves du secondaire*, 2000.

a) Décrire la population étudiée par ce sondage.

b) i) Quel est le pourcentage des élèves de l'échantillon qui sont des filles ?

ii) Quel est le pourcentage des élèves de l'échantillon qui sont des fumeurs réguliers ou débutants ?

iii) Quel est le pourcentage des fumeurs réguliers de l'échantillon qui sont des filles ?

iv) Quel est le pourcentage des filles de l'échantillon qui fument régulièrement ?

v) Quel est le pourcentage des élèves de l'échantillon qui sont des filles fumant régulièrement ?

c) Afin de vérifier s'il y a un lien entre le sexe et le statut de fumeur chez les adolescents, les chercheurs ont construit les tableaux 2 et 3 ci-dessous à partir des données du tableau 1.

Tableau 2

Titre : _____

Sexe	Statut de fumeur de l'élève			Total
	Fumeurs réguliers	Fumeurs débutants	Non-fumeurs	
Garçons	42,5 %	44,7 %	**53,9 %**	50,8 %
Filles	**57,5 %**	55,3 %	46,1 %	49,2 %
Total	100 %	100 %	100 %	100 %

Tableau 3

Titre : _____

Sexe	Statut de fumeur de l'élève			Total
	Fumeurs réguliers	Fumeurs débutants	Non-fumeurs	
Garçons	15,6 %	9,1 %	**75,3 %**	100 %
Filles	21,7 %	11,7 %	66,6 %	100 %
Total	**18,6 %**	10,4 %	71,0 %	100 %

i) Donner un titre approprié à chacun de ces tableaux.

ii) Interpréter les deux pourcentages en caractères gras du tableau 2.

iii) Interpréter les deux pourcentages en caractères gras du tableau 3.

iv) Compléter l'analyse des tableaux 2 et 3 que voici :

Si les élèves de l'échantillon sont représentatifs de l'ensemble des élèves du secondaire de l'an 2000, on peut déduire que le pourcentage de filles qui fument (fumeurs réguliers et débutants) est plus élevé que le pourcentage de garçons qui fument, soit _____ % contre _____ %. Parmi les fumeurs réguliers, on compte _____ % de filles contre _____ % de garçons. Les filles sont aussi plus nombreuses (_____ %) chez les fumeurs débutants.

d) Utiliser quelques chiffres du tableau 4 pour appuyer l'affirmation suivante :

« Le tabagisme des parents est une des variables qui influencent les comportements tabagiques des adolescents. »

Tableau 4

Répartition des élèves de l'échantillon selon le statut de fumeur de l'élève et le statut de fumeur de ses parents

Statut de fumeur des parents	Statut de fumeur de l'élève			Total
	Fumeurs réguliers	Fumeurs débutants	Non-fumeurs	
Au moins un parent fumeur	24,4 %	11,5 %	64,1 %	100 %
Aucun parent fumeur	13,9 %	9,5 %	76,6 %	100 %
Total	18,6 %	10,4 %	71,0 %	100 %

2. Vous aurez sous peu à vous présenter à l'épreuve uniforme de français. L'obtention de votre diplôme d'études collégiales est conditionnelle à la réussite de cette évaluation. Vous vous posez probablement plusieurs questions au sujet de cet examen : Est-il difficile ? Le taux d'échec est-il élevé ? Voici quelques statistiques à ce sujet.

Graphique 1

Évolution du taux de réussite à l'épreuve uniforme de français, Québec, 1998-1999 et 1999-2000

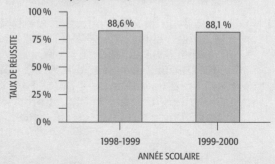

Source : Ministère de l'Éducation.

Graphique 2

Évolution du taux de réussite à l'épreuve uniforme de français selon le sexe, Québec, 1998-1999 et 1999-2000

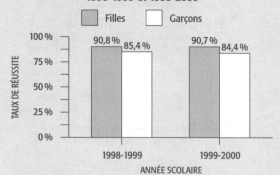

Source: Ministère de l'Éducation.

Tableau 1

Répartition des cégépiens selon le type de formation et le verdict obtenu à l'épreuve uniforme de français, Québec, 1999-2000

Type de formation	Verdict		
	Succès	Échec	Total
Préuniversitaire	21 658	1 605	23 263
Technique	17 984	3 762	21 746
Total	39 642	5 367	45 009

Source: Ministère de l'Éducation.

Note: Vous pouvez obtenir la mise à jour de ces données ainsi que les résultats pour votre collège sur le site Internet du ministère de l'Éducation.

a) Utiliser les données statistiques ci-dessus (graphiques et tableau) pour confirmer ou réfuter les affirmations suivantes:

   i) « En 1999-2000, on observe une augmentation du pourcentage de cégépiens qui ont échoué à l'épreuve uniforme de français par rapport à l'année précédente. »

   ii) « En 1999-2000, on observe une diminution de l'écart entre le taux de réussite des filles et celui des garçons par rapport à l'année précédente. »

   iii) « En 1999-2000, le taux de réussite de l'épreuve uniforme de français des étudiants en formation préuniversitaire est plus élevé que le taux de réussite des étudiants en formation technique. »

b) En 1999-2000, à la suite de l'épreuve uniforme de français:

   i) quel est le pourcentage d'étudiants qui ont échoué?

   ii) quel est le pourcentage des étudiants ayant échoué qui étaient en formation technique?

   iii) quel est le pourcentage d'étudiants en formation technique qui ont échoué?

   iv) quel est le pourcentage d'étudiants inscrits à l'examen qui étaient en formation technique?

3. a) À partir des données du graphique 1 ci-dessous, analyser l'évolution du nombre de naissances au Québec, par tranche de 10 ans, de 1950 à 2000.

   b) Le graphique 2 donne l'indice synthétique de fécondité (nombre moyen d'enfants par femme[1]) de 1950 à 2000. Statistiquement, pour qu'il y ait remplacement des générations, l'indice de fécondité doit être supérieur à 2,1 enfants par femme. Analyser la série chronologique en tenant compte de cette information.

Graphique 1

Évolution du nombre de naissances au Québec, 1950–2000

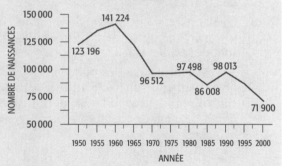

Source: Institut de la statistique du Québec.

Graphique 2

Évolution de l'indice de fécondité au Québec, 1950–2000

Source: Institut de la statistique du Québec.

---

1. Nous apprendrons à calculer cet indice au prochain chapitre.

4. En 2000, on dénombrait au Québec près de 16 000 victimes de crimes contre la personne commis dans un contexte conjugal. Voici quelques statistiques à ce sujet.

Tableau 1

Répartition des victimes de violence conjugale selon le groupe d'âge et le sexe, Québec, 2000

Groupe d'âge	Femmes	Hommes	Total
Moins de 30 ans	5 556	715	6 271
De 30 à 39 ans	4 567	838	5 405
De 40 à 49 ans	2 431	518	2 949
50 ans et plus	905	294	1 199
Total	13 459	2 365	15 824

Source : Ministère de la Sécurité publique, *La violence conjugale, statistiques 2000*.

a) Quel est le pourcentage des victimes de violence conjugale qui sont des femmes de moins de 30 ans ?

b) Quel est le pourcentage des victimes de violence conjugale qui sont des femmes ?

c) Quel est le pourcentage des femmes victimes de violence conjugale qui ont moins de 30 ans ?

d) Quel est le pourcentage de victimes de violence conjugale de 50 ans et plus qui sont des hommes ?

e) Après avoir calculé les pourcentages pertinents au titre du tableau 2 ci-dessous, analyser les données en mettant en relation l'interprétation des pourcentages des zones blanches.

Tableau 2

Répartition des victimes de violence conjugale, par groupe d'âge, selon le sexe, Québec 2000

Groupe d'âge	Femmes	Hommes	Total
Moins de 30 ans			
De 30 à 39 ans			
De 40 à 49 ans			
50 ans et plus			
Total			

Source : Ministère de la Sécurité publique, *La violence conjugale, statistiques 2000*.

f) Analyser la série chronologique suivante.

Évolution du nombre de victimes de violence conjugale au Québec, 1997–2000

Année	1997	1998	1999	2000
Nombre de victimes	13 250	13 476	14 327	15 824

5. a) Compléter le chronogramme qui suit, en y ajoutant la série chronologique du taux de chômage des 25–34 ans ayant une scolarité postsecondaire non universitaire :

Évolution du taux de chômage des 25–34 ans ayant une scolarité postsecondaire non universitaire, Québec, 1990–1996

Année	1990	1991	1992	1993	1994	1995	1996
Taux de chômage	7 %	9 %	10 %	10 %	9 %	8 %	8 %

Évolution du taux de chômage des 25 à 34 ans selon la scolarité, Québec, 1990–1996

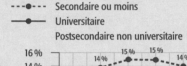

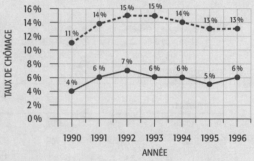

Source : Statistique Canada, *Enquête sur la population active*.

b) Faire une analyse du chronogramme en soulignant l'évolution des écarts entre les taux de chômage des trois séries chronologiques considérées.

6. On fait régulièrement des sondages pour estimer le taux de branchement des ménages à Internet et déterminer les variables socio-économiques qui ont une influence sur ce taux. Les tableaux suivants donnent l'état de la situation en 2000 pour un échantillon de 8 289 ménages québécois.

Tableau 1

Répartition des ménages selon qu'ils soient branchés ou non à Internet, Québec, 2000

Branchement à Internet	Nombre de ménages
Oui	2 752
Non	5 537
Total	8 289

Source : Institut de la statistique du Québec, *L'utilisation d'Internet par les ménages québécois en 2000*.

Tableau 2

Répartition des ménages, par présence d'enfants de moins de 18 ans, selon qu'ils soient branchés ou non à Internet, Québec, 2000

Branchement à Internet	Ménages avec enfants de moins de 18 ans	Ménages sans enfants de moins de 18 ans
Oui	**52,7 %**	24,2 %
Non	47,2 %	75,8 %
Total	100 %	100 %

Tableau 3

Répartition des ménages, par niveau de scolarité du chef de ménage, selon qu'ils soient branchés ou non à Internet, Québec, 2000

Niveau de scolarité du chef de ménage	Branchement à Internet		Total
	Oui	Non	
Études secondaires non terminées	12,8 %	**87,2 %**	100 %
Diplôme d'études secondaires ou collégiales	36,7 %	63,3 %	100 %
Diplôme universitaire	61,1 %	38,9 %	100 %

Tableau 4

Titre _____

Revenu du ménage	Branchement à Internet		Total
	Oui	Non	
Moins de 22 500 $	**14,2 %**	85,8 %	100 %
[22 500 $; 40 000 $[	27,9 %	72,1 %	100 %
[40 000 $; 65 000 $[	43,8 %	56,2 %	100 %
65 000 $ et plus	63,0 %	37,0 %	100 %

a) Quel titre conviendrait-il de donner au tableau 4 ?

b) En considérant l'échantillon représentatif des ménages québécois, quel pourcentage de ménages québécois sont branchés à Internet en 2000 ?

c) Interpréter chacun des pourcentages en caractères gras dans les tableaux 2, 3 et 4.

d) Quelle conclusion faut-il tirer des données du tableau 2 ?

e) Quelle conclusion faut-il tirer des données du tableau 3 ?

f) Donner des statistiques qui permettraient d'appuyer l'affirmation suivante :

« Le taux de branchement des ménages à Internet est lié au revenu du ménage. »

7. a) Le tableau qui suit donne l'évolution du taux de mortalité par 100 000 personnes du cancer du poumon, cancer principalement causé par l'usage du tabac, par sexe, de 1976 à 2001. Ajouter au chronogramme ci-dessous la série chronologique du taux de mortalité chez les hommes.

Évolution du taux de mortalité par 100 000 personnes du cancer du poumon, par sexe, Québec, 1970–2000

Année	1976	1980	1984	1988	1992	1996	2000	2001
Hommes	76,7	91,9	104,7	111,9	105,8	104,1	98,1	96,8
Femmes	13,0	16,7	22,5	28,6	32,6	38,7	43,0	44,2

Source : Institut de la statistique du Québec.

Évolution du taux de mortalité par 100 000 personnes du cancer du poumon, par sexe, Québec, 1976–2001

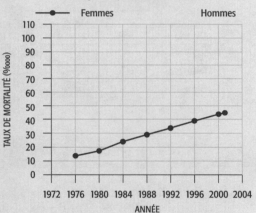

Source : Institut de la statistique du Québec.

b) Compléter l'analyse :

De 1976 à 2001, le taux de mortalité lié au cancer du poumon est beaucoup plus élevé chez les hommes que chez les femmes, mais l'écart tend à s'amenuiser avec le temps : en 1976, le taux de décès était _____ fois moins élevé chez les femmes que chez les hommes ; en 2001, il n'est plus que _____ fois moins élevé. Depuis _____, on observe une diminution du taux de décès du cancer du poumon chez les hommes. Par contre, chez les femmes, le taux de décès _____ d'année en année.

8. Compléter les tableaux ci-dessous à l'aide de l'information donnée.

   a) Un cégep compte 5 000 étudiants : 2 800 filles et 2 200 garçons. On dénombre 1 600 étudiants qui ont un emploi à temps partiel répartis entre 700 filles et 900 garçons.

   Répartition des _____
   selon la situation de travail et le sexe

Sexe	Travail à temps partiel		
	Oui	Non	Total
Filles			
Garçons			
Total			

   b) Pour vérifier s'il y a un lien entre la provenance des oranges et leur qualité, un marchand a vérifié 48 caisses d'oranges dont 12 proviennent du fournisseur A. Des 8 caisses jugées de mauvaise qualité, 6 avaient été expédiées par le fournisseur B.

   Répartition des _____
   selon _____

Qualité	Fournisseur		
	A	B	Total
Bonne			
Mauvaise			
Total			

9. Un sondage est mené auprès d'un échantillon de 40 clients d'un restaurant. Voici deux des questions du sondage ainsi que les réponses obtenues. Construire un tableau permettant d'étudier le lien entre le sexe et le degré de satisfaction de la clientèle.

   1. Quel est votre sexe ?
   2. Êtes-vous satisfait du service ?
      1. Très satisfait
      2. Moyennement satisfait
      3. Peu satisfait

   Réponses obtenues

F 2	H 3	F 2	F 1	H 1	F 2
F 1	F 1	F 1	H 3	F 1	F 3
H 1	H 1	F 1	F 2	F 1	H 1
F 1	F 2	H 1	F 3	H 1	H 1
F 2	F 1	F 3	H 1	F 1	H 1
H 2	H 1	F 2	H 1	H 1	H 1
F 2	H 1	F 2	H 1		

Exercices récapitulatifs

1. Une étude du ministère de la Santé et des Services sociaux a permis de construire la distribution qui suit. Tracer l'histogramme de cette distribution (utiliser 20 ans comme amplitude de base).

   Répartition des Québécois ayant un indice élevé
   de détresse psychologique selon l'âge, 1998

Âge	Pourcentage
[15 ans; 25 ans[	24 %
[25 ans; 45 ans[	40 %
[45 ans; 65 ans[	28 %
[65 ans; 85 ans[	8 %
Total	100 %

   Source : Ministère de la Santé et des Services sociaux, *Enquête sociale et de santé.*

2. Quelle amplitude faut-il choisir pour grouper en classes une série statistique de 400 données entières dont la plus petite valeur est 54 et la plus grande 984 ? Donner la démarche justifiant votre choix et la première classe.

3. **Évolution de la moyenne des droits de scolarité**
   des étudiants inscrits au 1er cycle universitaire,
   Québec, Ontario, Canada sans le Québec, 1989–2000

Année	89-90	90-91	91-92	93-94	98-99	99-00
Québec	581 $	948 $	1 350 $	1 630 $	1 690 $	1 690 $
Ontario	1 561 $	1 684 $	1 819 $	2 076 $	3 667 $	4 049 $
Canada sans le Québec	1 541 $	1 662 $	1 852 $	2 202 $	3 449 $	3 727 $

   Source : Ministère de l'Éducation, *Indicateurs de l'éducation, édition 2001.*

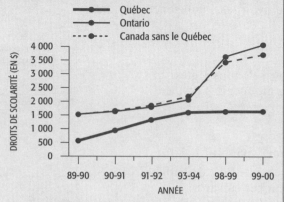

Évolution de la moyenne des droits de scolarité des étudiants inscrits au 1er cycle universitaire, Québec, Ontario, Canada sans le Québec, 1989–2000

Source : Ministère de l'Éducation, *Indicateurs de l'éducation, édition 2001.*

Considérant les statistiques ci-dessus, comparer l'évolution de l'écart entre les droits de scolarité universitaire du Québec et ceux de l'Ontario en citant quelques chiffres pour appuyer votre analyse.

4. L'histogramme suivant donne la distribution de l'âge des jeunes qui ont assisté à la projection d'un film.

Répartition des spectateurs selon l'âge

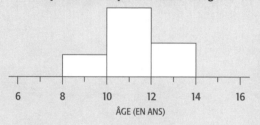

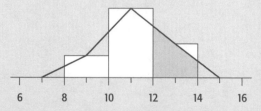

a) Le premier rectangle occupe quel pourcentage de la surface totale de l'histogramme ?

b) Quel est le pourcentage des spectateurs qui ont moins de 10 ans ?

c) Estimer combien de jeunes ont assisté à la projection si l'on compte 20 jeunes de moins de 10 ans dans la salle.

d) Construire le tableau de distribution de l'âge.

e) La partie ombrée représente approximativement quel pourcentage de la surface totale du polygone de fréquences ?

5. Donner le nom de chacun des graphiques suivants et préciser avec quel type de variable on l'utilise.

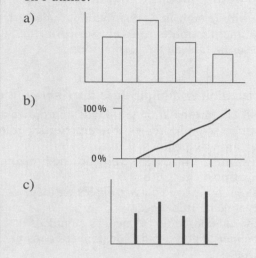

a)

b)

c)

6.

Tableau 1

Répartition du nombre de diplômes décernés dans les universités québécoises selon le type et le sexe, 1999

Type de diplôme	Hommes	Femmes	Total
Baccalauréat	11 582	16 702	28 284
Maîtrise	3 294	3 520	6 814
Doctorat	717	453	1 170
Total	15 593	20 675	36 268

Source : Ministère de l'Éducation, Secteur de l'enseignement supérieur, Direction des statistiques et des études quantitatives.

a) Utiliser les données du tableau 1 pour répondre aux questions suivantes.

i) Quel est le pourcentage des diplômés universitaires qui sont des femmes ayant obtenu une maîtrise ?

ii) Quel est le pourcentage des diplômés universitaires féminins qui ont obtenu une maîtrise ?

iii) Quel est le pourcentage des diplômés ayant obtenu une maîtrise qui sont des femmes ?

b) À partir des données du tableau 1, construire un tableau donnant la répartition du nombre de diplômes décernés dans les universités québécoises, par type de diplôme, selon le sexe.

c) Analyser les données du tableau construit.

Préparation à l'examen

Pour préparer votre examen, assurez-vous d'avoir les compétences suivantes.

Si vous avez
la compétence,
cochez

Tableau de distribution d'une variable

• Construire le tableau de distribution d'une variable selon les règles. _____

• Déterminer l'amplitude des classes permettant de grouper des données. _____

• Analyser un tableau de distribution. _____

Représentation graphique de la distribution d'une variable

• Choisir la représentation graphique appropriée à chaque type de variable. _____

• Construire selon les règles et interpréter les graphiques suivants :

  – Diagramme en bâtons _____

  – Diagramme à rectangles verticaux ou horizontaux _____

  – Diagramme circulaire _____

  – Histogramme avec classes égales ou inégales _____

  – Polygone de fréquences _____

  – Ogive ou courbe de fréquences cumulées _____

• Déterminer le pourcentage de données dans une classe à l'aide d'un rapport
de surfaces. _____

Séries statistiques à deux variables

Interpréter et construire un tableau à deux variables (ou à double entrée). _____

Série chronologique

• Définir une série chronologique. _____

• Représenter et interpréter une série chronologique. _____

Les mesures

OBJECTIF

Calculer et utiliser différentes mesures pour représenter :

– la tendance centrale d'une distribution (moyenne, mode, médiane) ;

– la dispersion des données d'une distribution (étendue, écart type) ;

– la position d'une donnée par rapport aux autres données d'une distribution (mesures de position, cote z).

OBJECTIFS DES LABORATOIRES

Le laboratoire 2 permet d'atteindre l'objectif suivant : utiliser Excel pour traiter les données d'une variable quantitative.

Le laboratoire 3 permet d'atteindre l'objectif suivant : utiliser Excel pour traiter simultanément les données de deux variables.

Nous avons vu dans le chapitre 2 que la présentation des données d'une série statistique sous forme de tableau ou de graphique permet d'en faire une première analyse. Les différentes mesures que nous étudierons dans le présent chapitre vont nous aider à raffiner cette analyse. Nous étudierons les mesures de tendance centrale qui permettent de représenter une série statistique par un seul nombre et les mesures de dispersion qui permettent de mesurer l'éparpillement des données. Par la suite, nous aborderons l'étude de mesures qui situent une donnée par rapport aux autres données de la série statistique.

3.1 Mesures de tendance centrale

Les mesures de tendance centrale permettent de représenter, par un seul nombre, les données d'une série statistique. Nous verrons trois mesures de tendance centrale : la moyenne, le mode et la médiane.

3.1.1 Moyenne arithmétique

Lorsqu'on désire représenter par *un et un seul nombre* une série de données, comme les notes d'un examen, la première mesure à laquelle on pense est la moyenne des données. La moyenne est la mesure de tendance centrale la plus connue et la plus utilisée comme représentante des données d'une série statistique. Avec la mise en situation suivante, nous apprendrons à représenter graphiquement une moyenne et à la calculer de trois façons différentes : avec les données brutes, avec les effectifs du tableau de distribution et avec les pourcentages du tableau de distribution.

Reprenons la série statistique donnant le nombre de programmes préuniversitaires offerts dans chacun des 48 collèges publics du Québec en 1999.

5	4	6	5	3	4	6	6	6	6	6	4
4	4	4	3	5	6	5	5	6	3	6	4
6	4	5	6	6	4	6	5	4	4	6	4
5	5	6	4	3	6	4	6	4	6	3	6

Source : Ministère de l'Éducation, Secteur de l'enseignement supérieur, Direction des statistiques et des études quantitatives, 2001.

Calcul de la moyenne avec des données brutes

Nous savons depuis longtemps que le calcul de la moyenne avec des données brutes consiste à additionner l'ensemble des données et à diviser cette somme par le nombre total de données.

Moyenne avec des données brutes

$$\text{Moyenne} = \frac{\text{somme des données}}{\text{nombre total de données}}$$

Pour la moyenne des données de la mise en situation, on a :

$$\text{Moyenne} = \frac{5 + 4 + 6 + \ldots + 3 + 6}{48} = \frac{234}{48} = 4,9 \text{ programmes préuniversitaires par collège}$$

Interprétation

En 1999, dans les collèges publics du Québec, il s'offrait en moyenne 4,9 programmes préuniversitaires par collège.

> **REMARQUE** Le résultat du calcul d'une moyenne ne doit pas être arrondi à l'entier sous prétexte que les données sont entières : la moyenne est un nombre théorique. Nous conviendrons de garder une décimale après le point pour la valeur d'une moyenne.

Écriture symbolique

Nous noterons la moyenne par le symbole μ, qui se lit « mu » (*m* dans l'alphabet grec), et le nombre de données par la lettre *N*.

En représentant chaque donnée de la série statistique par les symboles : x_1, x_2, x_3, x_4 et ainsi de suite, on obtient la formule suivante pour décrire le calcul d'une moyenne avec les données brutes :

$$\mu = \frac{x_1 + x_2 + x_3 + \ldots + x_N}{N}$$

Nous pouvons obtenir une écriture allégée de cette formule à l'aide de la notation sigma, symbolisée par « $\sum$ » (*S* dans l'alphabet grec). Ce symbole indique que l'on doit faire la somme de tous les termes de forme x_i, pour *i* variant de 1 à *N*.

$$\mu = \frac{\sum x_i}{N}$$

> **REMARQUE** Dans le cadre d'un sondage, nous employons le symbole $\overline{x}$ pour désigner la moyenne des données de l'échantillon et μ pour la moyenne des données de la population. De même, le symbole *n* sera utilisé pour désigner le nombre de données de l'échantillon et *N* le nombre de données de la population. La formule donnant la moyenne des données de l'échantillon s'écrira donc :

$$\overline{x} = \frac{\sum x_i}{n}$$

Calcul de la moyenne avec les effectifs du tableau de distribution

Rappelons le tableau de distribution du nombre de programmes préuniversitaires :

Répartition des 48 collèges publics du Québec selon le nombre de programmes préuniversitaires offerts, 1999

Nombre de programmes préuniversitaires	Nombre de collèges	Pourcentage de collèges
3	5	10,4 %
4	15	31,3 %
5	9	18,8 %
6	19	39,6 %
Total	48	100,1 %

Avec les effectifs du tableau de distribution, on calcule ainsi la moyenne du nombre de programmes préuniversitaires offerts par les collèges publics du Québec :

$$\mu = \frac{3 \times 5 + 4 \times 15 + 5 \times 9 + 6 \times 19}{48} = \frac{234}{48} = 4,9$$

NOTE Il serait bon de prendre l'habitude de respecter l'ordre d'écriture (*valeur* × *effectif*) des produits des termes ci-dessus ; car c'est dans cet ordre qu'il faut entrer les données lorsqu'on utilise le mode statistique d'une calculatrice.

Moyenne avec des effectifs

$$\text{Moyenne} = \frac{\text{somme des produits de chaque valeur de la variable par son effectif}}{\text{nombre total de données}}$$

Écriture symbolique

En notant par la lettre n_i l'effectif correspondant à la valeur x_i, on obtient la formule suivante :

$$\mu = \frac{x_1 n_1 + x_2 n_2 + x_3 n_3 + \ldots + x_k n_k}{N}, \quad \text{où } k \text{ est le nombre de valeurs de la variable}$$

En utilisant la notation sigma, on obtient :

$$\mu = \frac{\sum x_i n_i}{N}, \quad \text{pour } i \text{ variant de 1 à } k$$

Calcul de la moyenne avec les pourcentages du tableau de distribution

Comment faut-il procéder pour calculer une moyenne si le tableau de distribution ne donne que les pourcentages de données pour chaque valeur de la variable ?

Pour trouver une formule qui permettrait de calculer une moyenne avec les pourcentages, reprenons le calcul de la moyenne avec les effectifs et effectuons les opérations suivantes :

$$\mu = \frac{3 \times 5 + 4 \times 15 + 5 \times 9 + 6 \times 19}{48} = 4,9$$

$$\mu = \frac{3 \times 5}{48} + \frac{4 \times 15}{48} + \frac{5 \times 9}{48} + \frac{6 \times 19}{48} = 4,9$$

$$\mu = 3 \times \frac{5}{48} + 4 \times \frac{15}{48} + 5 \times \frac{9}{48} + 6 \times \frac{19}{48} = 4,9$$

$$\mu = 3 \times 10,4\ \% + 4 \times 31,3\ \% + 5 \times 18,8\ \% + 6 \times 39,6\ \% = 4,9$$

Moyenne avec des pourcentages

Moyenne = somme des produits de chaque valeur
de la variable par son pourcentage

NOTE   Il est à remarquer que nous n'avons pas à diviser, dans ce cas-ci, par le total des données, car cette division a déjà été faite dans le calcul du pourcentage.

Écriture symbolique

En notant f_i la fréquence relative correspondant à la valeur x_i, on obtient la formule suivante :

$$\mu = x_1f_1 + x_2f_2 + x_3f_3 + \ldots + x_kf_k = \sum x_if_i,$$

pour i variant de 1 à k, où k est le nombre de valeurs de la variable.

Représentation graphique de la moyenne

Voici le diagramme en bâtons de la distribution du nombre de programmes préuniversitaires :

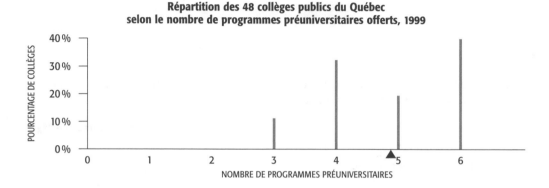

Répartition des 48 collèges publics du Québec selon le nombre de programmes préuniversitaires offerts, 1999

En plaçant un **pivot** à l'endroit où se situe la moyenne sur l'axe horizontal du diagramme en bâtons, on peut voir que la moyenne correspond graphiquement au centre d'équilibre du diagramme. On applique ici le principe des balançoires à bascule : on doit s'imaginer que l'axe horizontal est une planche sous laquelle on doit placer un pivot pour que les bâtons du diagramme se trouvent en position d'équilibre sur cette planche.

EXEMPLE 1

Répartition des familles avec enfants mineurs selon le nombre d'enfants mineurs, Québec, 1996

Nombre d'enfants mineurs	Pourcentage de familles
1 enfant	45,7 %
2 enfants	39,7 %
3 enfants	11,7 %
4 enfants et plus	2,9 %
Total	100 %

Source : Régie des rentes du Québec.

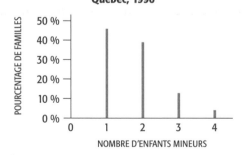

Répartition des familles avec enfants mineurs selon le nombre d'enfants mineurs, Québec, 1996

a) Estimer graphiquement la moyenne de cette distribution : $\mu \approx$ _____

b) Calculer et interpréter la moyenne en remplaçant la catégorie « 4 et plus » par le nombre 4.

Solution

EXEMPLE 2

À la suite de l'étude menée auprès des 40 professeurs d'une école (v.p. 30), nous avons construit le tableau de distribution et l'histogramme suivants :

Répartition des professeurs selon l'âge

Âge (en ans)	Nombre de professeurs
$25 \leq X < 30$	2
$30 \leq X < 35$	4
$35 \leq X < 40$	9
$40 \leq X < 45$	12
$45 \leq X < 50$	8
$50 \leq X < 55$	3
$55 \leq X < 60$	2
Total	40

Répartition des professeurs selon l'âge

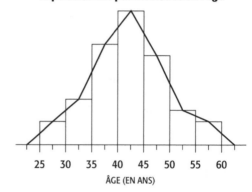

ÂGE (EN ANS)

a) Placer un pivot sous le graphique afin d'estimer la moyenne de la distribution : $\mu \approx$ _____
b) Calculer et interpréter la moyenne de la distribution.

Solution

c) La moyenne que l'on obtiendrait en utilisant les données brutes de la page 30 donnerait-elle la même réponse ?

Moyenne pondérée

Nous étudierons ce type de moyenne à partir de la mise en situation suivante :

MISE EN SITUATION

Supposons qu'un étudiant ait obtenu les notes suivantes en français :

Examen 1 : 65 %   Examen 2 : 70 %   Travail : 75 %

❓ Trouver sa moyenne pour la session si la pondération de chaque évaluation est :

Examen 1 : 25 %   Examen 2 : 35 %   Travail : 40 %

Moyenne =

Comme vous pouvez le constater, dans le calcul de cette moyenne nous n'avons pas accordé la même importance à chaque évaluation, puisque la moyenne n'a pas été obtenue en additionnant les notes pour ensuite diviser cette somme par 3. Cette façon de procéder n'aurait pas eu de sens dans le contexte du problème. Nous avons plutôt donné un poids différent (une pondération) à chaque évaluation.

Lorsque le calcul d'une moyenne se fait en multipliant chaque valeur d'une série par sa pondération, on dit que l'on calcule la **moyenne pondérée** de la série. La pondération est déterminée selon l'importance qui est accordée à chaque valeur par rapport aux autres valeurs de la série. La somme des pondérations doit toujours être égale à 100 %.

EXEMPLE 1

Revenu moyen par famille selon la province et le territoire, Canada, 1996

Terre-Neuve : 42 993 $	Île-du-Prince-Édouard : 47 125 $	Nouvelle-Écosse : 46 110 $
Nouveau-Brunswick : 45 010 $	Québec : 49 261 $	Colombie-Britannique : 56 527 $
Saskatchewan : 49 483 $	Alberta : 56 916 $	Ontario : 59 830 $
Manitoba : 50 236 $	Territoire du Yukon : 61 807 $	Territoires du Nord-Ouest : 61 630 $

Source : Statistique Canada, Recensement 1996 (http://statcan.ca).

Si l'on calcule la moyenne de ces 12 revenus familiaux, on obtient :

$$\mu = \frac{42\ 993 + 47\ 125 + \dots + 61\ 630}{12} = 52\ 244\ \$$$

Ce nombre peut-il représenter le revenu moyen par famille pour l'ensemble des familles canadiennes ? Pourquoi ?

Solution

Utilisons le tableau suivant pour pondérer le calcul de la moyenne.

Répartition des familles canadiennes selon la province et le territoire, Canada, 1996

Terre-Neuve : 2,0 %	Île-du-Prince-Édouard : 0,5 %	Nouvelle-Écosse : 3,3 %
Nouveau-Brunswick : 2,7 %	Québec : 25,6 %	Colombie-Britannique : 12,1 %
Saskatchewan : 3,5 %	Alberta : 9,1 %	Ontario : 37,1 %
Manitoba : 3,9 %	Territoire du Yukon : 0,1 %	Territoires du Nord-Ouest : 0,2 %

Source : Statistique Canada, Recensement 1996 (http://statcan.ca).

$$\mu = 42\ 993\ \$ \times \underline{\hspace{2cm}} + 47\ 125\ \$ \times \underline{\hspace{2cm}} + ... + 61\ 630\ \$ \times \underline{\hspace{2cm}} = 54\ 535\ \$$$

En 1996, le revenu moyen par famille au Canada était de 54 535 $.

EXEMPLE 2

Calculer le salaire moyen des 200 employés d'une usine sachant que les 10 cadres gagnent en moyenne 45 200 $, les 50 techniciens 35 250 $ et les 140 ouvriers 28 400 $.

Solution

3.1.2 **Mode et classe modale**

Le **mode** est la valeur ou la catégorie qui revient le plus souvent dans une série statistique. La **classe modale** est la classe qui regroupe le plus de données d'une série statistique. On considère le centre de cette classe comme une approximation du mode de la distribution.

> **NOTE** Pour être significatif, le mode doit avoir une fréquence qui se démarque de celle des autres valeurs. Il en est de même pour la classe modale.

EXEMPLE 1

**Répartition des 48 collèges publics du Québec
selon le nombre de programmes préuniversitaires offerts, 1999**

Nombre de programmes préuniversitaires	3	4	5	6	Total
Nombre de collèges	5	15	9	19	48
Pourcentage de collèges	10,4 %	31,3 %	18,8 %	39,6 %	100,1 %

Donner et interpréter le mode de la distribution ci-dessus.

Solution

Le mode est _____.

Interprétation

En 1999, une *pluralité* de collèges publics du Québec (*40 %*) offraient *six* programmes préuniversitaires.

> **NOTE** Le mot **pluralité** signifie « le plus grand nombre » ; il indique que le pourcentage entre parenthèses est le plus haut pourcentage de la distribution (quand il est supérieur à 50 %, on peut employer le mot **majorité**).

EXEMPLE 2

Donner et interpréter la classe modale de la distribution suivante :

Répartition des professeurs selon l'âge

Âge (en ans)	Nombre de professeurs	Pourcentage
$25 \leq X < 30$	2	5,0 %
$30 \leq X < 35$	4	10,0 %
$35 \leq X < 40$	9	22,5 %
$40 \leq X < 45$	12	30,0 %
$45 \leq X < 50$	8	20,0 %
$50 \leq X < 55$	3	7,5 %
$55 \leq X < 60$	2	5,0 %
Total	40	100 %

Solution

Classe modale : _____

Interprétation

Une pluralité de professeurs (30 %) ont entre 40 et 45 ans.

EXEMPLE 3

Un club mixte de conditionnement physique a fait une étude sur le poids des personnes membres. Une fois les données compilées, on obtient l'histogramme ci-contre.

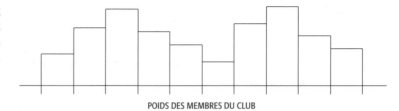

POIDS DES MEMBRES DU CLUB

a) On dit d'une telle distribution qu'elle est **bimodale**, car deux classes se démarquent des autres avec approximativement la même fréquence. Pouvez-vous donner la cause de cette bimodalité ?

Solution

NOTE Une bimodalité peut indiquer la présence de deux sous-populations plus homogènes que la population globale.

b) Serait-il judicieux, dans le cadre d'une campagne de promotion du club, d'utiliser la moyenne de cette série de données comme mesure de tendance centrale pour représenter le poids de ses membres ?

Solution

EXEMPLE 4

Choisir et interpréter la meilleure mesure de tendance centrale pour les distributions suivantes.

a) Les résultats d'un sondage publié dans le journal *Le Soleil* en décembre 1993 :

Répartition des répondants selon leur degré d'estime à l'égard des journalistes

Degré d'estime	Très peu	Pas beaucoup	Assez	Beaucoup	Total
Pourcentage des répondants	7 %	14 %	62 %	18 %	101 %

Source : Sondage Angus-Reid/Le Soleil, *Le Soleil*, 28 décembre 1993.

Solution

b) Les salaires de cinq ingénieurs travaillant pour une entreprise :

41 500 $ 42 250 $ 58 550 $ 64 750 $ 120 800 $

Solution

La prochaine section permettra de définir une nouvelle mesure de tendance centrale qui pourra être appliquée à l'exemple précédent.

3.1.3   **Médiane**

La **médiane**, que l'on note « Me », est la valeur qui divise une série de données *ordonnées* en deux parties égales, chacune comprenant le même nombre de données.

Données non groupées en classes

Après avoir mis les données en ordre, on applique la procédure suivante pour trouver la médiane de données non groupées en classes :

1. On détermine le nombre total de données de la série statistique.

2. Si ce nombre est impair, la médiane est la valeur de la donnée centrale de la série.

   Si ce nombre est pair, la médiane est la moyenne des valeurs des deux données centrales.

EXEMPLE

Trouver la médiane des séries statistiques suivantes :

a) Salaire des cinq ingénieurs travaillant pour une entreprise :

41 500 $ 42 250 $ 58 550 $ 64 750 $ 120 800 $

Solution

La médiane est _____. C'est la meilleure mesure de tendance centrale de la série, car elle n'est pas influencée, comme la moyenne, par les valeurs extrêmes.

Interprétation

Dans cette entreprise, au moins 50 % des ingénieurs gagnent 58 550 $ ou moins.

> **NOTE** On dit « au moins » 50 %, car trois ingénieurs sur cinq gagnent 58 550 $ ou moins.

b) Poids à la naissance de 10 nouveau-nés :

| 2 350 g | 3 150 g | 3 252 g | 3 334 g | 3 552 g |
| 3 843 g | 3 926 g | 4 125 g | 4 650 g | 3 684 g |

Solution

La médiane =

Interprétation

50 % des nouveau-nés pèsent moins de _____ .

c)
**Répartition des 48 collèges publics du Québec
selon le nombre de programmes préuniversitaires, 1999**

Nombre de programmes préuniversitaires	3	4	5	6	Total
Nombre de collèges	5	15	9	19	48

Solution

La médiane =

Interprétation

Au Québec, en 1999, _____ des collèges publics offraient _____ programmes préuniversitaires _____ .

> **REMARQUES** – Pour N pair, $\frac{N}{2}$ est un entier et la médiane est la moyenne de la $\left(\frac{N}{2}\right)^e$ donnée et de la donnée suivante.
> – Pour N impair, $\frac{N}{2}$ n'est pas un entier et la médiane est la donnée dont le rang est l'entier qui suit $\frac{N}{2}$.

d) Vrai ou faux ? Si la médiane d'un examen sur 100 points est 68, on peut alors dire qu'au moins 50 % des étudiants ont une note de 68 à cet examen. _____

Exercice éclair

Un sondage auprès d'un échantillon de 115 membres d'un club vidéo a permis de construire le tableau suivant.

**Répartition des répondants, par sexe,
selon le nombre de films loués au cours du dernier mois**

Nombre de films loués en un mois	Nombre d'hommes	Nombre de femmes
4	18	8
5	12	16
6	11	10
7	9	10
8 et plus	10	11
Total	60	55

a) Déterminer et interpréter la médiane de la distribution pour les hommes.

Médiane =

Interprétation

b) Déterminer et interpréter la médiane de la distribution pour les femmes.

Médiane =

Interprétation

c) Donner et interpréter le mode pour la distribution des hommes et des femmes.

Mode pour les hommes : _____   Mode pour les femmes : _____

Interprétation

Au cours du dernier mois, une _____ d'hommes (_____ %) ont loué _____

films alors qu'une _____ de femmes (_____ %) en ont loué _____.

Données groupées en classes

Lorsque les données d'une série statistique sont groupées en classes, la médiane est égale à la valeur sur l'axe horizontal qui divise la surface de l'histogramme en deux parties égales.

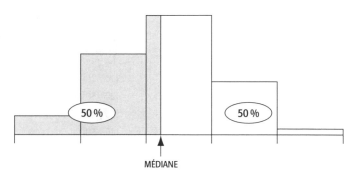

Cherchons la médiane de la distribution suivante :

Répartition des professeurs selon l'âge

Âge (en ans)	Pourcentage
$25 \leq X < 30$	5,0 %
$30 \leq X < 35$	10,0 %
$35 \leq X < 40$	22,5 %
$40 \leq X < 45$	30,0 %
$45 \leq X < 50$	20,0 %
$50 \leq X < 55$	7,5 %
$55 \leq X < 60$	5,0 %
Total	100,0 %

Esquisse de l'histogramme

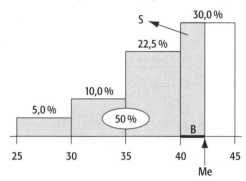

Notre objectif est de trouver un âge sur l'axe horizontal tel que 50 % de la surface de l'histogramme (donc 50 % des données) se situe à gauche de cet âge. Pour trouver 50 % de la surface, il faut additionner les surfaces du 1er rectangle, du 2e rectangle, du 3e rectangle et une partie S de la surface du 4e rectangle.

– Surface = $50 \% = (5 \% + 10 \% + 22,5 \%) + \mathbf{S}$

$\qquad\quad 50 \% = 37,5 \% + \mathbf{S}$

$\qquad\quad\ \mathbf{S} = 50 \% - 37,5 \%$

$\qquad\quad\ \mathbf{S} = 12,5 \%$

– Médiane = 40 ans + **B** ans, où **B** est la longueur de la base du rectangle de surface S.

On trouve la valeur **B** par une règle de trois mettant en rapport la surface et la base du 4e rectangle avec la surface **S** et la base **B** du rectangle construit à l'intérieur de ce rectangle.

Surface   Base

30,0 % ⟶ 5 ans

12,5 % ⟶ **B** ans

D'où $\mathbf{B} = \dfrac{12,5 \times 5}{30} = 2,1$ ans

Médiane = 40 ans + 2,1 ans = 42,1 ans

Interprétation

On peut estimer que 50 % des professeurs ont moins de 42,1 ans.

EXEMPLE

Le tableau suivant donne la distribution de l'âge des arbres recensés sur un terrain boisé. Trouver et interpréter la médiane de cette distribution.

Répartition des arbres selon l'âge

Âge (en ans)	Pourcentage
[0 ; 10[	8 %
[10 ; 20[	28 %
[20 ; 30[	32 %
[30 ; 40[	20 %
[40 ; 50[	12 %
Total	100 %

Solution

Esquisse de l'histogramme

Quelle mesure de tendance centrale faut-il utiliser?

Chacune des mesures de tendance centrale a ses avantages et ses inconvénients. La moyenne est certainement celle qui est la plus utilisée pour représenter une série de données; on ne peut toutefois pas s'en servir avec une variable qualitative. Son principal inconvénient est qu'elle peut être influencée par quelques valeurs extrêmes de la série statistique. Dans ce cas, on choisit la médiane comme mesure de tendance centrale.

La médiane est une mesure intéressante, car elle donne le centre de la distribution. Une différence importante entre la moyenne et la médiane indique que certaines données de la série statistique sont beaucoup plus grandes ou beaucoup plus petites que les autres.

Le mode est la mesure de tendance centrale qu'il faut utiliser avec une variable qualitative. Pour une variable quantitative, il est intéressant uniquement si sa fréquence est élevée.

Voici un tableau dans lequel on associe les mesures de tendance centrale avec les types de variables:

Type de variable	Mesure possible
Variable qualitative	Mode
Variable quantitative	Mode Médiane Moyenne

**Répartition des familles monoparentales
selon la tranche de revenu, Québec, 1997**

Revenu (en 000 $)	Pourcentage
Moins de 10	14 %
[10 ; 20[	34 %
[20 ; 30[	17 %
[30 ; 40[	13 %
40 et plus	22 %
Total	100 %

Source : Statistique Canada, données fiscales fédérales, 1997.

a) Calculer et interpréter la médiane de la distribution ci-dessus.

Esquisse de l'histogramme

Interprétation

b) Calculer et interpréter la moyenne de cette distribution.

3.2 Mesures de position

Les mesures de position permettent de situer une donnée par rapport aux autres données d'une série statistique. Nous étudierons les quantiles dans cette section, alors que la cote z sera vue à la section 3.7.

Données groupées en classes

MISE EN SITUATION

Reprenons la distribution de l'âge des arbres sur un terrain boisé.

Répartition des arbres selon l'âge

Âge (en ans)	Pourcentage
[0 ; 10[	8 %
[10 ; 20[	28 %
[20 ; 30[	32 %
[30 ; 40[	20 %
[40 ; 50[	12 %
Total	100 %

Nous avons déjà estimé que 50 % des arbres avaient moins de 24,4 ans. Supposons qu'un voisin trop curieux pose la question suivante au propriétaire du boisé : « Le quart de vos arbres ont moins de quel âge ? »

Pour répondre à cette question, il faut trouver un âge, disons Q_1, tel que 25 % des arbres aient un âge inférieur à Q_1. La démarche qui permettra de déterminer l'âge Q_1 est analogue à celle que nous avons effectuée pour trouver la médiane.

Solution

– Surface : $25\% = 8\% + S$

$\qquad\qquad S = 25\% - 8\%$

$\qquad\qquad S = 17\%$

– $Q_1 : 10 + B$ On a : Surface $\longrightarrow$ Base

$\qquad\qquad\qquad\qquad 28\% \longrightarrow 10$ ans

$\qquad\qquad\qquad\qquad 17\% \longrightarrow B$ ans

$\qquad\qquad\qquad$ d'où $B = \dfrac{17 \times 10}{28} = 6{,}1$ ans

$\quad Q_1 = 10 + 6{,}1 = 16{,}1$ ans

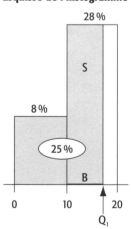

Esquisse de l'histogramme

Interprétation

On peut estimer que 25 % des arbres ont moins de 16,1 ans.

On donne le nom de **premier quartile** à la valeur Q_1. Les quartiles partagent une distribution en quatre parties égales comprenant 25 % des données. La médiane correspond au 2e quartile : $Me = Q_2$.

Les quantiles

Les quantiles sont des valeurs qui partagent une distribution en un certain nombre de parties égales. Les plus utilisés sont :

– les **quartiles** (Q_1, Q_2, Q_3), qui partagent une distribution en quatre parties comprenant 25 % des données ;

– les **quintiles** (V_1, V_2, V_3, V_4), qui partagent une distribution en cinq parties comprenant 20 % des données ;

– les **déciles** (D_1, D_2, …, D_9), qui partagent une distribution en dix parties comprenant 10 % des données ;

– les **centiles** (C_1, C_2,…, C_{99}), qui partagent une distribution en cent parties comprenant 1 % des données.

EXEMPLE

Répartition des arbres selon l'âge

Âge (en ans)	Pourcentage
[0 ; 10[	8 %
[10 ; 20[	28 %
[20 ; 30[	32 %
[30 ; 40[	20 %
[40 ; 50[	12 %
Total	100 %

a) Quelle réponse le propriétaire du boisé de la mise en situation devrait-il donner à son voisin si celui-ci, de plus en plus indiscret, pose la question suivante : « 10 % de vos arbres ont moins de quel âge ? »

Solution

Esquisse de l'histogramme

Interprétation

On peut estimer que 10 % des arbres ont _____.

La valeur trouvée est le **premier décile** (D_1) de la distribution.

b) Trouver et interpréter le 36e centile.

Solution

Surface : _____ d'où C_{36} = _____

Interprétation

On peut estimer que _____ des arbres ont _____ .

c) Pour la distribution de l'âge des arbres, 30 ans correspond à quel centile ? Au _____ centile.

> **NOTE** Lorsqu'on veut déterminer le pourcentage de données d'une distribution qui sont inférieures à une certaine valeur, on dit que l'on cherche le **rang centile** de cette valeur (le rang centile de 30 est 68). Les rangs centiles sont beaucoup utilisés dans le milieu scolaire.

Données non groupées en classes

Pour trouver les quantiles de données non groupées en classes, nous allons appliquer une procédure analogue à celle qui a été retenue pour déterminer la médiane.

Centiles de données non groupées en classes

– Si (i % N) est un entier, le centile C_i est la moyenne de la (i % N)e donnée et de la donnée suivante.

– Si (i % N) n'est pas un entier, le centile C_i est la donnée dont le rang est l'entier qui suit (i % N).

EXEMPLE 1

Poids à la naissance de 10 nouveau-nés :

2 350 g	3 150 g	3 252 g	3 334 g	3 552 g
3 684 g	3 843 g	3 926 g	4 125 g	4 650 g

a) Donner et interpréter le deuxième décile de la série statistique.

Solution

$D_2 = C_{20}$ et 20 % × 10 = 2 (un entier)

$$D_2 = \frac{2^e \text{ donnée} + 3^e \text{ donnée}}{2}$$

$$D_2 = \frac{3\,150 + 3\,252}{2} = 3\,201 \text{ g}$$

Interprétation

20 % des nouveau-nés pèsent moins de 3 201 g.

b) Donner et interpréter le troisième quartile.

Solution

$Q_3 = C_{75}$ et $75\% \times 10 = 7,5$ (n'est pas un entier)

$Q_3 = 8^e$ donnée

$Q_3 = 3\,926$ g

Interprétation

Au moins 75% des nouveau-nés pèsent $3\,926$ g ou moins.

EXEMPLE 2

Trouver et interpréter le 65e centile de la distribution suivante :

**Répartition des répondants
selon le nombre de films loués
au cours du dernier mois**

Nombre de films loués en un mois	Nombre de répondants
4	26
5	28
6	21
7	19
8 et plus	21
Total	115

Solution

3.3 Exercices

1. Le pivot placé sous chacun des graphiques suivants permet d'estimer la moyenne de la distribution représentée. Y a-t-il des cas où cette estimation est de toute évidence erronée ?

a)

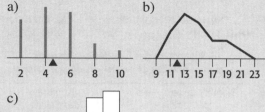

b)

c)

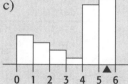

2. Placer un pivot permettant d'estimer la moyenne des distributions suivantes :

a)

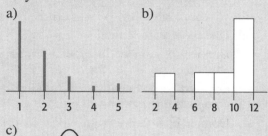

b)

c)

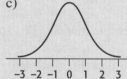

3. Pour les séries statistiques suivantes, donner et interpréter chacune des mesures de tendance centrale et indiquer laquelle serait la plus représentative de la série statistique.

a) Le nombre de calendriers vendus en une journée par sept personnes :
7   8   6   9   6   36   10

b) Le sexe des sept enfants d'une même famille en partant du plus âgé jusqu'au plus jeune :
Féminin   Féminin   Masculin
Féminin   Masculin   Féminin
Féminin

c) Le nombre de spectateurs à chacune des six représentations d'une pièce de théâtre :
724   802   715   825   650   790

4. Le tableau suivant donne la répartition du nombre de livres lus par un groupe d'étudiants au cours des trois derniers mois.

Répartition des étudiants selon le nombre de livres lus en trois mois

Nombre de livres lus en trois mois	0	1	2	3
Nombre d'étudiants	56	26	21	9

a) Donner le nom, le type et les valeurs de la variable.

b) Combien y a-t-il de données dans cette distribution ?

c) Trouver et interpréter la moyenne, le mode et la médiane de cette distribution.

d) Trouver et interpréter le 60e centile.

5. L'âge médian des étudiants inscrits à un cours de perfectionnement est de 23 ans, et l'âge moyen est de 28 ans. Qu'est-ce qui peut expliquer un tel écart entre la moyenne et la médiane ?

6. À l'aide de quelques mesures statistiques, nous allons comparer les distributions de l'âge de la mère à la naissance de son enfant pour les années 1980 et 2000.

Répartition des naissances selon l'âge de la mère, Québec, 1980 et 2000

Âge de la mère (en ans)	Pourcentage des naissances	
	1980	2000
Moins de 20	5,2 %	4,4 %
[20 ; 25[	30,2 %	20,4 %
[25 ; 30[	40,5 %	33,7 %
[30 ; 35[	19,2 %	27,6 %
[35 ; 40[	4,4 %	11,8 %
40 ans et plus	0,5 %	2,1 %
Total	100,0 %	100,0 %

Source : Institut de la statistique du Québec, 2001.

a) Compléter :

En 1980, les femmes qui ont donné naissance à un enfant ont en moyenne 26,9 ans. En 2000, les mères des nouveau-nés sont âgées de _____ ans en moyenne. Sur une période de 20 ans, la moyenne d'âge des mères des nouveau-nés a augmenté de _____ ans.

b) Compléter :

En 1980, l'âge médian des mères qui ont donné naissance à un enfant est 26,8 ans. En 2000, l'âge médian des mères est de _____ ans, soit une augmentation de l'âge médian de _____ ans en 20 ans.

c) Calculer et interpréter le premier décile de l'âge des mères qui ont donné naissance à un enfant en 2000.

d) Le quatrième quintile de la distribution de l'âge de la mère pour l'année 2000 est 34 ans. Interpréter cette mesure.

7. Après avoir corrigé un examen, un professeur a construit le tableau ci-dessous.

**Répartition des étudiants
selon la note obtenue à l'examen**

Note obtenue (en %)	Pourcentage d'étudiants
$50 \leq X < 60$	11 %
$60 \leq X < 70$	24 %
$70 \leq X < 80$	30 %
$80 \leq X < 90$	20 %
$90 \leq X < 100$	15 %
Total	100 %

a) Calculer et interpréter la moyenne de la distribution.

b) Donner et interpréter la médiane de la distribution.

c) Donner et interpréter la classe modale de la distribution.

d) Calculer et interpréter le premier quartile (Q_1) de la distribution.

8. On vous demande de calculer la moyenne des cours suivants en tenant compte du nombre de crédits pour chaque cours. Quel nom donne-t-on à ce type de moyenne ?

Cours	Mathématiques	Histoire	Géographie	Français
Notes	60 %	70 %	65 %	80 %
Nombre de crédits	3	2	2	3

9. Dans une entreprise comptant 3 départements, les 10 employés du département A gagnent en moyenne 35 000 $, les 25 employés du département B 30 000 $ et les 5 employés du département C 28 000 $. Quel est le salaire annuel moyen de l'ensemble des employés de cette entreprise ?

10. À la suite du recensement de 1996, on a construit le tableau suivant :

**Répartition des familles québécoises
selon le nombre de personnes dans la famille**

Nombre de personnes par famille	Nombre de familles
2	859 305
3	470 555
4	439 865
5	143 010
6	29 410
7 et plus	7 825
Total	1 949 970

Source : Statistique Canada, Recensement 1996 (http://statcan.ca).

a) Que représente le total ?

b) Donner le nom et le type de variable étudiée.

c) Quel est le pourcentage de familles qui comptent 6 personnes ou plus ?

d) Donner et interpréter le mode de cette distribution.

e) Donner et interpréter la médiane de cette distribution.

f) Calculer et interpréter la moyenne en remplaçant la catégorie « 7 et plus » par « 7 ».

11. Le poids moyen des personnes du groupe A est de 66,3 kg et celui du groupe B de 60,2 kg. Supposons que l'on réunisse les deux groupes. Peut-on, dans les conditions suivantes, calculer le poids moyen du nouveau groupe ? Si oui, donner la moyenne.

a) Les deux groupes contiennent le même nombre de personnes.

b) On ne connaît pas le nombre de personnes de chaque groupe.

c) Le groupe A comprend 10 personnes et le groupe B 40 personnes.

12. On a demandé aux travailleurs d'une usine le temps qu'ils mettent pour se rendre au travail.

Répartition des travailleurs selon le temps qu'ils mettent pour se rendre au travail

Temps (en min)	[0 ; 10[	[10 ; 20[	[20 ; 30[	[30 ; 40[	[40 ; 50[	[50 ; 60[	Total
Pourcentage	14 %	20 %	35,5 %	16 %	10 %	4,5 %	100 %

a) Calculer et interpréter la moyenne.

b) Donner et interpréter la classe modale.

c) Trouver la médiane et interpréter le résultat.

d) 20 minutes correspond à quel centile ? Interpréter ce centile.

e) Donner et interpréter le 1er quartile (Q_1).

f) Donner et interpréter le 1er décile (D_1).

g) Compléter : $Me = C_? = D_? = Q_?$

3.4 Mesures de dispersion

Les mesures de dispersion permettent de mesurer la dispersion des données d'une série statistique. Nous étudierons plus particulièrement l'étendue et l'écart type.

3.4.1 Étendue

MISE EN SITUATION

Analysons les trois séries statistiques suivantes, représentées par un pictogramme (c'est le nom de ce type de graphique) :

1.
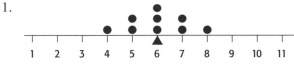

2.

3.
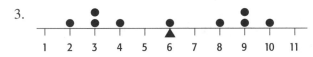

Ces trois séries statistiques ont des moyennes identiques, mais la dispersion des données autour de ces moyennes diffère d'une série à l'autre. Les données de la série 1 sont assez concentrées autour de la moyenne alors que dans la série 2 il y a deux données qui sont plus éloignées de la moyenne que dans la série 1. Les données de la série 3 sont encore plus dispersées par rapport à la moyenne que celles de la série 2. Comment peut-on mesurer mathématiquement cette dispersion ?

L'étendue de la série pourrait peut-être nous permettre de la mesurer. Calculons l'étendue de chacune des séries :

	Série 1	Série 2	Série 3
Étendue	4	8	8

Comme l'étendue ne tient compte que de la plus grande et de la plus petite valeur de la série, on ne peut mesurer la différence de dispersion entre les données de la série 2 et de la série 3.

En fait, l'étendue sert très peu comme mesure de dispersion. On l'utilise surtout en contrôle de la qualité où les échantillons sont souvent de petites tailles (4 ou 5 éléments) ; dans ce cas, l'étendue donne une bonne idée de la dispersion des résultats de l'échantillon.

3.4.2 **Variance et écart type**

L'écart type que nous présenterons ici est une mesure de dispersion qui, contrairement à l'étendue, tient compte de toutes les valeurs de la série de données.

Supposons qu'un étudiant de cégep offre ses services comme matelot pendant les vacances. Il a reçu deux offres d'emploi avec des conditions de travail semblables. Il décide de faire son choix en se basant sur l'âge moyen de ses compagnons de voyage. Il a donc préféré l'offre d'emploi du voilier *Le Moussaillon*, où l'âge moyen est de 20 ans, à celui du voilier *Les Quatre Vents*, où il est de 24 ans. Les pictogrammes ci-dessous donnent la distribution de l'âge pour chaque voilier ; notre ami a-t-il fait le bon choix ?

Bien sûr que non : il devra passer ses vacances avec M. et Mme Tremblay et leurs trois neveux, alors que sur l'autre voilier il semble y avoir l'équipe de joyeux bougres qu'il recherchait. La différence principale entre ces deux distributions est la dispersion des données par rapport à la moyenne. Mais comment s'y prendre pour mesurer cette dispersion ?

❓ Pour chacune des données des pictogrammes, tracer un segment de droite représentant l'écart entre la donnée et la moyenne, et inscrire la valeur de cet écart sur le segment de droite.

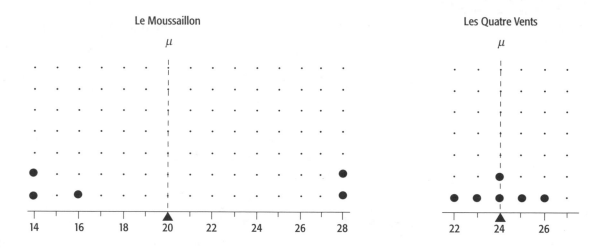

❓ Pour le voilier *Le Moussaillon*, suggérer une façon de procéder qui permettrait de déterminer **un et un seul nombre** qui serait un bon représentant de tous les écarts d'âge par rapport à la moyenne sur ce bateau. Représenter ensuite cet écart sur le pictogramme par un segment de droite.

Vous venez de trouver ce qu'on appelle l'**écart absolu moyen.**

REMARQUE   La moyenne des écarts donnera toujours 0. En effet, la moyenne étant le centre d'équilibre du pictogramme, la somme des écarts à gauche de la moyenne sera toujours égale, mais de signe négatif, à la somme des écarts à droite de la moyenne.

Comme personne n'aime travailler avec des valeurs absolues, nous allons transformer cette formule pour qu'elle soit moins lourde à exploiter. Un moyen «honnête» de se débarrasser des valeurs absolues consiste à se servir de la constatation suivante : la valeur absolue d'un nombre élevée au carré donne le même résultat que donnerait ce nombre élevé au carré. Par exemple, $|{-}4|^2 = (-4)^2 = 16$. Appliquons ce principe à l'écart absolu moyen ci-dessus.

❓ Élever chacun des écarts au carré dans le calcul de l'écart absolu moyen. On donnera le nom de **variance** à ce résultat.

Comme la variance nous donne la moyenne des carrés des écarts, il faut prendre la racine de la variance pour avoir un écart «typique» de tous les écarts de la série. Nous donnerons le nom d'**écart type** à cet écart et nous le noterons σ, qui se lit «sigma» (s dans l'alphabet grec) ; la variance quant à elle sera notée σ^2.

❓ Calculer l'écart type de l'âge sur le voilier *Le Moussaillon* et le représenter sur le pictogramme par un segment de droite. Comparer avec l'écart absolu moyen.

Écart type (σ) =

Utilité de l'écart type dans l'analyse des données d'une distribution

Généralement, on trouve la plupart des données d'une distribution entre la moyenne moins un écart type et la moyenne plus un écart type, soit entre $\mu - \sigma$ et $\mu + \sigma$. Lorsque la distribution a la forme d'une cloche (modèle normal), environ les deux tiers des données sont comprises dans cet intervalle. En donnant ce sens à l'écart type trouvé, on obtient l'interprétation qui suit.

Interprétation

La plupart des matelots (trois sur cinq) ont un âge se situant à ± 6,6 ans de la moyenne d'âge sur ce voilier, soit entre 13,4 ans et 26,6 ans.

❓ Calculer l'écart type de l'âge sur le voilier *Les Quatre Vents* et reporter le résultat sur le graphique. Comparer les écarts types de ces deux séries.

Variance (σ^2) =

Écart type (σ) =

Interprétation

La plupart des matelots (quatre sur six) sur le voilier *Les Quatre Vents* ont un âge se situant à _____ an(s) de la moyenne, soit entre _____ ans et _____ ans.

La formule suivante permet de généraliser les résultats :

Écart type et variance

$$\sigma = \sqrt{\text{Variance}} = \sqrt{\frac{\sum (x_i - \mu)^2 n_i}{N}} = \sqrt{\sum (x_i - \mu)^2 f_i}$$

EXEMPLE 1

Calculer et représenter graphiquement l'écart type de la distribution suivante :

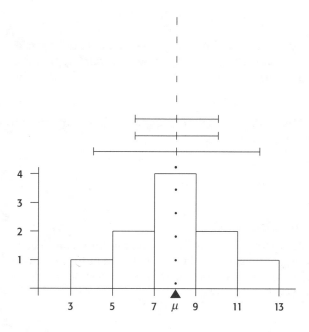

Solution

Interprétation

_____ des données se situent à _____ unités de la moyenne, soit entre 5,8 et 10,2.

Écart type corrigé d'un échantillon

Dans le cadre d'une étude par sondage, l'écart type de l'échantillon est retenu pour estimer celui de la population. Toutefois, les statisticiens ont démontré que l'estimation est meilleure si l'on divise le numérateur de la formule de l'écart type par le nombre de données de l'échantillon, moins 1. En conséquence, nous donnerons le nom d'**écart type corrigé** à ce type d'écart type utilisé pour un échantillon, et nous le noterons par s. En se rappelant que la moyenne de l'échantillon se note $\bar{x}$ et le nombre de données n, on obtient la formule suivante pour l'écart type corrigé :

$$\textbf{Écart type corrigé}$$

$$s = \sqrt{\frac{\sum (x_i - \bar{x})^2 n_i}{n-1}}$$

EXEMPLE 2

À la suite d'un 5 à 7 organisé par une entreprise pour souligner le départ d'un employé, on a demandé à un échantillon de 47 personnes combien de bières elles avaient consommées. Le diagramme suivant donne la répartition des répondants selon le nombre de bières consommées. Calculer et représenter graphiquement l'écart type corrigé de cette distribution.

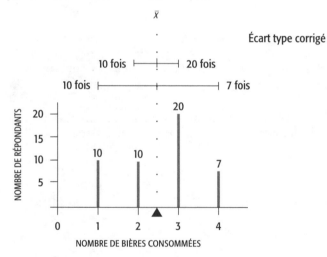

Solution

Moyenne : $\bar{x} =$

Variance corrigée : $s^2 =$

Écart type corrigé : $s =$

Interprétation

_____ des répondants ont consommé _____ bières pendant le 5 à 7. (Les nombres 2 et 3 sont les entiers compris dans l'intervalle [1,5 ; 3,5].)

Exercices éclair

1. Sans faire de calculs, indiquer le numéro du diagramme en bâtons ci-contre :

   a) qui a la plus petite moyenne : _____

   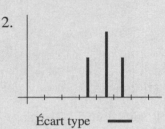

   1.

   b) qui a le plus petit écart type : _____

   2.

   c) dont la valeur de l'écart type est égale à la longueur du petit segment de droite qui figure sous le graphique 2 : _____

   Écart type ━━

2. a) Une série A représente l'âge de cinq membres d'une famille et une série B l'âge des étudiants d'une classe de cégep. Laquelle des deux séries aura le plus grand écart type ? _____

   b) Un professeur fait passer un test de classement en mathématique dans ses deux groupes. Les deux groupes ont obtenu la même moyenne, mais l'écart type du groupe A est plus grand que celui du groupe B. Dans quel groupe peut-on dire que les étudiants sont à peu près tous au même niveau en mathématique ? _____

   c) Dans une région aride du globe, on enregistre la précipitation quotidienne (en mm) durant 60 jours consécutifs. La moyenne des 60 données est égale à 0. Que vaut l'écart type ? _____

3. Vrai ou faux ? Toutes les données d'une distribution dont la moyenne est 70 et l'écart type 10 sont comprises entre 60 et 80. _____

4. Nous avons vu, dans la mise en situation de présentation de l'écart type (p. 88), que la moyenne d'âge de l'équipage du voilier *Le Moussaillon* était de 20 ans avec un écart type de 6,6 ans. Si l'équipage est toujours le même dans six ans, que vaudront alors la moyenne et l'écart type de l'âge de l'équipage ?

Utilisation du mode statistique d'une calculatrice

Lorsqu'il y a un trop grand nombre de données dans une série, le calcul de la moyenne et de l'écart type peut s'avérer assez long. C'est pourquoi nous n'hésiterons pas à utiliser la calculatrice pour faciliter le travail.

Les trois exemples ci-après montrent comment calculer une moyenne, un écart type et un écart type corrigé en tenant compte du type de calculatrice et de la forme de présentation des données.

Exemple 1   Calcul avec des données brutes :   21,8   26,8   32,5   28,4

Calculatrice graphique	*Calculatrice scientifique de base*

Étape 1   Mettre la calculatrice en mode statistique

• Appuyer sur STAT . • Placer le curseur sur EDIT du menu EDIT et appuyer sur ENTER . • Placer le curseur sur le titre L1 de la 1ʳᵉ colonne, appuyer sur CLEAR et sur ENTER pour effacer le contenu de la colonne. • Reprendre la procédure précédente pour effacer le contenu de la 2ᵉ colonne.	Appuyer sur MODE et sélectionner l'option STAT (ou SD). S'il existe un sous-menu pour l'option STAT, choisir l'option permettant des calculs avec une seule variable, par exemple : MODE, STAT, SD.

Étape 2   Saisir les données

• Entrer 21,8, sous le titre de la 1ʳᵉ colonne, et appuyer sur ENTER . • Faire de même pour les autres données.	• Entrer 21,8 et appuyer sur DATA . *Note : Il est possible que l'écran affiche le nombre total de données saisies.* • Faire de même pour les autres données.

Étape 3   Calculer les mesures

• Appuyer sur STAT , sélectionner CALC, puis 1-VAR STATS et appuyer sur ENTER . • Appuyer sur 2nd , sur L1 , puis sur ENTER ; Moyenne ($\overline{x}$) : $\overline{x} = 27,4$ Écart type (σx) : $\sigma = 3,8$ Écart type corrigé (Sx) : $s = 4,4$	Attention ! Il faut parfois appuyer sur RCL ou 2nd avant d'appuyer sur les boutons ci-dessous. • Appuyer sur $\overline{x}$ pour la moyenne : $\overline{x} = 27,4$ • Appuyer, selon la calculatrice, sur σ, σx, σn ou $x\sigma n$ pour l'écart type : $\sigma = 3,8$ • Appuyer, selon la calculatrice, sur s, sx, $\sigma n\text{-}1$ ou $x\sigma n\text{-}1$ pour l'écart type corrigé : $s = 4,4$

Exemple 2 Calcul avec les effectifs

Valeur	2	8	12	Total
Effectif	4	3	7	14

Calculatrice graphique	*Calculatrice scientifique de base*

Étape 1 Effacer les données de l'exemple 1

Reprendre la procédure donnée à l'étape 1 de l'exemple précédent.	Appuyer sur $\boxed{\text{2ND}}$ puis sur $\boxed{\text{CA}}$ (ou $\boxed{\text{DEL}}$) pour effacer les données.

Étape 2 Saisir les valeurs et leurs effectifs

• Entrer les valeurs 2, 8 et 12 dans la colonne L1. • Entrer les effectifs 4, 3 et 7 dans la colonne L2.	Entrer chaque valeur et son effectif de l'une des deux façons suivantes : 2 $\boxed{\times}$ 4 $\boxed{\text{DATA}}$ ou 2 $\boxed{\text{STO}}$ 4 $\boxed{\text{DATA}}$.

Étape 3 Calculer les mesures

• Appuyer sur $\boxed{\text{STAT}}$; sélectionner CALC, puis 1-VAR STATS et appuyer sur $\boxed{\text{ENTER}}$. • Appuyer sur les touches $\boxed{\text{2nd}}$; $\boxed{\text{L1}}$; $\boxed{,}$; $\boxed{\text{2nd}}$; $\boxed{\text{L2}}$; $\boxed{\text{ENTER}}$. $\bar{x} = 8{,}3 \qquad \sigma = 4{,}3 \qquad s = 4{,}4$	Reprendre la procédure donnée à l'étape 3 de l'exemple 1. $\bar{x} = 8{,}3 \qquad \sigma = 4{,}3 \qquad s = 4{,}4$

Exemple 3 Calcul avec les pourcentages

Classe	[2 ; 4[	[4 ; 6[	[6 ; 8[	Total
Pourcentage	25,7 %	44,3 %	30,0 %	100 %

• Effacer les données de l'exemple précédent. • Saisir les valeurs et les pourcentages. Entrer les centres de classes dans la colonne L1 et les pourcentages dans la colonne L2. • Calculer les mesures $\bar{x} = 5{,}1 \qquad \sigma = 1{,}5$ s = aucune valeur ou erreur[1]	• Effacer les données de l'exemple précédent. • Saisir les valeurs et les pourcentages. Entrer le centre de chaque classe et ensuite son pourcentage à l'aide de la procédure donnée à l'étape 2 de l'exemple 2. • Calculer les mesures $\bar{x} = 5{,}1 \qquad \sigma = 1{,}5$ s = aucune valeur ou erreur[1]

1. Le nombre total de données étant inconnu, l'écart type corrigé ne peut être calculé.

3.5 Exercices

1. a) Estimer graphiquement la moyenne de chacun des histogrammes suivants.

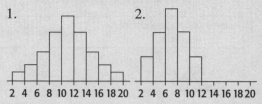

1.　　　　2.

b) Lequel de ces histogrammes aura le plus grand écart type ?

c) Utiliser un rapport de surfaces pour trouver le pourcentage de données qu'il y a dans la classe [6 ; 8[de l'histogramme 2.

2. Le tableau suivant donne la répartition des 50 pages d'un texte saisi à l'écran selon le nombre de fautes de frappe par page.

Nombre de fautes de frappe par page	0	1	2	3	4	Total
Nombre de pages	22	18	5	4	1	50

a) Donner le nom et le type de la variable étudiée.

b) Calculer et interpréter la moyenne de cette distribution.

c) Calculer et interpréter l'écart type de cette distribution.

d) Donner et interpréter le mode et la médiane.

e) Donner et interpréter le 9e décile.

3. a) Indiquer par un pivot la position de la moyenne sur chacun des graphiques suivants.

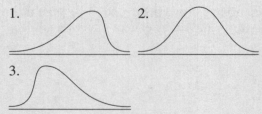

1.　　　　2.

3.

b) Laquelle des affirmations suivantes est vraie ? L'écart type du graphique 1 est...
   1. Plus petit que celui du graphique 2
   2. Égal à celui du graphique 3
   3. Plus grand que celui du graphique 3

4. Soit A, la série des 365 températures quotidiennes à Montréal en 1999, et B, celle des 365 températures quotidiennes à Miami la même année. D'après vous, laquelle des deux séries a le plus grand écart type ?

5. Dans chacun des cas suivants, indiquer si la mesure de tendance centrale donnée est possible compte tenu des restrictions imposées. Sinon, expliquer pourquoi. Si oui, donner un exemple de résultats satisfaisant à toutes ces conditions. La représentation de la situation à l'aide d'un pictogramme facilite la recherche de la solution.

   a) Il y a cinq données ; la plus petite donnée de la série est 4 ; l'étendue est 10 ; $\mu = 14$.

   b) Il y a cinq données ; la plus petite donnée de la série est 4 ; l'étendue est 10 ; la médiane égale 14.

   c) Il y a cinq données ; la plus petite donnée de la série est 50 ; la plus grande est 100 ; $\mu = 55$.

6. Un contrôle de la qualité est effectué sur un échantillon de 20 tiges pour vérifier si leur diamètre est conforme aux normes exigées. Voici les données obtenues (en mm) :

5,5	5,6	5,6	5,6	5,8
5,9	5,9	5,9	5,9	6,0
6,0	6,1	6,2	6,2	6,2
6,2	6,2	6,3	6,3	6,6

a) Quelle est l'étendue des observations ?

b) Calculer et interpréter la moyenne et l'écart type corrigé de l'échantillon.

c) Donner et interpréter le mode et la médiane.

d) Donner et interpréter le 3e quintile.

7. Ordonner les graphiques suivants selon l'écart type, du plus petit au plus grand.

   a) 1.　　　　2.

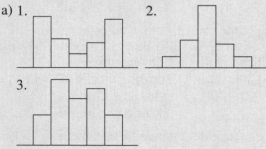

3.

b) 1.　　　2.

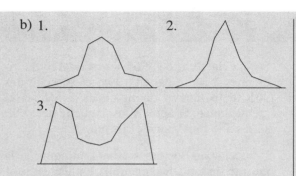

8. a) Parmi les deux graphiques suivants :
   i) Lequel présente deux distributions ayant la même moyenne ?
   ii) Lequel présente deux distributions ayant le même écart type ?

   1.　　　2.

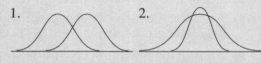

   b) Quels nombres, parmi 11,2, 28,1 et 1,2, ne peuvent être l'écart type de l'histogramme suivant ?

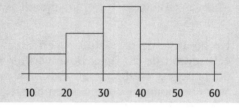

9. Un lot de piles pour lampe de poche a été vérifié afin d'évaluer la durée de fonctionnement d'une pile.

Répartition des piles du lot selon la durée de fonctionnement

Durée de fonctionnement (en heures)	Pourcentage de piles
$95 \leq X < 105$	5 %
$105 \leq X < 115$	30 %
$115 \leq X < 125$	35 %
$125 \leq X < 135$	20 %
$135 \leq X < 145$	10 %
Total	100 %

a) Calculer et interpréter la moyenne et l'écart type de la durée de fonctionnement des piles.

b) Ces résultats donnent-ils les valeurs exactes ou approximatives de la moyenne et de l'écart type ?

c) Trouver et interpréter la médiane.

d) Trouver et interpréter le 70ᵉ centile.

3.6　Coefficient de variation

MISE EN SITUATION

Supposons que, en 1930, le salaire moyen des six couturières d'une petite entreprise était de 46 $ par semaine, avec un écart type de 10,30 $. En ce temps-là, les ouvrières étaient payées à la pièce. Voici la distribution des salaires des couturières :

Salaires, 1930 :　30 $　　37 $　　44 $　　50 $　　55 $　　60 $
　　　　　　　　Moyenne : 46 $
　　　　　　　　Écart type : 10,30 $

Supposons qu'en 1996, dans cette même entreprise, le salaire moyen des six couturières (bien entendu, ce ne sont plus celles de 1930 !) est de 356 $ par semaine, avec un écart type de 10,30 $. Voici la distribution des salaires des couturières :

Salaires, 1996 :　340 $　　347 $　　354 $　　360 $　　365 $　　370 $
　　　　　　　　Moyenne : 356 $
　　　　　　　　Écart type : 10,30 $

Il est facile de comprendre que, même si les écarts types sont identiques dans les deux cas, leur importance n'est pas la même par rapport à la moyenne ; une variation de 10 $ sur un salaire moyen de 46 $ est beaucoup plus importante qu'une variation de 10 $ sur un salaire moyen de 356 $.

On peut facilement observer qu'en 1930 il y avait beaucoup plus de disparité entre les salaires : ceux-ci variaient du simple au double, de 30 $ à 60 $, ce qui n'est pas du tout le cas en 1996.

On a voulu mesurer mathématiquement l'importance relative de l'écart type par rapport à la moyenne. Cette mesure se traduit par le **coefficient de variation**, que l'on note par CV, obtenu en divisant l'écart type par la moyenne de la distribution que l'on exprime par la suite en pourcentage.

Voici le coefficient de variation des salaires des couturières :

$$\text{En 1930 : } CV = \frac{10,30\ \$}{46\ \$} \times 100 = 22,4\ \%$$

$$\text{En 1996 : } CV = \frac{10,30\ \$}{356\ \$} \times 100 = 2,9\ \%$$

Interprétation

Les coefficients de variation indiquent qu'en 1930 il y avait beaucoup plus de disparité entre les salaires qu'en 1996.

Le coefficient de variation est une mesure de **dispersion relative** des données ; on le calcule ainsi :

> **Coefficient de variation**
>
> $$CV = \frac{\sigma}{\mu} \times 100$$

NOTE Si l'on travaille avec un échantillon, on remplace σ par s et μ par $\bar{x}$ dans la formule.

Homogénéité des données

Le coefficient de variation permet de mesurer l'homogénéité des données d'une série statistique. Plus le coefficient de variation est faible, plus les données sont homogènes et plus la moyenne est représentative. On considère qu'un coefficient de variation inférieur à 15 % indique une bonne homogénéité des données. Il est à remarquer que le coefficient de variation n'a pas d'unités de mesure ; cela nous permettra de comparer l'homogénéité de plusieurs séries statistiques, même si les données de ces dernières ne sont pas exprimées dans les mêmes unités de mesure.

EXEMPLE

Supposons que l'on désire comparer les revenus des médecins de la Russie à ceux du Québec. Voici la moyenne et l'écart type respectifs des revenus :

	Russie	Québec
Revenu moyen :	1623 roubles	115 600 dollars
Écart type du revenu :	65 roubles	20 567 dollars
Coefficient de variation :	_____	_____

À quel endroit observons-nous :

a) la plus grande disparité dans les revenus ? _____

b) la distribution de revenus la plus homogène ? _____

3.7 Cote z

La cote z permet de situer une donnée par rapport aux autres données d'une série statistique. La mise en situation suivante va nous aider à comprendre cette notion.

MISE EN SITUATION

Un employeur désire engager un étudiant ou une étudiante pour l'été afin de l'aider à terminer une étude de marché. Il examine donc le dossier de quatre étudiants qui viennent de terminer un cours de statistique et voudrait bien embaucher le meilleur ou la meilleure d'entre eux. Voici les résultats :

	Note	Moyenne du groupe	Écart type du groupe
Jean	85	75	10
Lise	76	70	3
Chantale	70	60	4
Luc	75	80	5

Si l'employeur se fie à la note seulement, quel devrait être son choix ? _____

S'il considère en plus la moyenne du groupe ? _____

Et s'il tient compte de la note, de la moyenne et de l'écart type, qui devrait-il embaucher ?
_____

Est-ce le bon choix ? Pourquoi ?

Pour mieux comprendre, représentons sur les diagrammes suivants la moyenne du groupe par un pivot et l'écart type par un segment de droite. La note de l'étudiant ou de l'étudiante est indiquée par un point.

Groupe de Jean

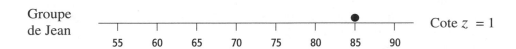

Cote z = 1

Groupe de Lise

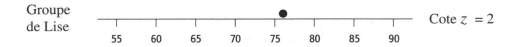

Cote z = 2

Groupe de Chantale

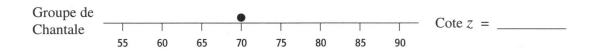

Cote z = _____

Groupe de Luc

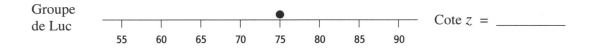

Cote z = _____

Position de chaque note par rapport aux autres notes du groupe:

– Comme la note de Jean se situe à 1 écart type au-dessus de la moyenne de son groupe, nous dirons que sa cote z est 1.

– Comme la note de Lise se situe à 2 écarts types au-dessus de la moyenne de son groupe, nous dirons que sa cote z est 2.

> *La cote z donne la mesure, en nombre d'écarts types,*
> *de l'écart entre une valeur et la moyenne.*

❖ Trouver la cote z pour les notes de Chantale et de Luc.

La cote z permet de comparer les notes des quatre étudiants en les ramenant sur une même échelle, celle des cotes z.

Ce qui précède permet de déduire la formule permettant de calculer la cote z d'une donnée.

Cote z

$$\text{Cote } z = \frac{\text{valeur} - \text{moyenne}}{\text{écart type}}$$

Valeurs possibles pour une cote z

La cote z est particulièrement utile pour comparer des résultats de nature différente. Il est important de savoir qu'une cote z plus grande que 2 ou plus petite que −2, c'est assez grand, et qu'une cote z plus grande que 3 ou plus petite que −3, c'est très grand. C'est pour cette raison que les valeurs indiquées sur une échelle de cote z sont généralement comprises entre −3 et +3. En fait, on a établi que, dans une série de données, *au maximum*:

12,5 % des données ont une cote $z \geq 2$	12,5 % des données ont une cote $z \leq -2$
8,0 % des données ont une cote $z \geq 2,5$	8,0 % des données ont une cote $z \leq -2,5$
5,5 % des données ont une cote $z \geq 3$	5,5 % des données ont une cote $z \leq -3$
4,1 % des données ont une cote $z \geq 3,5$	4,1 % des données ont une cote $z \leq -3,5$

REMARQUE   Lorsque le polygone de fréquences d'une distribution a la forme d'une cloche, on verra dans le chapitre 5 que les pourcentages du tableau ci-dessus sont beaucoup plus petits; par exemple, il n'y aura que 2,3 % des données qui auront une cote z plus grande que 2, et seulement 0,1 % qui auront une cote z plus grande que 3.

EXEMPLE

Metro annonce chaque semaine, pour toutes ses épiceries, les soldes du jeudi dans un dépliant publicitaire inséré dans le Publi-sac. Le gérant de l'un de ces Metro décide un jour d'en faire un peu plus en mettant une annonce dans le journal local. Le jeudi suivant la parution de l'annonce, il reçoit 2 280 clients alors qu'habituellement le jeudi la moyenne est de 2 000 clients avec un écart type de 80 clients. Peut-il en conclure que son annonce dans le journal local a eu de l'effet? Un écart de 280 clients par rapport à la moyenne est-il significatif?

Solution

Effectuons une analyse graphique de la situation en plaçant la moyenne, l'écart type et le résultat obtenu sur un pictogramme.

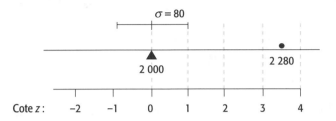

$$\text{Cote } z = \frac{2\,280 - 2\,000}{80} = 3,5$$

Avec 2 280 clients, on obtient une cote z de 3,5 ; cet écart de 280 clients par rapport à la moyenne est exceptionnel. On peut donc affirmer sans grand risque de se tromper que la publicité supplémentaire a provoqué cette augmentation remarquable de clientèle.

On peut même affirmer que, normalement, en se fiant aux valeurs possibles pour une cote z, un tel résultat ne se produirait *au maximum* que 4 fois sur 100 : sur 100 jeudis on aurait 2 280 clients ou plus au maximum 4 fois.

> **NOTE**   Si la distribution du nombre de clients a la forme d'une cloche, un tel résultat ne se produirait normalement que 2 fois sur 10 000.

Exercices éclair

1. En considérant les deux écarts types suggérés, trouver la cote z de chacun des points du pictogramme.

Avec l'écart type σ_1	Avec l'écart type σ_2
Cote z de A = _____	Cote z de A = _____
Cote z de B = _____	Cote z de B = _____
Cote z de C = _____	Cote z de C = _____

   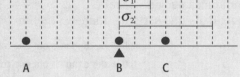

2. Vrai ou faux ? Si votre cote z à un examen est 2, alors :

   a) Vous avez deux points au-dessus de la moyenne. _____

   b) Vous avez une note égale à deux fois l'écart type du groupe. _____

   c) Vous avez une note se situant à deux écarts types au-dessus de la moyenne. _____

   d) Votre note est égale à la moyenne de l'examen plus deux fois l'écart type. _____

3. Une cote z de 2 à un examen peut être considérée comme faible, moyenne, très bonne ou exceptionnelle ? _____

4. a) En considérant les cotes z des points A, B et C, situer ces points sur le pictogramme.

   Cote z de A = 2   Cote z de B = -1 Cote z de C = $-1,5$

b) Quel est l'écart entre chaque point et la moyenne si l'écart type est de 10 ?

Écart entre A et μ = _____

Écart entre B et μ = _____

Écart entre C et μ = _____

c) Considérant les écarts ci-dessus, donner la valeur de A, B et C si la moyenne est 50.

A = _____   B = _____   C = _____

5. Comme on l'a dit, la cote *z* permet de comparer des valeurs même si celles-ci proviennent de domaines bien différents. En voici un exemple.

On veut trouver le meilleur vendeur du mois. Cet honneur sera décerné à la personne s'étant le plus distinguée dans son domaine. Trois concurrents sont en lice ; voici la description de la performance de chacun, en un mois :

– Lise a vendu 85 barres de chocolat pour les activités sportives de son école, alors que la moyenne de ventes a été de 52 barres par étudiant avec un écart type de 13 barres.

– Paul a vendu 25 préarrangements funéraires, alors que la moyenne de ventes est de 12 préarrangements funéraires avec un écart type de 6.

– Lucie a vendu 75 abonnements au *Journal de Québec*, alors que la moyenne de ventes est de 47 abonnements avec un écart type de 10.

Qui sera déclaré « vendeur du mois » ? Justifier votre réponse.

La cote de rendement au collégial

La cote *z* était la mesure utilisée jusqu'en 1995 pour classer les étudiants du collégial en vue de leur sélection dans les programmes universitaires contingentés. Pour que cette mesure de classement soit juste envers les étudiants, il fallait que ceux-ci se trouvent dans des groupes comparables au cégep ; or, depuis les années 1990, de nombreux étudiants étaient dans des groupes homogènes souvent constitués d'étudiants très forts. Ces derniers ne pouvaient obtenir une cote *z* aussi forte que celle qu'ils auraient obtenue dans un groupe plus hétérogène. On a donc décidé d'ajuster la cote *z* au moyen d'un indicateur de la force du groupe de l'étudiant. La nouvelle mesure s'appelle **cote de rendement au collégial** (CRC) ou cote *r*, et est calculée de la façon suivante :

$$\text{CRC} = (\text{cote } z \text{ de l'étudiant} + \text{indicateur de la force du groupe} + 5) \times 5$$

Cote z de l'étudiant

On calcule cette cote z ainsi : Cote $z = \dfrac{\text{note} - \mu_G}{\sigma_G}$

où – note : note de l'étudiant pour le cours ;

– μ_G : moyenne, pour le groupe, des notes plus grandes ou égales à 50 ;

– σ_G : écart type, pour le groupe, des notes plus grandes ou égales à 50.

Indicateur de la force du groupe (IFG)

On calcule l'IFG ainsi : IFG $= \dfrac{\text{MS}_G - 75}{14}$

où – MS désigne la moyenne pondérée des notes de 4e et 5e secondaire d'un étudiant ;

– MS_G est la moyenne des MS pour l'ensemble des n étudiants du groupe :

$$\text{MS}_G = \frac{\text{MS}_1 + \text{MS}_2 + \text{MS}_3 + ... + \text{MS}_n}{n}$$

– 75 est considéré comme la moyenne provinciale des MS des étudiants acceptés au cégep ;

– 14 est considéré comme l'écart type provincial des MS des étudiants acceptés au cégep.

Le rôle des constantes

L'ajout de la constante 5 permet d'éliminer les valeurs négatives de la CRC.

La multiplication par 5 permet de déterminer l'amplitude de l'échelle de la CRC.

EXEMPLE

Cote de rendement au collégial selon la cote z de l'étudiant et la force du groupe

Force du groupe selon MS_G	Cote z	Indicateur de la force du groupe (IFG)	Cote de rendement au collégial (CRC)
Fort : $\text{MS}_G = 92$	1,5	IFG $= \dfrac{92 - 75}{14} = 1{,}2$	CRC $= (1{,}5 + 1{,}2 + 5) \times 5 = 38{,}5$
	0		CRC $= (0 + 1{,}2 + 5) \times 5 = 31$
	−1,5		CRC $= (-1{,}5 + 1{,}2 + 5) \times 5 = 23{,}5$
Moyen : $\text{MS}_G = 75$	1,5	IFG $= \dfrac{75 - 75}{14} = 0$	CRC $= (1{,}5 + 0 + 5) \times 5 = 32{,}5$
	0		CRC $= (0 + 0 + 5) \times 5 = 25$
	−1,5		CRC $= (-1{,}5 + 0 + 5) \times 5 = 17{,}5$
Faible : $\text{MS}_G = 65$	1,5	IFG $= \dfrac{65 - 75}{14} = -0{,}7$	CRC $= (1{,}5 - 0{,}7 + 5) \times 5 = 29$
	0		CRC $= (0 - 0{,}7 + 5) \times 5 = 21{,}5$
	−1,5		CRC $= (-1{,}5 - 0{,}7 + 5) \times 5 = 14$

3.8 Exercices

1. a) Intuitivement, laquelle des deux séries statistiques suivantes vous paraît plus homogène ?

   Série A :   2   4   6   8   10
   Série B :   102   104   106   108   110

   b) Mesurer mathématiquement l'homogénéité de ces deux séries.

2. Un laboratoire spécialisé en contrôle de la qualité a été engagé pour évaluer la qualité d'un mélange bitumineux provenant des deux usines qui ont présenté une soumission en réponse à un appel d'offres. Il a été convenu de faire un contrôle de la qualité en prélevant dans la production de chaque usine un échantillon de 50 cylindres de béton et que, sur chacun de ces cylindres, serait mesurée la résistance à la compression. Les résultats apparaissent dans les tableaux suivants.

Usine A

Résistance à la compression (en kg/cm²)	Nombre de cylindres
[70 ; 75[	2
[75 ; 80[	4
[80 ; 85[	7
[85 ; 90[	12
[90 ; 95[	11
[95 ; 100[	11
[100 ; 105[	3
Total	50

Usine B

Résistance à la compression (en kg/cm²)	Nombre de cylindres
[70 ; 80[	4
[80 ; 90[	7
[90 ; 100[	19
[100 ; 110[	12
[110 ; 120[	6
[120 ; 130[	2
Total	50

   a) Calculer la moyenne et l'écart type corrigé de l'échantillon de chaque usine.

   b) Le contrat sera attribué à l'usine qui produit le béton le plus homogène. À quelle usine sera-t-il accordé ?

3. a) Sur chacun des graphiques ci-dessous, placer un point correspondant à la cote z indiquée.

   1. Cote $z = -2,5$

   2. Cote $z = 0,5$

   b) Dans chaque cas, donner l'écart entre le point et la moyenne si l'écart type est de 8 dans le graphique 1 et de 20 dans le graphique 2.

4. On a représenté ci-dessous la note à un examen (sur 100) de quatre étudiants d'un groupe.

   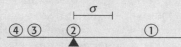

   a) Quelle cote z chacun de ces étudiants a-t-il à son examen ?

   b) Quel est l'écart entre chaque note et la moyenne du groupe si l'écart type est de 10 % ?

   c) Donner la note obtenue dans chaque cas si la moyenne de l'examen est de 65 %.

5. Deux étudiantes de groupes différents ont eu la même note à un examen, pourtant la cote z de Lise est plus grande que celle de Marie. Elles ont toutes deux une note au-dessus de la moyenne.

   a) Si la moyenne des examens est la même dans les deux groupes, dans quel groupe l'écart type de l'examen est-il le plus petit ?

   b) Si l'écart type des examens est le même dans les deux groupes, dans quel groupe la moyenne de l'examen est-elle la plus faible ?

6. Supposons que les enseignants québécois gagnent en moyenne 50 377 $ par année avec un écart type de 4 789 $ et que les enseignants français gagnent en moyenne 35 244 € (euros) avec un écart type de 4 977 €. Calculer le coefficient de variation pour chaque groupe d'enseignants et interpréter les résultats.

7. Un professeur a obtenu les moyennes suivantes pour ses trois groupes : 69 % pour les 33 étudiants du groupe A, 74 % pour les 25 étudiants du groupe B et 80 % pour les 22 étudiants du groupe C. Calculer la moyenne pour l'ensemble de ses étudiants.

8. Un médecin vous dit que votre pression intra-oculaire est de 23 mm de mercure. Pour une population de 100 000 personnes de votre âge, la pression moyenne est de 17 mm de mercure avec un écart type de 2,4 mm de mercure. Combien, au maximum, y a-t-il de personnes dans la population dont la pression est au moins aussi éloignée de la moyenne que la vôtre ? (Utiliser l'information donnée sur les valeurs possibles pour une cote z.)

9. Un commerçant se plaint à la Ville du fait que certains travaux effectués par elle ont causé une diminution de la circulation sur la rue, entraînant une baisse dans ses recettes. Pour appuyer sa plainte, il signale que ses recettes sont en moyenne de 20 000 $ par jour et que, le jour des travaux, elles n'étaient que de 19 500 $. La Ville réplique qu'un écart de 500 $, pour des recettes moyennes de 20 000 $, est trop petit et ne démontre donc rien. Le commerçant calcule alors l'écart type de ses recettes quotidiennes. Il trouve 100 $. Qui a raison ?

10. La moyenne d'un examen est de 60 % et l'écart type de 10 %. La distribution des notes à cet examen a la forme d'une cloche.

    a) Quel sens faut-il donner à l'écart type ?

    b) La cote z de la note de Lucie est de 1,5. Quel sens faut-il donner à cette mesure ?

    c) Combien de points Lucie a-t-elle de plus que la moyenne ?

    d) Quelle note Lucie a-t-elle obtenue à l'examen ?

11. À l'aide de l'information donnée pour chacun des points du pictogramme ci-dessous, trouver, selon le cas, la cote z ou la valeur du point.

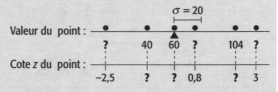

Exercices récapitulatifs

En 2000, un sondage a été effectué par l'Institut de la statistique du Québec afin d'étudier le tabagisme chez les élèves du secondaire. On voulait, entre autres choses, évaluer le pourcentage de fumeurs, la quantité de cigarettes consommées et connaître le montant hebdomadaire d'argent de poche des adolescents. Les données recueillies ont permis de construire les tableaux suivants.

Tableau 1

Répartition des répondants selon le statut de fumeur

Statut de fumeur	Nombre de répondants	Pourcentage de répondants
Fumeurs réguliers	880	18,6 %
Fumeurs débutants	492	10,4 %
Non-fumeurs	3 358	71,0 %
Total	4 730	100 %

Tableau 2

Répartition des fumeurs débutants de l'échantillon selon le nombre de cigarettes fumées dans la journée précédant l'enquête

Nombre de cigarettes	Nombre de répondants	Pourcentage de répondants
0	236	48,0 %
1	101	20,5 %
2	100	20,3 %
3	39	7,9 %
4 et plus	16	3,3 %
Total	492	100 %

Tableau 3

Répartition des répondants en 5e secondaire selon le montant hebdomadaire d'argent de poche

Argent de poche par semaine	Nombre de répondants	Pourcentage de répondants
[0 $; 15 $[	212	23,4 %
[15 $; 30 $[	270	29,8 %
[30 $; 45 $[	98	10,8 %
45 $ et plus	326	36,0 %
Total	906	100 %

Source : Institut de la statistique du Québec, Enquête québécoise sur le tabagisme chez les élèves du secondaire, 2000.

1. a) Décrire la population étudiée par ce sondage.

   b) Combien y avait-il d'élèves dans l'échantillon ?

   c) Combien d'élèves de l'échantillon étaient en 5e secondaire ?

   d) Quel est le pourcentage de fumeurs parmi les élèves de l'échantillon ?

2. Donner et interpréter la meilleure mesure de tendance pour la distribution du tableau 1.

3. En ce qui a trait à la distribution du tableau 2 :

   a) Donner et interpréter la moyenne (remplacer « 4 et plus » par « 4 »).

   b) Donner et interpréter l'écart type.

   c) Donner et interpréter le mode.

   d) Donner et interpréter la médiane.

   e) Donner et interpréter le septième décile.

   f) Donner et interpréter le coefficient de variation.

4. En ce qui regarde la distribution du tableau 3 :

   a) Donner et interpréter la moyenne.

   b) Donner et interpréter l'écart type.

   c) Donner et interpréter la classe modale.

   d) Donner et interpréter la médiane.

   e) Donner et interpréter le premier décile.

   f) Cette distribution est-elle homogène ? Justifier.

   g) Maxime, élève de 5e secondaire, dispose de 80 $ d'argent de poche par semaine. Doit-on s'étonner qu'un jeune de cet âge dispose d'un tel montant pour ses dépenses personnelles ? Discuter en appuyant votre argumentation sur une mesure statistique.

5. Tous degrés scolaires confondus, l'analyse des données indique que les filles de l'échantillon disposent en moyenne de 20,60 $ d'argent de poche par semaine et les garçons de 24 $ en moyenne.

   a) Calculer le montant moyen d'argent de poche pour l'ensemble des élèves de l'échantillon.

   b) Calculer le montant moyen d'argent de poche pour l'ensemble des répondants si l'on compte 49,2 % de filles dans l'échantillon.

Préparation à l'examen

Pour préparer votre examen, assurez-vous d'avoir les compétences suivantes.

Si vous avez la compétence, cochez.

Mesures de tendance centrale

- Calculer et interpréter une moyenne avec les données brutes, les effectifs ou les pourcentages. _____
- Estimer une moyenne graphiquement. _____
- Reconnaître et calculer une moyenne pondérée. _____
- Trouver et interpréter le mode ou la classe modale d'une distribution. _____
- Calculer et interpréter la médiane d'une distribution, pour des données groupées en classes ou non. _____
- Choisir la meilleure mesure de tendance centrale dans une situation donnée. _____
- Calculer et interpréter les quantiles (déciles, quintiles, quartiles, centiles) d'une distribution pour des données groupées en classes ou non. _____

Mesures de dispersion

- Calculer l'étendue d'une série. _____
- Calculer et interpréter l'écart type d'une distribution. _____
- Comparer la dispersion de distributions à partir de leur représentation graphique. _____
- Utiliser une calculatrice en mode statistique pour calculer des mesures statistiques. _____

Coefficient de variation

Calculer et interpréter un coefficient de variation. _____

Cote z

- Calculer et interpréter une cote z. _____
- Utiliser la cote z pour comparer des données. _____
- Trouver la cote z d'une valeur à partir d'un pictogramme donnant la longueur de l'écart type ainsi que la position de la moyenne et de la valeur. _____
- Trouver une valeur à partir d'un pictogramme donnant la longueur de l'écart type, la position de la moyenne et la cote z de la valeur. _____

Les données construites

OBJECTIF

Calculer et interpréter :

– un ratio entier ;

– un taux ;

– un pourcentage de variation ;

– un indice élémentaire et
un indice synthétique.

L'analyse d'une variable peut quelquefois nécessiter de construire de nouvelles données à partir de calculs effectués sur les données recueillies. On voudra, par exemple, calculer un ratio afin de comparer deux catégories d'une variable ou encore définir une mesure pour suivre l'évolution d'une variable dans le temps ou dans l'espace. Le présent chapitre est consacré à l'étude des données construites suivantes : les ratios, les taux, les pourcentages de variation et les indices.

4.1 Ratio et taux

Les ratios et les taux sont des rapports auxquels on a souvent recours dans une étude statistique. Dans le chapitre 2, les rapports construits dans les tableaux de distribution consistaient à comparer le nombre de données d'une catégorie avec le nombre total de données. Les ratios servent plutôt à comparer entre eux les effectifs des catégories de la variable. Voyons cette notion à l'aide d'une mise en situation.

MISE EN SITUATION

Le tableau suivant donne la répartition de la population québécoise de 15 ans et plus selon la situation de travail en 1995.

Situation de travail, Québec, 1995	Nombre de personnes (en milliers)
Personnes occupées	3 204
Chômeurs	408
Personnes inactives	2 193
Personnes de 15 ans et plus	5 805

Source : Statistique Canada, *Catalogue 71-220*.

Définitions

Personnes occupées : personnes qui occupent un emploi rémunéré.

Chômeurs : personnes qui sont disponibles pour travailler et qui se cherchent un emploi.

Personnes inactives : personnes qui ne se cherchent pas d'emploi : étudiants, retraités, etc.

❷ Le poids relatif des chômeurs par rapport aux personnes occupées était de ————— = 0,127.

Ce résultat doit être interprété de la façon suivante :

En 1995, on comptait 0,127 chômeur pour 1 personne occupée.

On donne le nom de **ratio** à ce nombre. Les ratios sont plus faciles à interpréter lorsqu'ils sont exprimés en nombres entiers. Pour transformer un ratio en nombres entiers, on multiplie le ratio en décimales par l'entier le plus petit tel que sa valeur devienne presque un entier, *au centième près*. Par la suite, on multiplie le nombre 1 du dénominateur du ratio décimal par cet entier pour conserver le rapport. Rendons entier le ratio ci-dessus :

$$0{,}127 \times 2 = 0{,}254$$
$$0{,}127 \times 3 = 0{,}381$$
$$0{,}127 \times 4 = 0{,}508$$
$$0{,}127 \times 5 = 0{,}635$$

$$0{,}127 \times 6 = 0{,}762$$
$$0{,}127 \times 7 = 0{,}889$$
$$0{,}127 \times 8 = 1{,}016 \approx 1$$

$$\text{Ratio} = \frac{0{,}127}{1} = \left(\frac{0{,}127}{1} \times \frac{8}{8} \right)$$
$$\approx \frac{1 \text{ chômeur}}{8 \text{ personnes occupées}}$$

Interprétation

En 1995, au Québec, on comptait 1 chômeur pour 8 personnes occupées.

Ratio

Le **ratio** exprime généralement le poids relatif des effectifs d'une catégorie d'une variable par rapport aux effectifs d'une autre catégorie.

> **EXEMPLE**

Trouver et interpréter le ratio entier du nombre de personnes inactives par rapport aux personnes occupées.

Solution

Interprétation

En 1995, au Québec, il y avait _____ personnes inactives pour _____ personnes occupées.

Population active

On définit la population active comme l'ensemble des personnes qui ne sont pas inactives sur le marché du travail.

> Population active = personnes occupées + chômeurs

❓ D'après le tableau de la mise en situation, quel était l'effectif de la population active au Québec en 1995 ?

Population active =

Taux de chômage

Le **taux de chômage** est égal au nombre de chômeurs par rapport à la population active, exprimé en pourcentage :

$$\text{Taux de chômage} = \frac{\text{nombre de chômeurs}}{\text{population active}} \times 100$$

❓ D'après le tableau de la mise en situation, quel était le taux de chômage au Québec en 1995 ?

Taux de chômage =

Interprétation
En 1995, il y avait au Québec _____ chômeurs pour 100 personnes actives.

Taux

Le taux est le rapport entre deux quantités. Il est souvent exprimé en pour cent (%), en pour mille (‰), en pour dix mille (‰o), etc. Un taux n'est bien défini que si le numérateur et le dénominateur sont précisément définis.

❓ D'après le tableau de la mise en situation, quel était le **taux d'activité** (en %) au Québec en 1995 si ce taux représente la population active par rapport à la population en âge de travailler (15 ans et plus) ?

Taux d'activité =

Interprétation
En 1995, au Québec, il y avait _____ personnes actives pour 100 personnes en âge de travailler.

EXEMPLE

Une étude de Statistique Canada indique qu'en 1998 il y a eu 2 125 naissances vivantes en Mauricie pour une population moyenne[1] de 265 632 habitants.

a) Calculer et interpréter le **taux de natalité** pour 1 000 habitants, si l'on définit ce taux comme le rapport entre le nombre de naissances vivantes d'une année et la population moyenne de cette même année.

Solution

b) Cette même année, la région de la Côte-Nord, comptant 19 286 habitants, avait un taux de natalité de 11,2‰. Doit-on conclure que le nombre de naissances était plus élevé en Côte-Nord qu'en Mauricie ? Trouver ce nombre de naissances.

Solution

---

1. Population moyenne = (nombre de personnes vivantes au 1er janvier + nombre de personnes vivantes au 1er juin) ÷ 2.

Exercices éclair

1. Pour l'année scolaire 1999-2000, sur les 70 795 cégépiens qui ont fait une demande d'aide financière au gouvernement pour payer leurs études, 59 934 ont reçu une réponse favorable. Calculer et interpréter le ratio entier du nombre de bénéficiaires par rapport au nombre de demandes d'aide financière.

Source : Ministère de l'Éducation, Statistiques de l'éducation en 1999-2000.

Interprétation

En 1999-2000, sur _____ cégépiens qui ont fait une demande d'aide financière au gouvernement pour payer leurs études, _____ ont reçu une réponse favorable.

2. En 2000, on comptait 244 900 Québécoises âgées de 20 à 24 ans. Parmi tous les nouveau-nés de l'année, 14 694 bébés avaient une mère dans ce groupe d'âge. Trouver le **taux de fécondité** chez les femmes de 20 à 24 ans en 2000, si ce taux donne le nombre de naissances chez les mères de 20 et 24 ans durant l'année pour 1 000 femmes dans ce groupe d'âge.

Source : Institut de la statistique du Québec.

Interprétation

Au Québec, en 2000, il y avait _____ naissances pour _____ femmes âgées de 20 à 24 ans.

3. En 1981, on comptait 1 médecin pour 579 habitants au Québec ; en 1999, ce ratio était devenu 1 médecin pour 515 habitants.

Source : Ministère de la Santé et des Services sociaux, 2001.

a) En quelle année était-il « théoriquement » plus facile d'avoir accès à un médecin ? _____

b) Donner et interpréter le **taux de médecins** pour 10 000 habitants en 1999.

Interprétation

Au Québec, en 1999, il y avait _____ médecins pour _____ habitants.

4.2 Exercices

1. On vous demande d'écrire un texte qui porte sur la plus grande présence des filles dans les cégeps depuis quelques années. Pour quantifier le phénomène, vous avez construit le tableau ci-dessous à partir de données publiées sur le site Internet du ministère de l'Éducation. Compléter le texte d'analyse du tableau.

Répartition des étudiants du collégial selon le sexe, Québec, 1970-1971 et 1999-2000

	Nombre d'étudiants	
Sexe	1970-1971	1999-2000
Femmes	29 501	86 595
Hommes	36 671	70 280
Total	66 172	156 875

Source : Ministère de l'Éducation.

« En 1999-2000, _____ % des cégépiens sont de sexe féminin alors que ce pourcentage n'était que de _____ % en 1970-1971. Le ratio est de _____ filles pour _____ garçons en 1999-2000 et de _____ filles pour _____ garçons en 1970-1971. »

2. Voici, pour la Communauté urbaine de Québec (CUQ) et la Communauté urbaine de Montréal (CUM), la population moyenne ainsi que le nombre de naissances et de décès en 1998 :

	Naissances	Décès	Population Moyenne
CUQ	5 761	5 045	647 303
CUM	20 570	15 649	1 804 386

Source : Institut de la statistique du Québec.

a) Donner et interpréter le ratio du nombre de décès par rapport au nombre de naissances pour la CUQ et la CUM.

b) Calculer et interpréter le **taux de mortalité** pour 1 000 habitants pour ces deux communautés urbaines, si ce taux représente le nombre de décès par rapport à la population moyenne.

c) Quelle communauté urbaine a le plus grand **taux d'accroissement naturel** (en %), si ce taux représente la différence entre le nombre de naissances et le nombre de décès par rapport à la population moyenne ?

3. Compléter le tableau :

Situation de travail au Québec de mai à juillet 2001

Mois	Personnes occupées (en milliers)	Chômeurs (en milliers)	Population active (en milliers)	Taux de chômage
Mai	3 460,6	343,0		
Juin			3 795,1	8,8 %
Juillet	3 463,2	310,2		

Source : Statistique Canada, CANSIM.

4. a) Le **taux de suicide** indique le nombre de suicides pour 100 000 personnes de 10 ans et plus. Comparer le taux de suicide au Québec et au Canada en 1998 si, cette année-là, il y a eu 1 373 suicides au Québec sur 6 446 010 personnes de plus de 10 ans, alors qu'on comptait 3 698 suicides au Canada sur 26 414 286 personnes de plus de 10 ans.

b) Les trois graphiques qui suivent dressent un portrait statistique de la mortalité par suicide chez les Canadiens de 10 ans et plus de 1980 à 1998. En tenant compte de cette information, indiquer si les affirmations suivantes sont vraies ou fausses. Si l'affirmation est fausse, expliquer pourquoi.

Graphique 1

Évolution du taux de suicide pour 100 000 personnes, Canada, Québec, de 1980 à 1998

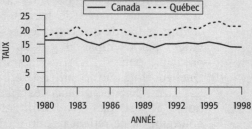

Source : Statistique Canada, *Rapport sur la santé*, vol. 13, nº 2, janvier 2002.

Graphique 2

Taux de suicide pour 100 000 personnes selon l'âge et le sexe, Canada, 1998

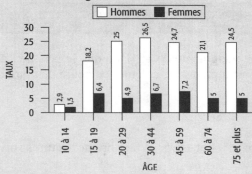

Source : Statistique Canada, *Rapport sur la santé*, vol. 13, nº 2, janvier 2002.

Graphique 3

Taux d'hospitalisation pour 100 000 personnes pour tentative de suicide selon l'âge et le sexe, Canada, 1998

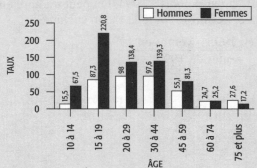

Source : Statistique Canada, *Rapport sur la santé*, vol. 13, nº 2, janvier 2002.

1. Depuis 1980, le taux de suicide au Québec est plus élevé que celui du Canada.

2. C'est en 1992 que l'on observe pour la première fois un taux de suicide supérieur à 20 ‰, au Québec.

3. En 1998, quelle que soit la tranche d'âge considérée, le taux de suicide au Canada est plus élevé chez les hommes alors que le **taux d'hospitalisation** pour tentative de suicide est plus élevé chez les femmes.

4. En 1998, le taux de suicide le plus élevé se trouve chez les hommes de 30 à 44 ans et le taux d'hospitalisation pour tentative de suicide le plus grand touche les femmes de 15 à 19 ans.

5. En 1998, pour les personnes de 20 à 29 ans, le taux de suicide est 5,1 fois plus élevé chez les hommes que chez les femmes.

6. Le plus haut taux d'hospitalisation pour tentative de suicide en 1998 se trouve chez les femmes de 15 à 19 ans où il est près de 2,5 fois plus élevé que celui des hommes du même âge.

7. En 1998, le taux de suicide chez les hommes de 75 ans et plus est près de 6 fois plus élevé que chez les femmes du même âge.

8. Ces statistiques confirment que le suicide est un phénomène qui touche beaucoup plus les hommes que les femmes.

5. a) Dans les tableaux qui suivent, on dresse un portrait de la disponibilité des médecins spécialistes et omnipraticiens de quatre régions du Québec en 1999. Compléter l'information.

Tableau 1

Médecins spécialistes par région, Québec, 1999

Région	Ratio du nombre d'habitants par spécialiste	Taux de spécialistes pour 10 000 habitants
Saguenay–Lac-Saint-Jean		6,8
Québec		14,5
Montréal-Centre		18,5
Laurentides		4,3

Source : Ministère de la Santé et des Services sociaux, 2001.

Tableau 2

Médecins omnipraticiens par région, Québec, 1999

Région	Ratio du nombre d'habitants par omnipraticien	Taux d'omnipraticiens pour 10 000 habitants
Saguenay–Lac-Saint-Jean	1 064	
Québec	862	
Montréal-Centre	952	
Laurentides	1 176	

Source : Ministère de la Santé et des Services sociaux, 2001.

b) Compléter :

Répartition inéquitable des médecins dans les régions

Les statistiques montrent que les régions éloignées ont raison de se plaindre de la répartition inéquitable des médecins spécialistes. En effet, alors que le taux de spécialistes est de _____ ‰ au Saguenay–Lac-Saint-Jean et de _____ ‰ dans les Laurentides, il est de _____ ‰ dans Montréal-Centre ; c'est _____ fois plus que le taux du Saguenay–Lac-Saint-Jean et _____ fois plus que celui des Laurentides.

Quant aux omnipraticiens travaillant dans les régions éloignées, ils doivent assumer une charge de travail beaucoup plus lourde que ceux des grandes villes : par exemple, il y a un omnipraticien pour _____ habitants à Québec, alors que ce ratio est de 1 pour _____ habitants dans les Laurentides. Il est facile de comprendre pourquoi on ne retient pas un médecin bien longtemps dans les régions éloignées.

4.3 Pourcentage de variation

Comment en arrive-t-on à dire que le prix d'un loyer a augmenté de 15 % ou que le prix de l'essence a baissé de 2 % ? La mise en situation suivante va nous apprendre à calculer ce genre de pourcentage.

MISE EN SITUATION

Supposons qu'un concessionnaire Honda a vendu, en 1994 et 1995, le nombre de voitures suivant :

Modèle	Ventes 1994	Ventes 1995
Accord	125	135
Civic	150	144

Il a vendu 10 Accord de plus et 6 Civic de moins en 1995 par rapport à 1994. On peut traduire en pourcentage la variation des ventes de 1995 par rapport à celles de 1994 de la façon suivante :

$$\text{Pourcentage de variation} = \frac{\text{ventes en 1995} - \text{ventes en 1994}}{\text{ventes en 1994}} \times 100$$

Pour l'Accord

$$\% \text{ de la variation} = \frac{135 - 125}{125} \times 100 = 8\,\%$$

Interprétation

Les ventes ont augmenté de 8 % en 1995 par rapport à 1994. Pour 100 voitures de ce modèle vendues en 1994, on en a vendu 8 de plus en 1995, soit 108 voitures.

Quand le pourcentage de variation est positif, on lui donne le nom de **pourcentage (ou taux) d'augmentation**.

Pour la Civic

$$\% \text{ de la variation} = \frac{144 - 150}{150} \times 100 = -4\,\%$$

Interprétation

Les ventes ont diminué de 4 % en 1995 par rapport à 1994. Pour 100 voitures de ce modèle vendues en 1994, on en a vendu 4 de moins en 1995, soit 96 voitures.

Quand le pourcentage de variation est négatif, on lui donne le nom de **pourcentage (ou taux) de diminution**.

De façon générale, le pourcentage de variation peut être calculé ainsi :

Pourcentage de variation

$$\frac{\text{Valeur au temps 2 - valeur au temps 1}}{\text{Valeur au temps 1}} \times 100$$

EXEMPLE

Compléter l'extrait d'un article paru dans *Le Soleil* le 23 janvier 1993 :

Québec offre à ses citoyens des services qu'ils n'ont plus les moyens de se payer

L'endettement du Québec est tel que, si rien n'est fait, les enfants d'aujourd'hui devront demain réduire leur qualité de vie pour payer les dettes de leurs pères. Entre 1970 et 1993, la proportion du budget destinée à payer les intérêts de la dette du Québec est passée de 4,7 ¢ à 17,3 ¢ par dollar de revenu, soit _____ ¢ de plus par dollar. Le pourcentage d'augmentation du coût de la dette est donc de _____ % par rapport à 1970 : pour 100 $ consacrés au paiement des intérêts en 1970, on en verse _____ $ actuellement.

Exercices éclair

1. Calculer le taux d'augmentation d'un loyer si celui-ci passe de 420 $ à 450 $ par mois.

    Interprétation

    Pour chaque 100 $ de loyer, l'augmentation sera de _____ $.

2. L'hiver dernier, vous avez payé 50 $ par mois de droits de stationnement. L'an prochain, on prévoit une augmentation de 10 % ; quel montant vous faudra-t-il payer mensuellement ?

3. Encercler la bonne réponse. Si l'on dit que le taux d'augmentation du cancer de la peau a été de 100 % entre 1980 et 1985, doit-on en conclure :

    a) qu'il y avait le même nombre de cancers de la peau en 1985 et en 1980 ?

    b) qu'il y avait deux fois plus de cancers de la peau en 1985 qu'en 1980 ?

4. Compléter l'extrait d'un article paru dans *Le Soleil* le 22 janvier 1993 :

    ### Exode en Gaspésie

    Entre 1986 et 1991, la Gaspésie, le Bas-Saint-Laurent et les Îles-de-la-Madeleine ont perdu plus de 12 000 habitants, principalement des jeunes, selon les chiffres du dernier recensement. Un peu comme si toute la ville de Matane avait plié bagage.

    Le recensement de 1991 contient en effet des chiffres qui ont de quoi inquiéter ces régions. La population est passée de 323 289 personnes en 1986 à 311 105 cinq ans plus tard, une chute de _____ habitants, soit presque autant que la population de Matane (12 756 selon le même recensement). Les 14 municipalités régionales de comté (MRC) ont vu leur population diminuer de _____ %.

    C'est un chiffre inquiétant, voire dramatique. L'exode touche principalement les jeunes.

4.4 Exercices

1. Voici quelques-uns des chiffres mentionnés dans un article publié dans *Le Soleil* du 17 janvier 1993. Cet article dressait un bilan de l'évolution de la condition féminine au Canada. Calculer le taux de variation pour chacune des affirmations suivantes.

   a) Le nombre de Québécoises inscrites à l'université a fait un bond, passant de 37 % de l'effectif universitaire en 1970-1971 à 54 % en 1987-1988.

   b) En 1970, les femmes formaient 34 % de la population active, et 44 % en 1988.

   c) Le revenu personnel moyen des femmes s'est accru de 35 % de 1971 à 1989.

   d) De 1981 à 1988, la part des femmes dans les professions les mieux rémunérées a connu une hausse remarquable. Le nombre de femmes gagnant plus de 50 000 $ par année a doublé pendant cette période.

   e) Une proportion grandissante de Québécoises ont maintenant un revenu personnel. De 55,5 % en 1971, cette proportion est passée à 77 % en 1986.

2. Compléter :

Recensement 2001 : des chiffres qui parlent

Les données du recensement de 2001 indiquent que le Québec a vu sa population croître au rythme le plus faible de son histoire. La population est passée de 7 138 795 en 1996 à 7 237 479 en 2001, un taux d'accroissement de _____ % en cinq ans. Au même moment, la population canadienne augmentait de 4 % pour se situer à 30 007 094. Alors qu'en 1951 la population du Québec représentait 28,9 % de la population canadienne, en 2001, le poids démographique de la province n'est plus que de _____ %, un taux de variation de _____ % en 50 ans. Ce poids de plus en plus faible du Québec dans la fédération canadienne ne sera pas sans conséquences sur les plans politique et économique dans les années futures.

Source : Statistique Canada, Recensement 2001.

3. Le graphique suivant donne les résultats d'une étude de Statistique Canada sur la grossesse des jeunes filles de 15 à 19 ans en 1997.

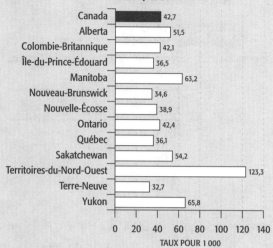

Taux de grossesse pour 1 000 femmes de 15 à 19 ans, Canada, 1997

	Taux pour 1 000
Canada	42,7
Alberta	51,5
Colombie-Britannique	42,1
Île-du-Prince-Édouard	36,5
Manitoba	63,2
Nouveau-Brunswick	34,6
Nouvelle-Écosse	38,9
Ontario	42,4
Québec	36,1
Sakatchewan	54,2
Territoires-du-Nord-Ouest	123,3
Terre-Neuve	32,7
Yukon	65,8

Source : Statistique Canada.

   a) Interpréter le taux de grossesse chez les 15 à 19 ans pour le Canada et le Québec en 1997.

   b) Donner le pourcentage de grossesse chez les 15 à 19 ans pour les Territoires-du-Nord-Ouest en 1997.

   c) Quels sont les provinces ou territoires ayant un taux de grossesse supérieur au taux canadien ?

   d) Interpréter le pourcentage de variation du taux de grossesse depuis 1989 pour le Canada et pour le Québec si, cette année-là, les taux étaient respectivement 44,1 ‰ et 29,8 ‰.

4.5 Les indices

Nous verrons ici deux types d'indices : les indices élémentaires et les indices synthétiques (ou composés). Les indices permettent de suivre l'évolution d'une ou de plusieurs variables dans le temps ou dans l'espace.

4.5.1 Indice élémentaire

MISE EN SITUATION

Supposons que le prix moyen du litre de lait au Québec, de 1999 à 2001, était le suivant :

Année	Prix moyen d'un litre de lait ($)
1999	1,20
2000	1,25
2001	1,28

Année	Indice (1999 = 100)
1999	
2000	104,2
2001	

Comparons le prix de 2000 à celui de 1999 en calculant le rapport suivant exprimé en pourcentage :

$$\frac{\text{Prix de 2000}}{\text{Prix de 1999}} \times 100 = \frac{1,25}{1,20} \times 100 = 104,2\,\%$$

On dira que le nombre 104,2 (que l'on écrit sans le symbole %) est l'indice élémentaire du prix du lait pour 2000 par rapport à l'année de comparaison, qui est 1999. On dira que 1999 est la **période de base** (1999 = 100) du calcul de l'indice.

Interprétation

Le prix moyen du litre de lait en 2000 correspond à 104,2 % de celui de 1999. Le prix du lait a donc augmenté de 4,2 % en 2000 par rapport à 1999. En 2000, on paye 104,20 $ pour une quantité de lait qui coûtait 100 $ en 1999.

REMARQUE On peut calculer le pourcentage de variation du prix du lait de 2000 par rapport à 1999 de deux façons :

– par déduction à partir de l'indice, comme on vient de le faire ;

– en faisant :

$$\text{Taux de variation} = \frac{\text{prix de 2000} - \text{prix de 1999}}{\text{prix de 1999}} = \frac{1,25 - 1,20}{1,20} = 0,042 = 4,2\,\%$$

On peut généraliser ainsi la façon de calculer un indice :

Indice élémentaire

$$\frac{\text{Valeur de la période } t}{\text{Valeur de la période de base}} \times 100$$

❖ Calculer et interpréter l'indice du prix du lait pour 2001 :

Interprétation

Le prix du lait a augmenté de _____ % en 2001 par rapport à 1999. La quantité de lait qui coûtait 100 $ en 1999 coûte _____ $ en 2001.

EXEMPLE

Le tableau qui suit donne le nombre de mariages et de divorces au Québec pour 1980, 1990 et 2000. Calculer les indices manquants et interpréter les données du tableau.

Évolution des mariages et des divorces, Québec, 1980–2000

Année	Nombre de mariages	Indice (1980 = 100)	Nombre de divorces	Indice (1980 = 100)
1980	44 849	100	13 899	100
1990	32 059	71,5	20 474	147,3
2000	24 908		16 934	

Solution

Interprétation

En 20 ans, le nombre de mariages a diminué de _____ % : pour 100 mariages en 1980, on en comptait _____ en 2000. Pendant la même période, le nombre de divorces augmentait de _____ %, ce qui est beaucoup moins élevé que le 47,3 % d'augmentation observé entre 1980 et 1990 : pour 100 divorces en 1980, on en comptait _____ en 1990 et _____ en 2000.

Exercice éclair

On peut aussi utiliser les indices pour mesurer la variation d'une variable dans l'espace. Voici, pour trois villes du Québec, le prix moyen de l'essence ordinaire sans plomb en juillet 1999. Calculer et interpréter l'indice du prix de l'essence pour Chicoutimi et Québec par rapport à Montréal.

Ville	Prix du litre d'essence ($)	Indice (Montréal = 100)
Chicoutimi	0,70	
Montréal	0,73	
Québec	0,75	

Interprétation

Par rapport à Montréal, le litre d'essence coûte _____ % de moins à Chicoutimi et _____ % de plus à Québec. La quantité d'essence qui coûte 100 $ à Montréal coûte _____ $ à Chicoutimi et _____ $ à Québec.

4.5.2 **Indice synthétique ou composé**

Alors que l'indice élémentaire permet de suivre dans le temps ou dans l'espace la variation d'un seul produit, l'**indice synthétique** permet de suivre la variation d'un ensemble de produits.

MISE EN SITUATION

Voici les indices de 1999 (1992 = 100) pour chacun des produits laitiers suivants :

	Lait	Beurre	Fromage	Autres produits laitiers	Ensemble des produits laitiers
Indice pour 1999 (1992 = 100)	106,2	114,0	114,5	110,8	?

Source : Statistique Canada.

On aimerait connaître l'effet qu'a eu l'augmentation de 6,2 % du prix du lait, de 14,0 % du prix du beurre, de 14,5 % du prix du fromage et de 10,8 % des autres produits laitiers sur le budget total que les ménages consacrent à l'achat de ces produits. Quel est le pourcentage moyen d'augmentation du budget pour ces produits depuis 1992 ? Un indice, pour l'ensemble des produits laitiers, permettrait de répondre à cette question ; mais comment le calculer ?

Pour déterminer cet indice, nous pourrions, par exemple, faire la moyenne des indices des quatre produits ; mais ce serait là reconnaître que l'augmentation du prix du lait a le même effet sur le budget des ménages que l'augmentation du prix du fromage. Nous savons que, lorsqu'on veut calculer une moyenne avec des valeurs qui n'ont pas le même poids, il faut calculer la moyenne pondérée. Mais comment déterminer la pondération de chaque produit ?

Statistique Canada recueille régulièrement auprès d'un échantillon de ménages des renseignements sur les sommes qu'ils consacrent à l'achat de différents produits de consommation. L'enquête de 1999 donne les résultats suivants pour les dépenses hebdomadaires moyennes par ménage en produits laitiers :

	Lait	Beurre	Fromage	Autres produits laitiers	Ensemble des produits laitiers
Dépense moyenne	5,14 $	0,76 $	3,65 $	2,03 $	11,58 $
Dépense moyenne (%)	44,4 %	6,6 %	31,5 %	17,5 %	100,0 %

Source : Statistique Canada.

D'après ces données, on voit que le lait représente 44,4 % (5,14/11,58) des dépenses engagées par les ménages pour l'ensemble des produits alors que le beurre ne représente que 6,6 % des dépenses. On choisira donc la pondération suivante pour chacun des produits laitiers :

Pondération : Lait : 44,4 % Beurre : 6,6 % Fromage : 31,5 % Autres produits laitiers : 17,5 %

L'indice 1999 pour l'ensemble des produits laitiers sera égal à la moyenne pondérée suivante :

$$\text{Indice} = 106{,}2 \times 44{,}4\,\% + 114{,}0 \times 6{,}6\,\% + 114{,}5 \times 31{,}5\,\% + 110{,}8 \times 17{,}5\,\% = 110{,}1$$

On donne le nom d'**indice synthétique pondéré** à cet indice.

Interprétation

Le budget que les ménages consacrent à l'achat de produits laitiers en 1999 correspond à 110,1 % de celui de 1992. Le coût des produits laitiers a donc augmenté en moyenne de 10,1 % en 1999 par rapport à 1992. Un panier type de produits laitiers qui coûtait 100 $ en 1992 coûte 110,10 $ en 1999.

On peut généraliser ainsi la façon de calculer l'indice synthétique pondéré :

Indice synthétique pondéré

Moyenne pondérée des indices élémentaires d'un ensemble de produits

EXEMPLE

Une entreprise fabrique différents modèles de bibliothèque. Le coût total de fabrication du modèle 2032 se répartit ainsi : 72 % pour la main-d'œuvre et 28 % pour les matériaux.

Calculer l'indice synthétique du coût total de fabrication pour 2002 par rapport à 2000 en utilisant l'information suivante :

	Coût des matériaux	Coût de la main-d'œuvre
Indice pour 2002 (2000 = 100)	105,6	108,2

Solution

Interprétation

Le coût total de fabrication a augmenté en moyenne de _____ % depuis 2000. Pour 100 $ de coût total en 2000, on a un coût de _____ $ pour fabriquer la bibliothèque en 2002.

Indice des prix à la consommation (IPC)

L'indice des prix à la consommation (IPC) est un indice synthétique qui vise à fournir une mesure générale de la variation mensuelle ou annuelle des prix d'un ensemble de plus de 600 biens et services. L'IPC est défini, plus précisément, comme un indicateur de la variation des prix obtenus en comparant à une période de base, qui est actuellement 1992, le coût d'une grande variété de biens et de services, allant du café et des vêtements à la coupe de cheveux ou des repas au restaurant. Les produits considérés dans le calcul de l'IPC ainsi que la pondération de ces produits sont établis à la suite d'enquêtes menées sur les habitudes de consommation des familles canadiennes.

Après avoir calculé l'indice synthétique pour plusieurs petits regroupements de produits (produits laitiers, fruits et légumes, meubles, etc.), on en arrive aux huit principales composantes de l'IPC :

Aliments	Transports
Logement	Santé et soins personnels
Dépenses et équipement du ménage	Loisirs, formation et lecture
Habillement et chaussures	Boissons alcoolisées et produits du tabac

L'indice synthétique pondéré pour l'ensemble des huit principales composantes de biens et de services porte le nom d'**indice des prix à la consommation**.

EXEMPLE

Voici les indices annuels des prix à la consommation pour 1999 et 2000 au Québec.

Année	1999	2000
IPC (1992 = 100)	108,0	110,6

Source : Statistique Canada.

a) De combien a augmenté le « coût de la vie » entre 1992 et 2000 ? _____

b) Si l'on payait 100 $ en 1992 pour un ensemble de biens et de services, combien faut-il débourser en 2000 pour le même ensemble de biens et de services ? _____

c) Le **taux d'inflation** correspond au taux de variation de l'IPC entre deux périodes consécutives (années ou mois). Calculer le taux d'inflation pour l'année 2000 et interpréter ce résultat.

Interprétation

Le coût de la vie a augmenté de _____ % en 2000 par rapport à _____. Un ensemble de biens et de services qui coûtait 100 $ en _____ coûte _____ en 2000.

Indexation des revenus

Le taux d'inflation est souvent utilisé comme référence lorsqu'on désire **indexer des revenus** (salaires, pensions alimentaires, etc.) au coût de la vie. L'indexation des revenus permet de maintenir le pouvoir d'achat des consommateurs. Par exemple, pour un taux d'inflation de 2,4 % en 2000, une personne dont le revenu est de 40 000 $ en 1999 devrait recevoir 40 960 $ en 2000, soit 2,4 % de plus, pour conserver le même pouvoir d'achat qu'en 1999.

Exercices éclair

1. Supposons qu'en juin 2001 l'indice du prix des oranges soit de 107,3 et que celui des pommes soit de 115,3 (1992 = 100). Peut-on en conclure :

   1. Qu'en juin 2001 le prix des pommes était supérieur à celui des oranges ? _____

   2. Que depuis 1992 le prix des pommes a beaucoup plus augmenté que celui des oranges ? _____

2. Le tableau suivant donne, pour janvier 2002, l'indice synthétique et la pondération des dépenses des consommateurs pour chacune des huit composantes de l'indice des prix à la consommation.

Composantes principales de l'IPC	Indice synthétique (1992 = 100)	Pondération des dépenses des consommateurs
Aliments	120,0	17,8 %
Logement	113,0	26,7 %
Dépenses et équipement du ménage	112,9	10,8 %
Habillement et chaussures	102,3	6,3 %
Transports	126,9	19,0 %
Santé et soins personnels	114,3	4,6 %
Loisirs, formation et lecture	122,3	11,3 %
Boissons alcoolisées et produits du tabac	112,2	3,5 %

Source : Statistique Canada.

   a) Quel pourcentage des dépenses des consommateurs est consacré aux aliments ? _____

   b) Quelle composante a le plus de poids dans les dépenses des consommateurs ?

   _____

   c) Calculer et interpréter l'indice des prix à la consommation (IPC) de janvier 2002.

   Interprétation

   En janvier 2002, le _____ a augmenté de _____ par rapport à _____. Un ensemble de biens et de services qui coûtait 100 $ en _____ coûte _____ en _____.

d) Calculer et interpréter le taux d'inflation, entre janvier 2002 et janvier 2001, si l'indice des prix à la consommation pour janvier 2001 était de 115,9.

Interprétation

Le _____ a augmenté de _____ en janvier _____ par rapport à janvier _____.

e) Une personne dont le revenu était de 35 000 $ en 2001 doit gagner combien en 2002 pour maintenir son pouvoir d'achat ?

4.6 Exercices

1. Compléter le tableau ci-dessous et analyser, à partir des indices, l'évolution des populations du Québec et de l'Ontario.

Évolution de la population du Québec et de l'Ontario, 1961–2001

Année	Québec Population (en milliers)	Québec Indice (1961 = 100)	Ontario Population (en milliers)	Ontario Indice (1961 = 100)
1961	5 259	100	6 236	100
1971	6 028	114,6	7 703	123,5
1981	6 438	122,4	8 625	138,3
1991	6 896		10 085	
2001	7 237		11 410	

Source : Statistique Canada.

2. Une étude du ministère de l'Éducation indique que 27,3 % des jeunes Québécois étaient titulaires d'un baccalauréat en 1999 alors que ce pourcentage n'était que de 14,9 % en 1976.

Source : Ministère de l'Éducation, *Indicateurs de l'éducation, édition 2001.*

Calculer le taux d'augmentation de jeunes Québécois titulaires d'un baccalauréat entre 1976 et 1999 des deux façons suivantes :

a) Par déduction, à partir de l'indice d'obtention d'un baccalauréat (1976 = 100) ;

b) Avec la formule du pourcentage de variation.

3. a) Compléter :

Baisse du taux d'inflation en 1992

Selon les données récentes de Statistique Canada, l'indice des prix à la consommation en décembre 1992 était de 129,1 (1986 = 100), ce qui signifie qu'un ensemble de biens qui coûtait 100 $ en 1986 coûtait _____ en décembre 1992.

Si l'on compare l'indice de 1992 aux indices de décembre 1991 et 1990, qui étaient respectivement de 126,4 et de 121,8, on obtient un taux d'inflation de _____ % pour 1992 et de _____ % pour 1991, soit une baisse du taux d'inflation de _____ % en 1992.

Source : *Le Soleil*, 22 janvier 1993.

b) Une personne dont le revenu était de 30 000 $ en 1990 devrait gagner combien en 1991 et en 1992 pour maintenir son pouvoir d'achat, si l'on considère les taux d'inflation pour 1991 et 1992 donnés dans l'extrait en *a* ?

4. Le tableau suivant donne l'évolution du montant moyen des prêts accordés par le gouvernement du Québec aux étudiants du collégial.

Évolution du prêt moyen au collégial, de 1997-1998 à 1999-2000

Année	1997-1998	1998-1999	1999-2000
Prêt moyen	3 381 $	3 395 $	2 687 $

Source : Ministère de l'Éducation.

a) Calculer les indices du prêt moyen en retenant 1997-1998 comme période de base.

b) Interpréter l'indice de 1999-2000.

c) En 1999-2000, les prêts accordés aux étudiants se répartissent ainsi : 49,4 % pour les étudiants du collégial et 50,6 % pour ceux de l'université. Calculer et interpréter l'indice synthétique du prêt moyen pour les étudiants inscrits à des études postsecondaires pour 1999-2000, sachant que, pour cette même année scolaire, l'indice du prêt moyen pour les étudiants universitaires était 95,2 (1997-1998 = 100).

5. a) Calculer, à l'aide de l'information contenue dans le tableau, l'indice synthétique des « Fruits frais » de novembre 1999 (1992 = 100). Cet indice est utilisé dans le processus permettant de déterminer l'IPC.

Groupe « Fruits frais »

	Pomme	Orange	Banane	Autres fruits
Indice	120,4	125,4	118,8	126,3
Pondération	20,7 %	18,5 %	14,9 %	45,9 %

b) L'achat de pommes représente quel pourcentage des dépenses des consommateurs pour l'achat de fruits frais ?

6. a) Le groupe « Fruits frais » est un sous-groupe du groupe « Fruits et légumes ». Utiliser l'indice synthétique des « Fruits frais » trouvé en 5*a* et l'information du tableau suivant pour calculer l'indice synthétique des « Fruits et légumes » de novembre 1999.

Groupe « Fruits et légumes »

	Fruits traités	Fruits frais	Légumes frais	Légumes traités
Indice synthétique	122,8		124,3	119,5
Pondération	22,9 %	32,5 %	32,1 %	12,5 %

b) Le groupe « Fruits et légumes » est un sous-groupe de « Aliments achetés au magasin ». Utiliser l'indice synthétique des « Fruits et légumes » trouvé en *a* et l'information du tableau suivant pour calculer l'indice synthétique des « Aliments achetés au magasin » de novembre 1999.

Groupe « Aliments achetés au magasin »

	Viande, volaille et poisson	Produits laitiers et œufs	Fruits et légumes	Boulangerie et céréales	Autres aliments
Indice synthétique	124,4	125,6		120,2	122,8
Pondération	29,4 %	17,6 %	20,8 %	13,0 %	19,2 %

c) Le groupe « Aliments achetés au magasin » est un sous-groupe de « Aliments ». Utiliser l'indice synthétique des « Aliments achetés au magasin » trouvé en *b* et l'information du tableau suivant pour calculer l'indice synthétique des « Aliments » de novembre 1999.

Groupe « Aliments »

	Aliments achetés au restaurant	Aliments achetés au magasin
Indice synthétique	120,4	
Pondération	27,9 %	72,1 %

d) Enfin, le groupe « Aliments » est une des huit composantes principales de l'IPC. Utiliser l'indice synthétique des « Aliments » trouvé en *c* et l'information du tableau suivant pour calculer l'IPC de novembre 1999.

Groupe des composantes principales de l'IPC

	Indice synthétique (1992 = 100)	Pondération des dépenses des consommateurs
Aliments		18,0 %
Logement	132,1	27,9 %
Dépenses et équipement du ménage	118,7	10,0 %
Habillement et chaussures	128,3	6,6 %
Transports	136,2	18,3 %
Santé et soins personnels	134,3	4,3 %
Loisirs, formation et lecture	140,2	10,4 %
Boissons alcoolisées et produits du tabac	136,8	4,5 %

7.

Situation de travail, 2001

	Montréal (en milliers)	Estrie (en milliers)
Personnes occupées	843,4	137,5
Chômeurs	93,9	10,9
Personnes inactives	552,2	87,8
Personnes de 15 ans et plus	1 489,5	236,2

a) Comparer les taux de chômage à Montréal et en Estrie pour l'année 2001.

b) Comparer les taux d'activité à Montréal et en Estrie pour l'année 2001.

c) Trouver et interpréter le ratio du nombre de chômeurs par rapport aux personnes occupées à Montréal pour l'année 2001.

8. Compléter :

De plus en plus de jumeaux !

Les traitements contre l'infertilité ont considérablement influencé le nombre de naissances multiples au Québec depuis 20 ans. Celles-ci sont passées de 2 % des naissances en 1980 à 2,5 % en 2000, soit un taux d'augmentation de _____ %. Un changement qui n'a rien d'anecdotique, quand on sait que 55 % des jumeaux ont un poids inférieur à 2 500 g à la naissance et que ce faible poids a une influence directe sur la santé d'un nouveau-né. Les statistiques indiquent que, parmi les naissances de faible poids, la part des jumeaux est passée de 15,5 % à 22,6 % en 20 ans, soit un taux d'augmentation de_____ %.

Source : Institut de la statistique du Québec.

9. Le chronogramme suivant montre l'évolution de l'**indice synthétique de fécondité** au Québec.

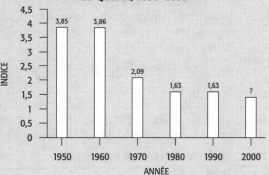

Évolution de l'indice synthétique de fécondité au Québec, 1950-2000

En 1950, l'indice synthétique de fécondité était de 3,9 enfants en moyenne par femme. Cet indice prédisait qu'une femme aurait, durant sa vie, en moyenne 3,9 enfants si le niveau de fécondité observé en 1950 se maintenait dans le futur, d'une génération de femmes à l'autre. Cinquante ans plus tard, l'indice de fécondité est de beaucoup inférieur au seuil de 2,1, qui est l'indice de fécondité minimum permettant le remplacement des générations.

Les questions suivantes permettront de déterminer l'indice synthétique de fécondité pour l'année 2000.

a) L'indice synthétique de fécondité pour une année donnée, par exemple 2000, est basé sur le taux de fécondité pour 1 000 femmes. Rappelons que pour obtenir ce taux de fécondité on effectue le calcul suivant, pour chaque tranche d'âge :

$$\text{Taux de fécondité} = \frac{\text{nombre de naissances}}{\text{nombre de femmes}} \times 1\,000$$

En considérant les données du tableau qui suit, donner le groupe d'âge ayant le plus haut taux de fécondité et interpréter ce taux.

Taux de fécondité pour 1 000 femmes selon le groupe d'âge, Québec, 2000

Âge (en ans)	15–19	20–24	25–29	30–34	35–39	40–44	45–49
Taux (‰)	13,3	60,0	104,0	78,7	27,2	4,3	0,1

b) Calculer l'indice synthétique de fécondité au Québec, pour l'année 2000, en suivant la démarche que voici :

Supposons que le taux de fécondité de 13,3‰ chez les femmes de 15 à 19 ans en 2000 s'applique à chaque femme dans cette tranche d'âge. Cela signifie qu'en moyenne une femme entre 15 et 19 ans donnera naissance à 0,0133 enfant par année, durant 5 ans (13,3/1 000). Une femme de 15 ans aurait donc, dans 5 ans, $5 \times 0,0133$ enfant, soit 0,0665 enfant.

– À ses 20 ans, selon le tableau ci-dessus, elle aura, durant 5 ans, 0,06 enfant par année en moyenne. Son nombre total d'enfants à 25 ans serait de :
$(5 \times 0,0133) + (5 \times 0,06) = 0,3665$ enfant

– À ses 25 ans, elle aura, durant 5 ans, 0,104 enfant par année en moyenne. Son nombre total d'enfants à 30 ans serait de :
$(5 \times 0,0133) + (5 \times 0,06) + (5 \times 0,104) = 0,8865$ enfant

– À ses 30 ans, elle aura, durant 5 ans, 0,0787 enfant par année en moyenne. Son nombre total d'enfants à 35 ans serait de :
$(5 \times 0,0133) + (5 \times 0,06) + (5 \times 0,104) + (5 \times 0,0787) = 1,28$ enfant

Vous trouverez l'indice synthétique de fécondité pour l'année 2000 en poursuivant la procédure jusqu'à la dernière tranche d'âge.

Préparation à l'examen

Pour préparer votre examen, assurez-vous d'avoir les compétences suivantes.

Si vous avez la compétence, cochez.

Ratio et taux

- Calculer et interpréter un ratio. _____
- Calculer et interpréter la population active. _____
- Calculer et interpréter un taux de chômage. _____
- Calculer et interpréter un taux à partir de sa définition. _____

Pourcentage de variation

Calculer et interpréter un pourcentage de variation. _____

Indices

- Calculer et interpréter un indice élémentaire. _____
- Calculer et interpréter un indice synthétique. _____
- Calculer et interpréter l'indice synthétique des prix à la consommation (IPC). _____
- Calculer et interpréter un taux d'inflation. _____

TRAITEMENT DE DONNÉES

Pour présenter et analyser les données d'une variable, on applique la procédure suivante :

1. On détermine le type de la variable.
2. On construit le tableau et le graphique appropriés au type de variable et l'on effectue une première analyse des données.
3. On complète l'analyse des données en calculant et en interprétant les mesures de tendance centrale et de dispersion pertinentes.

TYPES DE VARIABLES, DE GRAPHIQUES ET DE MESURES

Types de variables et échelles de mesure	Graphiques appropriés	Mesures possibles
Qualitative (non numérique) – nominale (sans relation d'ordre) Échelle nominale – ordinale (avec relation d'ordre) Échelle ordinale	Diagramme à rectangles Diagramme circulaire	Mode
Quantitative (numérique) – discrète (valeurs isolées les unes des autres) Échelle ordinale, d'intervalle ou de rapport	Diagramme en bâtons	Mode Médiane Moyenne Écart type Coefficient de variation Cote z Quantiles
– continue (on pourrait augmenter la précision des valeurs obtenues pour la variable) Échelle ordinale, d'intervalle ou de rapport	Histogramme Polygone de fréquences Courbe de fréquences cumulées	

DÉFINITION, CALCUL ET INTERPRÉTATION DES MESURES

Mesures de tendance centrale

Mesure	Définition et calcul	Interprétation (mots clés)
Mode	Valeur, catégorie ou classe ayant la plus grande fréquence.	Une pluralité… (%)… (mode)…
Moyenne	Centre d'équilibre du graphique de la distribution. Calcul : mode statistique de la calculatrice.	En moyenne…
Médiane	Divise une série de données en deux parties égales. Données non groupées Nombre total de données : – pair : moyenne des deux données centrales ; – impair : valeur de la donnée centrale. Données groupées Valeur sur l'axe horizontal qui divise la surface de l'histogramme en deux parties égales.	Données non groupées 50 % ou au moins 50 % (selon le cas)… (médiane) ou moins… Données groupées On peut estimer que 50 %… moins de (médiane)…

Mesures de dispersion

Mesure	Définition et calcul	Interprétation (mots clés)
Écart type	Peut être considéré comme la moyenne des écarts $(x_i - \mu)$ à la moyenne. Calcul : mode statistique de la calculatrice.	La plupart… se situent à ± (écart type) de la moyenne, soit entre (moyenne − écart type) et (moyenne + écart type).
Coefficient de variation (CV)	Mesure la dispersion relative des données : $CV = \dfrac{\text{écart type}}{\text{moyenne}} \times 100$	Si le CV < 15 %, la distribution est homogène.

Mesures de position

Mesure	Définition et calcul	Interprétation (mots clés)
Cote z	Mesure, en nombre d'écarts types, l'écart entre une valeur et la moyenne de la distribution : $\text{Cote } z = \dfrac{\text{valeur} - \text{moyenne}}{\text{écart type}}$	La valeur se situe à (cote z) écart(s) type(s) de la moyenne.

Centiles	Divisent une série de données en cent parties égales.
	1er décile $(D_1 = C_{10})$; **1er quintile** $(V_1 = C_{20})$; **1er quartile** $(Q_1 = C_{25})$
	
	Données non groupées
	– Si $(i \% N)$ est un entier :
	  C_i = moyenne de la $(i \% N)^e$ donnée et de la donnée suivante ;
	– Si $(i \% N)$ n'est pas un entier :
	  C_i = donnée dont le rang est l'entier qui suit $(i \% N)$.
	
	Données groupées
	On détermine, sur l'axe horizontal, la valeur C_i qui laisse à sa gauche $i \%$ de la surface de l'histogramme.
		Données non groupées
		$i \%$ ou au moins $i \%$ (selon le cas)… (centile) ou moins…
		
		Données groupées
		On peut estimer que $i \%$… moins de (centile)…

DONNÉES CONSTRUITES

Donnée construite	Définition	Calcul
Ratio	Exprime le poids relatif d'une catégorie de variable par rapport à une autre.	– On trouve le ratio décimal en gardant trois décimales. – On détermine le plus petit entier qui fait en sorte que le produit de cet entier par le ratio décimal donne, au centième près, une valeur entière. – On multiplie le numérateur et le dénominateur du ratio décimal par l'entier trouvé.
Taux	Rapport de deux quantités exprimé, selon le cas, en pour cent (%), en pour mille (‰), etc.	On applique la définition du taux considéré. Exemple : Taux de chômage $\dfrac{\text{Nombre de chômeurs}}{\text{Population active}} \times 100$ où population active = personnes occupées + chômeurs

Donnée construite	Définition	Calcul
Pourcentage de variation	Mesure la variation, en pourcentage, de la valeur d'une variable entre deux périodes.	$$\frac{\text{Valeur au temps } t_2 - \text{valeur au temps } t_1}{\text{Valeur au temps } t_1} \times 100$$
Indices	Mesurent l'évolution de la valeur d'une ou de plusieurs variables dans le temps ou dans l'espace.	Indice élémentaire $= \dfrac{\text{valeur au temps } t}{\text{valeur de la période de base}} \times 100$ Indice synthétique : moyenne pondérée des indices élémentaires des produits considérés. <u>Indice des prix à la consommation (IPC)</u> Cet indice mesure le coût de la vie. IPC : indice synthétique des huit principales composantes des biens de consommation. Taux d'inflation : taux de variation de l'IPC entre deux périodes consécutives (mois ou années).

Problème de synthèse de la partie 1

LES JEUNES ET LE CRÉDIT

Le problème de synthèse que nous vous proposons vise à étudier le phénomène du crédit chez les jeunes Canadiens de 18 à 30 ans. Construit à partir d'études publiées sur le sujet, il permettra d'illustrer, de façon éloquente, l'utilité des notions statistiques présentées dans la première partie de l'ouvrage. Ce problème de synthèse comporte trois parties (A, B et C).

Partie A

Analysons d'abord les données d'un sondage publié par la Fédération des associations coopératives d'économie familiale du Québec (FACEF) en 1998[1]. L'échantillon était constitué de 500 Canadiens prélevés au hasard parmi les Canadiens âgés de 18 à 30 ans. Voici quelques-unes des questions posées :

Q1. Quel est votre sexe ?   1. Féminin   2. Masculin

Q2. Quelle est votre langue maternelle ?   1. Français   2. Anglais   3. Autre

Q3. Quel âge avez-vous ?   1. De 18 à 24 ans   2. De 25 à 30 ans

Q4. Avez-vous un emploi actuellement ?   1. Oui   2. Non

Q5. Indiquer si, actuellement, vous avez les produits de crédit suivants :

    1. Carte de crédit bancaire   1. Oui   2. Non

    2. Carte de crédit de magasin   1. Oui   2. Non

    3. Carte de crédit pétrolière   1. Oui   2. Non

    4. Prêt étudiant   1. Oui   2. Non

    5. Prêt automobile   1. Oui   2. Non

    6. Prêt personnel   1. Oui   2. Non

    7. Prêt hypothécaire   1. Oui   2. Non

Q6. Au cours des 12 derniers mois, diriez-vous que votre situation financière a été :

    1. Très difficile   2. Plutôt difficile

    3. Plutôt facile   4. Très facile

Q7. Au cours des 12 derniers mois, combien de fois vous est-il arrivé de ne pas pouvoir payer le solde total de vos cartes de crédit ?

    1. Régulièrement   2. Quelquefois   3. Jamais

Q8. À ce jour, quel montant approximatif devez-vous sur vos cartes de crédit ?

---

1. Réalisé par Jolicœur et Associés, dans le cadre de l'Enquête sur les pratiques d'éducation au crédit des institutions financières canadiennes, Fédération des associations coopératives d'économie familiale du Québec, 1998.

1. a) Décrire la population étudiée par le sondage.
   b) Décrire l'échantillon.
   c) Décrire l'unité statistique.
   d) Pour les questions Q2, Q3, Q5, Q6 et Q8 du sondage, nommer la variable étudiée, donner son type et indiquer l'échelle de mesure utilisée.

2. Les données recueillies aux questions Q3 et Q5 du sondage ont permis de construire le tableau à double entrée suivant.

Répartition des répondants selon le groupe d'âge et le fait qu'ils soient détenteurs ou non d'une carte de crédit bancaire

	Détenteur d'une carte de crédit bancaire		
Âge	Oui	Non	Total
De 18 à 24 ans	114	151	265
De 25 à 30 ans	167	68	235
Total	281	219	500

a) Quel pourcentage des répondants sont âgés de 18 à 24 ans?
b) Quel pourcentage des répondants âgés de 18 à 24 ans ont une carte de crédit bancaire?
c) Quel pourcentage des détenteurs d'une carte de crédit bancaire sont âgés de 18 à 24 ans?
d) Quel pourcentage des répondants ont une carte de crédit bancaire?
e) Construire et analyser le tableau donnant la répartition (en%) des répondants, par groupe d'âge, selon qu'ils soient détenteurs ou non d'une carte de crédit bancaire.

3. a) À partir des réponses à la question Q5, on a compté le nombre total de produits de crédit détenus par chacun des répondants.

N^bre de produits de crédit	0	1	2	3	4	5	6	7	Total
N^bre de répondants	108	97	104	65	58	34	19	15	500
Pourcentage (en %)	21,6	19,4	20,8	13,0	11,6	6,8	3,8	3,0	100

   i) Construire le graphique approprié pour représenter la distribution du nombre de produits de crédit, en utilisant les pourcentages, et analyser les données.
   ii) Calculer et interpréter la moyenne et l'écart type de la distribution. Représenter ces mesures sur le graphique construit en *i*.

iii) Donner et interpréter le 41e centile et le 5e décile.

b) Y a-t-il une différence entre les plus jeunes et les plus vieux en ce qui concerne le nombre de produits de crédit détenus par les répondants? Pour répondre à cette question, on a compilé, par groupe d'âge, les réponses à la question Q5. Comparer les distributions obtenues en calculant et en interprétant le mode, la médiane et la moyenne.

N^bre de produits de crédit	N^bre de répondants âgés...	
	de 18 à 24 ans	de 25 à 30 ans
0	82	26
1	69	28
2	57	50
3	32	33
4	11	44
5	8	26
6	3	16
7	3	12
Total	265	235

4. a) La question Q6 du sondage permettait d'évaluer l'état de la situation financière des répondants au cours des 12 derniers mois. Analyser le diagramme circulaire suivant qui montre les résultats obtenus.

Répartition des répondants selon l'état de la situation financière au cours des 12 derniers mois

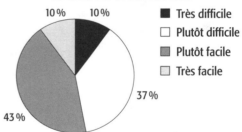

■ Très difficile
□ Plutôt difficile
▨ Plutôt facile
□ Très facile

10 % 10 % 43 % 37 %

b) Pour vérifier si l'état de la situation financière avait été le même pour les répondants qui avaient un emploi que pour ceux qui n'en avaient pas, on a construit le tableau suivant.

Titre : _____

Situation de travail	État de la situation financière				Total
	Très difficile	Plutôt difficile	Plutôt facile	Très facile	
Avec emploi	8 %	33 %	50 %	10 %	100 %
Sans emploi	17 %	46 %	28 %	9 %	100 %
Total	10 %	37 %	43 %	10 %	100 %

i) Quel titre conviendrait-il de donner au tableau ?

ii) Donner des statistiques qui permettraient d'appuyer l'affirmation suivante :

« L'état de la situation financière des répondants est influencé par leur situation de travail. »

iii) Considérant que 26 % des répondants étaient sans emploi, combien d'entre eux avaient une situation financière très difficile ?

5. a) La question Q5 du sondage a permis d'établir que 59 % des 500 répondants détiennent au moins une carte de crédit. La question Q7 demandait à ces derniers d'indiquer la fréquence de non-paiement du solde total de leurs cartes de crédit au cours des 12 derniers mois. Construire le graphique approprié pour représenter la distribution des réponses obtenues à la question Q7 et analyser les données.

Fréquence de non-paiement du solde total	Régulièrement	Quelquefois	Jamais	Total
Pourcentage des détenteurs d'une carte de crédit	48,5 %	21,0 %	30,5 %	100 %

b) Il arrive régulièrement à Karine de ne pas payer le solde total de sa carte de crédit. En fait, habituellement elle n'a pas les moyens de verser plus que le montant minimum requis par mois, soit 3 % du solde (minimum 10 $). Le tableau ci-dessous donne le coût en intérêts de ce choix pour des achats de 500 $ payés avec une carte de crédit bancaire (Visa, MasterCard, etc.) ou de magasin (Sears, La Baie, etc.).

Carte de crédit utilisée pour payer	Montant de la dette	Taux d'intérêt annuel[1]	Coût en intérêts	Montant total payé[2]
Carte bancaire	500 $	18,5 %	303,77 $	803,77 $
Carte de magasin	500 $	28,8 %	954,50 $	1454,50 $

1. Le taux est capitalisé quotidiennement.
2. Il faut 87 mois pour rembourser le 1er montant et 130 mois pour le 2e !
Source : *Les cartes de crédit : à vous de choisir*, Agence de la consommation en matière financière du Canada, décembre 2001.

i) Déterminer le montant minimum requis pour le premier versement mensuel sur un solde de 500 $.

ii) Compléter.

En payant avec une carte de crédit bancaire et en versant à chaque mois le minimum requis pour rembourser, des achats de 500 $ coûteront _____ fois plus, ce qui donne un taux d'augmentation de _____ %. En payant avec une carte de magasin, les achats coûteront près de _____ fois plus, et le taux d'augmentation de la dette sera de _____ %. Karine a-t-elle les moyens de payer un tel prix pour ses achats ?

6. Analysons maintenant les données recueillies à la question Q8 du sondage : « À ce jour, quel montant approximatif devez-vous sur vos cartes de crédit ? »

a) On dénombrait 295 détenteurs d'au moins une carte de crédit dans l'échantillon dont 94 étaient dans le groupe des 18 à 24 ans. En tout, 63 détenteurs ont affirmé ne rien devoir ; parmi ces derniers, 26 avaient entre 18 et 24 ans. Compléter le tableau.

Répartition des détenteurs d'au moins une carte de crédit selon le groupe d'âge et la présence d'une dette sur leurs cartes de crédit

	Présence d'une dette		
Âge	Oui	Non	Total
De 18 à 24 ans			
De 25 à 30 ans			
Total			

b) Quel pourcentage de détenteurs d'au moins une carte de crédit ont une dette à rembourser sur leurs cartes de crédit ? Ce pourcentage est-il le même pour chaque groupe d'âge ?

7. En retenant uniquement les répondants qui ont indiqué avoir une dette à payer sur leurs cartes de crédit, on a construit le tableau de distribution suivant.

Répartition des répondants ayant une dette sur leurs cartes de crédit selon le montant de la dette

Montant de la dette	Pourcentage
Moins de 500 $	26,3 %
[500 $; 1 000 $[	19,8 %
[1 000 $; 1 500 $[	11,6 %
[1 500 $; 2 000 $[	9,1 %
[2 000 $; 2 500 $[	11,2 %
[2 500 $; 3 000 $[	10,8 %
3 000 $ et plus	11,2 %
Total	100 %

a) Construire l'histogramme et le polygone de fréquences sur un même système d'axes.

b) Calculer et interpréter la moyenne et l'écart type.

c) Calculer et interpréter la médiane.

d) Calculer et interpréter le premier quintile.

e) Calculer et interpréter la dette moyenne pour l'ensemble des détenteurs d'au moins une carte de crédit. (Servez-vous de la notion de moyenne pondérée et de l'information contenue dans le tableau construit à la question 6.)

8. Afin de comparer la dette des cartes de crédit des plus jeunes répondants avec celle des plus vieux, on a construit les deux polygones de fréquences suivants à partir des données recueillies aux questions Q3 et Q8 du sondage.

Répartition des répondants ayant une dette sur leurs cartes de crédit, par groupe d'âge, selon le montant de la dette

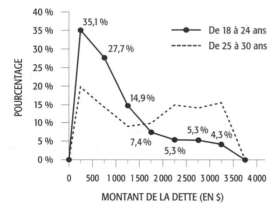

a) Comparer les deux polygones de fréquences en faisant ressortir quelques faits saillants.

b) La moyenne et l'écart type de la distribution du montant de la dette des 25–30 ans sont 1 713 $ et 1 080 $ respectivement. Trouve-t-on les mêmes valeurs chez les 18–24 ans ? Comparer les deux groupes en interprétant ces deux mesures.

c) Dans quel groupe d'âge la distribution du montant de la dette est-elle la plus homogène ? Justifier.

d) Marie-Josée, 21 ans, a une dette de 2 700 $ sur sa carte de crédit. Celle d'Olivier, 27 ans, s'élève à 3 300 $. Statistiquement, lequel des deux répondants est le plus endetté par rapport au groupe d'âge auquel il appartient ? Justifier votre réponse par une mesure mathématique.

Partie B

Nous nous intéresserons maintenant au phénomène du crédit des ménages. Plus particulièrement, nous mettrons en parallèle la situation financière des jeunes ménages en examinant leur avoir et leurs dettes en fonction de l'âge du chef de ménage. Nous comparerons aussi l'endettement des ménages de 1999 à celui de 1984.

Les statistiques du tableau ci-dessous sont extraites d'une étude de Statistique Canada portant sur l'avoir et les dettes des ménages canadiens.

Définition des concepts

Ménage : désigne une famille de deux personnes ou plus aussi bien qu'une personne seule.

Chef de ménage : personne qui subvient habituellement aux besoins du ménage ; elle a généralement (mais pas nécessairement) les revenus les plus élevés.

Valeur nette : montant qu'un ménage encaisserait après avoir vendu tout son avoir et réglé toutes ses dettes.
Valeur nette = avoir – dettes

Avoir : résidence, véhicule, meubles, REER, placements, etc.

Dettes : hypothèque, solde de cartes de crédit, prêt étudiant, prêt automobile, etc.

Ratio dettes/avoir : totalité des dettes divisée par l'avoir total.

Situation financière des ménages selon l'âge du chef de ménage, Canada, 1999

Âge du chef de ménage	Valeur nette médiane		Indice 1999 (1984 =100)	Ratio 1999 dette/avoir
	1984[1]	1999		
Moins de 25 ans	3 100 $	200 $		0,35
De 25 à 34 ans	23 400 $	15 100 $		0,40
De 35 à 44 ans	73 500 $	60 000 $		0,23
De 45 à 54 ans	124 000 $	115 200 $		0,16
De 55 à 64 ans	129 100 $	154 100 $		0,08
65 ans et plus	80 800 $	126 000 $		0,03

1. En dollars constants de 1999.
Source : *Les avoirs et les dettes des Canadiens. Un aperçu des résultats de l'Enquête sur la sécurité financière*, Statistique Canada, 2001.

1. Interpréter la valeur nette médiane de 1999 des ménages dont le chef a moins de 25 ans.

2. L'affirmation suivante est-elle vraie ? Justifier.

   « En 1999, la valeur nette médiane augmente avec l'âge du chef de ménage. »

3. Tous âges du chef de ménage confondus, l'étude mentionnait que la valeur nette moyenne était de 199 664 $ pour l'ensemble des ménages canadiens en 1999 alors que la valeur nette médiane était de 81 000 $. Comment peut-on expliquer la différence entre ces deux nombres ? Laquelle de ces deux mesures est-il préférable d'utiliser pour mesurer la valeur nette des ménages ?

4. a) Compléter le tableau en calculant les indices pour 1999. La période de base est 1984.

   b) Interpréter l'indice de la valeur nette médiane pour les ménages dont le chef a moins de 25 ans.

   c) L'affirmation suivante est-elle vraie ? Justifier.

   « Peu importe l'âge du chef de ménage, on observe un appauvrissement des ménages en 1999 par rapport à 1984. »

5. a) Interpréter le ratio dettes/avoir pour les ménages dont le chef a entre 25 et 34 ans.

   b) Calculer et interpréter le ratio entier pour les ménages dont le chef a entre 45 et 54 ans.

   c) Vrai ou faux ? L'endettement des ménages baisse avec l'augmentation de l'âge du chef de ménage. Justifier.

   d) Analyser les données du graphique suivant :

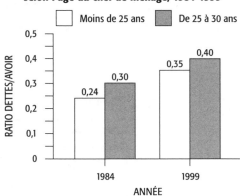

Évolution du ratio dettes/avoir selon l'âge du chef de ménage, 1984-1999

Partie C

On ne peut aborder le phénomène du crédit sans tenir compte du contexte économique. La présente partie sera consacrée à l'étude de deux indicateurs économiques : l'indice des prix à la consommation (IPC) et la situation de travail. Les statistiques présentées permettront d'étudier le coût de la vie pour les ménages dont le chef a moins de 30 ans, ainsi que la situation de travail des jeunes au Québec en 1999.

1. Après avoir complété le tableau, calculer et interpréter l'indice des prix à la consommation (IPC) pour un ménage québécois dont le chef est âgé de moins de 30 ans en 1999.

Composantes principales de l'IPC	Indice synthétique (1992 = 100)	Ménage dont le chef a moins de 30 ans	
		Consommation moyenne en 1999	Pondération
Aliments	120,0	5 284 $	18,6 %
Logement	113,0	6 790 $	
Dépenses et équipement du ménage	112,9	3 088 $	10,9 %
Habillement et chaussures	102,3	1 841 $	6,5 %
Transports	126,9	4 971 $	17,5 %
Santé et soins personnels	114,3	1 148 $	4,0 %
Loisirs, formation et lecture	122,3	3 200 $	
Boissons alcoolisées et produits du tabac	112,2	2 055 $	7,2 %
Total	IPC =	28 377 $	100 %

Source : *Consommation moyenne des ménages*, Statistique Canada, 1999.

2. Compléter le tableau afin de refléter la situation de travail des jeunes Québécois âgés de moins de 30 ans en 1999.

Situation du travail, Québec, 1999	Personnes âgées de ...	
	15 à 24 ans	25 à 29 ans
Personnes occupées (en milliers)	490,1	364,9
Chômeurs (en milliers)	91,8	33,0
Personnes inactives (en milliers)	392,2	73,0
Population totale (en milliers)		
Population active (en milliers)		
Taux de chômage (en %)		
Taux d'activité (en %)		

Source : Statistique Canada.

Partie

2

Inférence
statistique

La loi normale

OBJECTIF

Utiliser la loi normale comme modèle
mathématique d'une distribution.

La loi normale est la loi la plus importante en statistique.
Sa maîtrise est essentielle pour une bonne compréhension
des notions d'inférence statistique présentées
dans les chapitres suivants.

5.1   Le modèle normal

MISE EN SITUATION

Afin d'établir une courbe de croissance des enfants québécois, des chercheurs ont suivi le développement de 500 garçons et de 500 filles de leur naissance jusqu'à l'âge de 12 ans. Avec les données recueillies, on a pu construire la distribution de la taille et du poids des enfants à divers âges. Voici la distribution de la taille des 500 garçons à l'âge de 3 ans ainsi que la représentation graphique de cette distribution.

Répartition des garçons selon leur taille à l'âge de 3 ans

Taille à 3 ans	Nombre de garçons	Pourcentage
Moins de 90 cm	22	4,4 %
[90 cm ; 92 cm[	47	9,4 %
[92 cm ; 94 cm[	84	16,8 %
[94 cm ; 96 cm[	113	22,6 %
[96 cm ; 98 cm[	109	21,8 %
[98 cm ; 100 cm[	75	15,0 %
[100 cm ; 102 cm[	35	7,0 %
102 cm et plus	15	3,0 %
Total	500	100 %

Répartition des garçons selon leur taille à l'âge de 3 ans

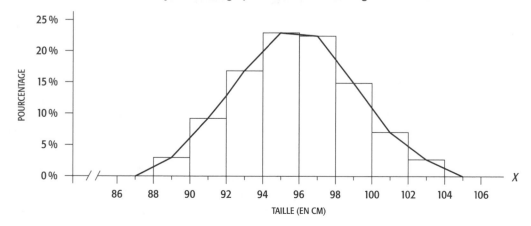

Comme le polygone de fréquences a la forme d'une cloche, la loi normale pourra être utilisée comme modèle mathématique de la distribution. Cela signifie que nous pourrons, à l'aide de la loi normale, trouver des pourcentages qui n'apparaissent pas dans le tableau ci-dessus, comme le pourcentage de garçons qui ont une taille entre 95 cm et 97,5 cm à l'âge de 3 ans.

La courbe normale

Chaque fois que l'on prend des mesures analogues sur des sujets semblables (le poids d'enfants de même âge, le volume précis de lait dans des contenants de un litre, etc.), on obtient une distribution ayant la forme d'une cloche. On donne le nom de **courbe normale** ou de **courbe de Gauss**[1] à ce type de courbe où l'on observe un pourcentage élevé de données autour de la moyenne et de plus en plus faible à mesure que l'on s'en éloigne de part et d'autre.

Pour désigner une courbe normale, on utilise la notation $N(\mu\,;\,\sigma^2)$, où μ représente la moyenne et σ l'écart type de la distribution.

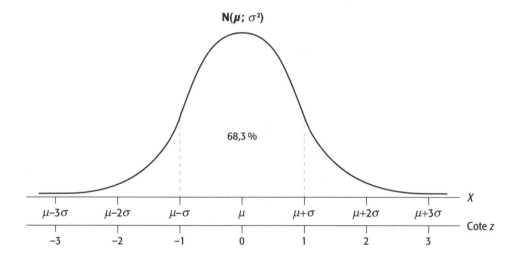

Bien qu'il existe un très grand nombre de courbes normales, elles ont toutes en commun les caractéristiques suivantes :

1. La forme de la courbe est celle d'une cloche parfaitement symétrique par rapport à la moyenne : le mode, la médiane et la moyenne ont la même valeur. Théoriquement, la courbe s'étend indéfiniment de chaque côté de la moyenne.

2. L'aire totale comprise entre la courbe et l'axe des x est égale à 1.

3. La surface entre la courbe et l'axe des x est répartie de la façon suivante :

   – 68,3 % de la surface totale est comprise entre la moyenne moins un écart type et la moyenne plus un écart type, soit dans l'intervalle $[\mu - \sigma\,;\,\mu + \sigma]$. Les données dans cette zone ont une cote z comprise entre –1 et 1 ;

   – 99,7 % de la surface sous la courbe est comprise entre la moyenne moins trois écarts types et la moyenne plus trois écarts types, soit dans l'intervalle $[\mu - 3\sigma\,;\,\mu + 3\sigma]$. Dans une distribution normale, presque toutes les données ont une cote z comprise entre –3 et 3.

---

1. Du nom du mathématicien Carl Friedrich Gauss (1777-1855), qui publia cette distribution en 1809.

EXEMPLE 1

La courbe normale N(50 ; 100) représentée a les caractéristiques suivantes :

– Sa moyenne $\mu = 50$ et son écart type $\sigma = 10$.

– 68,3 % de sa surface est comprise entre 40 et 60 :

$\mu - \sigma = 50 - 10 = 40$

$\mu + \sigma = 50 + 10 = 60$

Dans cette zone, les cotes z sont comprises entre –1 et 1.

– 99,7 % de sa surface est comprise entre 20 et 80 :

$\mu - 3\sigma = 50 - 3 \times 10 = 20$

$\mu + 3\sigma = 50 + 3 \times 10 = 80$

Dans cette zone, les cotes z sont comprises entre –3 et 3.

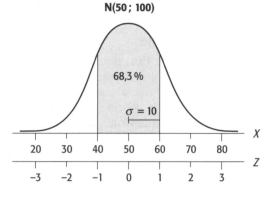

EXEMPLE 2

Donner les caractéristiques de la courbe normale N(50 ; 64).

Solution

– Sa moyenne $\mu =$ _____ et son écart type $\sigma =$ _____.

– 68,3 % de sa surface est comprise entre :

_____ et _____ .

Dans cette zone, les cotes z sont comprises entre :

_____ et _____ .

– 99,7 % de sa surface est comprise entre :

_____ et _____ .

Dans cette zone, les cotes z sont comprises entre :

_____ et _____ .

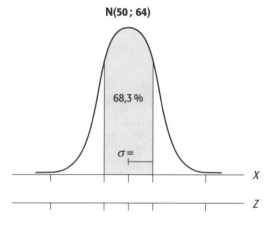

Approximation d'une distribution par une loi normale

À l'aide du contexte de la mise en situation, nous allons maintenant apprendre comment utiliser la loi normale comme modèle mathématique d'une distribution.

MISE EN SITUATION (SUITE)

Quelle moyenne et quel écart type doit avoir la loi normale qui donnerait la meilleure approximation possible du polygone de fréquences de la distribution de la taille des garçons à l'âge de 3 ans ?

Le plus logique serait d'utiliser la moyenne et l'écart type calculés à partir du tableau de distribution, soit $\mu = 95,7$ cm et $\sigma = 3,3$ cm ; on choisira donc la loi normale N(95,7 ; $3,3^2$).

Répartition des garçons selon leur taille à l'âge de 3 ans

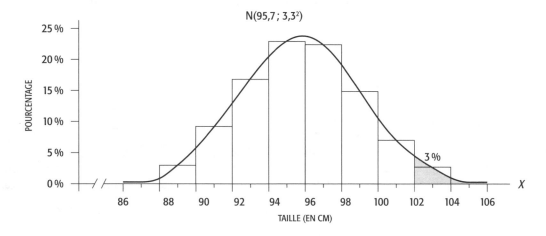

Selon le tableau de distribution, on compte seulement 3 % des garçons qui mesurent 102 cm et plus à l'âge de 3 ans. Nous allons voir comment on peut estimer ce pourcentage avec la loi normale.

Rappelons que le principe de proportionnalité entre les surfaces des rectangles d'un histogramme et les fréquences relatives des classes permet d'obtenir le pourcentage de données dans une classe en effectuant le rapport de surfaces suivant :

$$\text{Pourcentage de données dans une classe} = \frac{\text{aire du rectangle de la classe}}{\text{aire totale de l'histogramme}} \times 100$$

Appliquons cette définition pour calculer le pourcentage de garçons qui mesurent 102 cm et plus. Nous noterons P($X \geq 102$ cm) le pourcentage cherché.

$$P(X \geq 102 \text{ cm}) = \frac{\text{aire du rectangle de la classe } [102\,;\,104[}{\text{aire totale de l'histogramme}} \times 100$$

$$\approx \frac{\text{aire sous la courbe normale pour } X \geq 102 \text{ cm}}{\text{aire totale sous la courbe normale}} \times 100$$

$$\approx \frac{\text{aire sous la courbe normale pour } X \geq 102 \text{ cm}}{1} \times 100$$

$$\approx \text{aire sous la courbe normale pour } X \geq 102 \text{ cm} \times 100$$

Comment trouver l'aire sous la courbe normale pour $X \geq 102$ cm ?

Pour trouver cette aire, nous nous servirons de la table de la loi normale N(0 ; 1) de moyenne 0 et d'écart type 1, que l'on appelle **loi normale centrée réduite**. On désigne la variable de cette loi normale par la lettre Z (pour cote z) et ses valeurs par z.

La table de N(0 ; 1), en annexe (p. 273), donne l'aire sous la courbe normale située à la droite d'une valeur z et, par conséquent, le pourcentage de données ayant une cote z plus grande que cette valeur de z.

On utilisera la *notation symbolique* P($Z > z$) pour désigner ce pourcentage.

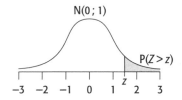

Pour estimer le pourcentage de garçons qui mesurent 102 cm et plus avec la loi normale, il faut chercher dans la table N(0 ; 1) l'aire sous la courbe se situant à la droite de la cote z de 102 cm :

$$P(X \geq 102 \text{ cm}) = P(Z \geq \text{cote } z \text{ de } 102)$$

$$= P\left(Z \geq \frac{102 - 95,7}{3,3}\right)$$

$$= P(Z \geq 1,91)$$

Pour trouver l'aire associée à l'intervalle $z \geq 1,91$, on repère, dans la 1re colonne, l'entier et la 1re décimale de la cote z (1,9) et, sur la 1re ligne, la 2e décimale (0,01) ; l'aire cherchée est à l'intersection de cette ligne et de cette colonne. On remarquera que la plus petite valeur possible pour z dans la table est 0.

Table N(0 ; 1)

z	0	**0,01**	0,02
1,7	0,0446	0,0436	0,0427
1,8	0,0359	0,0351	0,0344
1,9	0,0287	**0,0281**	0,0274
2,0	0,0228	0,0222	0,0217

Donc, $P(X \geq 102 \text{ cm}) = P(Z \geq 1,91) = 0,0281 \approx 2,8\%$

Il est à noter que l'écart avec le pourcentage de 3 % donné dans le tableau de distribution n'est que de 0,2 %.

> **NOTE** Étant donné que la taille est une variable quantitative continue et qu'il serait par conséquent impossible de trouver un garçon qui mesure exactement 102,00000 cm, on obtiendra la même aire sous la courbe normale pour $X \geq 102$ cm que pour $X > 102$ cm. D'où $P(X \geq 102 \text{ cm}) = P(X > 102 \text{ cm}) = 2,8\%$.

5.2 La loi normale centrée réduite N(0 ; 1)

La mise en situation nous a donné un aperçu de l'utilité de la loi N(0 ; 1) pour estimer le pourcentage de données d'une distribution normale plus grandes qu'une certaine valeur. Mais comment faudrait-il procéder pour estimer le pourcentage de données entre deux valeurs, par exemple le pourcentage de garçons qui mesurent entre 98 et 100 cm, avec une table qui ne donne que la surface à droite d'une cote z ?

La présente section est consacrée au développement de stratégies qui permettront de trouver l'aire de n'importe quelle surface sous la courbe N(0 ; 1), et même de trouver une cote z associée à une aire donnée.

5.2.1 Recherche d'une aire

La recherche d'une aire sous la courbe N(0 ; 1) associée à des cotes z sera grandement facilitée si l'on prend l'habitude de se poser la question suivante :

> « Quelle aire peut facilement être trouvée
> dans la table à partir des cotes z données ? »

EXEMPLES

a) Quel pourcentage de données d'une distribution normale ont une cote *z* supérieure à 1,25 ?

Solution

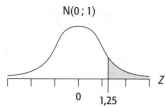

Écriture symbolique

$P(Z > 1,25) =$

b) Quel pourcentage de données d'une distribution normale ont une cote *z* inférieure à −1,25 ?

Solution

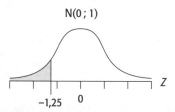

Écriture symbolique

$P(Z < -1,25) =$

c) Quel pourcentage de données d'une distribution normale ont une cote *z* comprise entre 1 et −1 ?

Solution

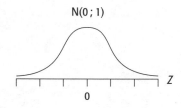

Écriture symbolique

$P(-1 < Z < 1) =$

d) Quel pourcentage de données d'une distribution normale ont une cote *z* comprise entre 0 et 1,25 ?

Solution

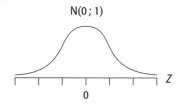

Écriture symbolique

$P(0 < Z < 1,25) =$

e) Quel pourcentage de données d'une distribution normale ont une cote *z* comprise entre 1 et 2 ?

Solution

Exercices éclair

1. Associer les écritures symboliques suivantes à une des représentations graphiques.

   a) P(Z < 1) _____   b) −2 < Z < −1 _____   c) Z = −1 _____

   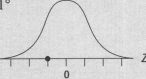 1°   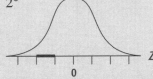 2°   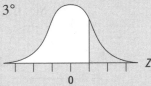 3°

2. Représenter les intervalles suivants sur l'axe des Z de la N(0 ; 1) :

   a) Z < 1,5   b) Z > −1,5   c) −1 < Z < 1

   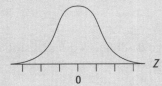   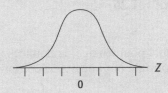

3. Représenter graphiquement les surfaces dont l'aire correspond aux pourcentages suivants, sachant que $a > 0$:

   a) P(Z > a)   b) P(Z > −a)   c) P(Z < −a)

   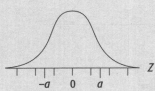   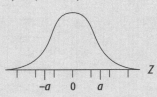   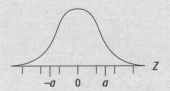

4. Utiliser l'information du graphique pour déterminer :

   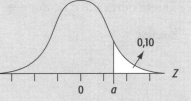

   a) Le pourcentage de données d'une distribution normale ayant une cote z plus petite que a :

   P(Z < a) = _____

   b) Le pourcentage de données d'une distribution normale ayant une cote z plus petite que $−a$:

   P(Z < −a) = _____

   c) Le pourcentage de données d'une distribution normale ayant une cote z entre $−a$ et a :

   P(−a < Z < a) = _____

5. Trouver l'aire de la partie blanche et donner, en écriture symbolique, le pourcentage de données ayant une cote z dans cette partie.

   a) 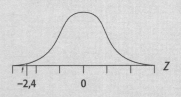   b)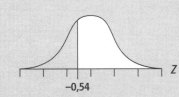

6. Trouver les pourcentages demandés et donner l'écriture symbolique correspondante.

a) Le pourcentage de données d'une distribution normale dont la cote z est comprise entre −1,96 et 1,96.

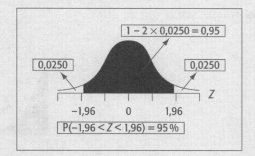

b) Le pourcentage de données d'une distribution normale dont la cote z est comprise entre 1 et 1,5.

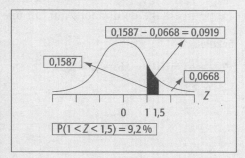

5.2.2 Exercices

1. Trouver l'aire de la partie blanche.

a)

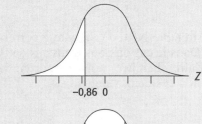

b)

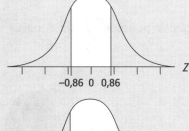

c)

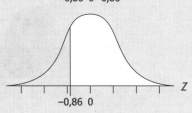

2. Soit P(Z > 0,44) = 33 %. Situer sur le graphique de la N(0 ; 1) chacun des éléments suivants :

a) $Z > 0,44$ b) $0,44$ c) $33\,\%$

3. Calculer le pourcentage de données d'une distribution normale ayant une cote z comprise entre :

a) 0 et 1,35   b) −3 et 3   c) 0,25 et 2,12

4. Calculer les pourcentages suivants :

a) P(Z < 1,23)

b) P(−1,23 < Z < 0)

c) P(1,23 < Z < 2,23)

d) P(Z > 2)

e) P(Z < −2)

f) P(−2 < Z < 2)

5.2.3 **Recherche d'une cote z**

> EXEMPLE

Pour une distribution normale, trouver a tel que :

a) Le pourcentage de données qui ont une cote z plus grande que a soit de 20 %.

Solution

$P(Z > a) = 20$ %, alors $a = ?$

$\boxed{a = 0,84}$

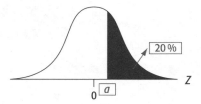

b) Le pourcentage de données qui ont une cote z plus grande que a soit de 95 %.

Solution

$P(Z > a) = 95$ %, alors $a = ?$

Surface		Cote z
0,0505	→	1,64
0,0500	→	1,645
0,0495	→	1,65

$\boxed{a = -1,645}$

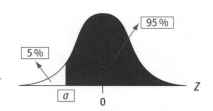

REMARQUE   Nous conviendrons de prendre, dans la table N(0 ; 1), la cote z correspondant à la valeur la plus près de l'aire cherchée. Dans le cas où nous trouvons deux valeurs qui sont aussi près l'une que l'autre de l'aire cherchée, nous prendrons la valeur se situant au centre des cotes z correspondant à ces deux valeurs.

> EXEMPLE

Pour une distribution normale, trouver une valeur a telle que le pourcentage de données qui ont une cote z comprise entre $-a$ et a soit de 95 %.

Solution

$P(-a < Z < a) = 95$ %, alors $a = ?$

$\boxed{a = 1,96}$

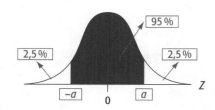

Exercice éclair

Pour une distribution normale, trouver *a* tel que :

a) Le pourcentage de données qui ont une cote *z* plus grande que *a* soit de 0,5 %.

Si $P(Z > a) = 0,5 \%$,
alors $a = ?$

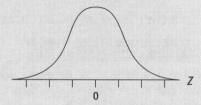

b) Le pourcentage de données qui ont une cote *z* plus grande que *a* soit de 67 %.

Si $P(Z > a) = 67 \%$,
alors $a = ?$

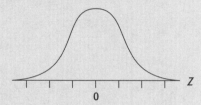

c) Le pourcentage de données ayant une cote *z* comprise entre –*a* et *a* soit de 80 %.

Si $P(-a < Z < a) = 80 \%$,
alors $a = ?$

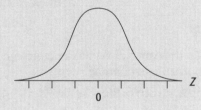

5.2.4   Exercices

1. Pour une distribution normale, trouver la valeur de *a* telle que :
   a) $P(Z > a) = 1 \%$
   b) $P(-a < Z < a) = 70 \%$
   c) $P(-a < Z < a) = 99 \%$

2. Chercher la partie manquante et indiquer si elle correspond à la surface ou à la borne d'un intervalle sur l'axe *z* de la N(0 ; 1).
   a) $P(Z < ?) = 10 \%$
   b) $P(1,3 < Z < 1,9) = ?$
   c) $P(Z > ?) = 10 \%$

5.3 La loi normale de moyenne μ et d'écart type σ

Maintenant que nous avons développé des habiletés à travailler avec la loi normale centrée réduite, poursuivons l'étude de la loi normale en tant que modèle mathématique d'une distribution.

5.3.1 Recherche d'un pourcentage

MISE EN SITUATION (SUITE)

Revenons à la mise en situation du début du chapitre. Le tableau de distribution indique que 15 % des garçons mesurent entre 98 et 100 cm à l'âge de 3 ans. Essayons d'estimer ce pourcentage à l'aide de la loi normale N(95,7 ; 3,3²).

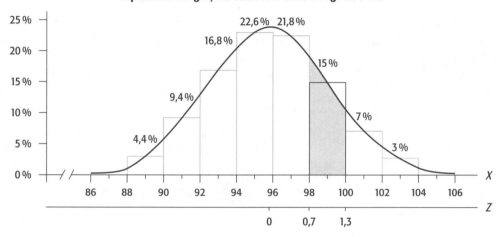

Répartition des garçons selon leur taille à l'âge de 3 ans

En déterminant l'aire sous la courbe normale, entre 98 et 100 cm, nous allons obtenir une estimation du pourcentage cherché.

$P(98 < X < 100) \approx P(\text{cote } z \text{ de } 98 < Z < \text{cote } z \text{ de } 100)$

$$= P\left(z_{98} < Z < z_{100}\right)$$

$$= P\left(\frac{98 - 95,7}{3,3} < Z < \frac{100 - 95,7}{3,3}\right)$$

$$= P\left(0,7 < Z < 1,3\right)$$

$$= 0,2420 - 0,0968 = 0,1452$$

$$= 14,5\%$$

L'écart n'est que de 0,5 % par rapport à la valeur de 15 % donnée dans le tableau de distribution.

EXEMPLE

Estimer, avec la loi normale, le pourcentage de garçons qui mesurent moins de 94 cm à l'âge de 3 ans et comparer ce résultat avec le pourcentage du tableau de distribution.

Solution

5.3.2 **Recherche d'une valeur**

MISE EN SITUATION (SUITE)

Samuel est un petit garçon de 3 ans particulièrement grand pour son âge. En fait, selon les statistiques, il y a seulement 10 % des garçons qui sont plus grands que lui à cet âge. Sachant que la distribution de la taille d'un garçon de 3 ans suit une loi normale de moyenne 95,7 cm et d'écart type 3,3 cm, trouver la taille de Samuel.

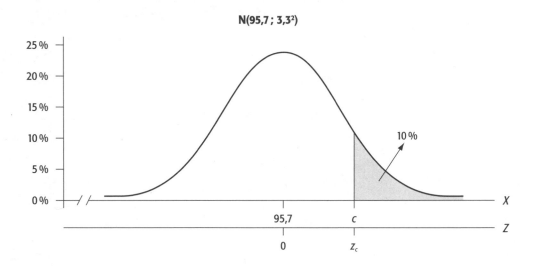

Il s'agit de trouver une valeur c telle que 10 % des garçons aient une taille plus grande que c ; par conséquent, la cote z de la taille de ces garçons sera plus grande que la cote z de c.

On cherche c tel que $P(X > c) = 10\% \Leftrightarrow$ On cherche z_c tel que $P(Z > z_c) = 10\%$

$$\Rightarrow z_c = 1,28 \text{ selon la table } N(0 ; 1)$$

D'où c se situe à 1,28 écart type de la moyenne :

$$c = \text{moyenne} + 1,28 \times \text{écart type}$$
$$c = 95,7 + 1,28 \times 3,3$$
$$c = 99,9 \text{ cm}$$

Selon le modèle normal, on peut estimer que Samuel mesure près de 100 cm.

Il est à noter que le tableau de distribution indique qu'il y a effectivement 10 % (7 % + 3 %) des garçons qui ont une taille de 100 cm et plus à l'âge de 3 ans.

EXEMPLE 1

Samuel a un petit ami du même âge, qui s'appelle Étienne. Trouver la taille d'Étienne sachant que 60 % des garçons de son âge sont plus grands que lui.

Solution

EXEMPLE 2

Une entreprise fabrique des tiges métalliques pour un client qui les utilise comme rayons dans le montage de roues de bicyclette. Lorsque la machine qui coupe les tiges est bien réglée, la distribution de la longueur des tiges suit un modèle normal dont la moyenne est de 30 cm et l'écart type est égal à la précision de coupe de la machine, soit 0,1 cm.

a) Le contrat signé avec le client stipule que les tiges doivent avoir une longueur moyenne de 30 cm et qu'aucune tige ne doit s'éloigner de plus de 0,20 cm de cette moyenne, dans un sens ou dans l'autre. Si l'on respecte cette clause du contrat, quel pourcentage des tiges produites par l'entreprise pourront être vendues au client?

Solution

Posons d'abord E = 0,20 cm, l'écart toléré par le client par rapport à la moyenne de 30 cm.

Il faut ensuite trouver quel pourcentage des tiges produites ont une longueur comprise entre 30 – E et 30 + E cm.

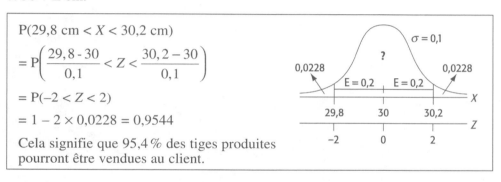

$P(29,8 \text{ cm} < X < 30,2 \text{ cm})$

$= P\left(\dfrac{29,8 - 30}{0,1} < Z < \dfrac{30,2 - 30}{0,1}\right)$

$= P(-2 < Z < 2)$

$= 1 - 2 \times 0,0228 = 0,9544$

Cela signifie que 95,4 % des tiges produites pourront être vendues au client.

b) Quel pourcentage des tiges produites ne pourront être vendues au client?

$100\% - 95,4\% = 4,6\%$

c) L'entreprise aimerait bien diminuer le pourcentage de pertes. Pour ce faire, deux solutions s'offrent à elle : améliorer la précision de coupe afin de diminuer l'écart type ou demander au client s'il accepterait d'augmenter légèrement l'écart toléré. On retient la seconde solution, car la première nécessiterait l'achat d'une nouvelle machine pour couper les tiges, ce qui est jugé trop coûteux. Quelle devrait être la tolérance du client pour que l'entreprise puisse lui vendre 99 % de sa production ?

Solution

Exercice éclair

Dans une certaine université, la distribution des résultats au test d'admission en médecine suit une loi normale de moyenne $\mu = 79,6\%$ et d'écart type $\sigma = 7,8\%$.

a) Francine a obtenu une note de 90 % à ce test ; quel pourcentage d'étudiants ont obtenu une note supérieure à la sienne ?

b) Si le nombre d'admissions est contingenté et qu'il y a de la place pour seulement 33 % des étudiants qui ont réussi le test, les étudiants qui seront acceptés auront une note supérieure à quelle valeur ?

5.4   Exercices

1. Voici la distribution du poids des nouveau-nés en 1998 au Québec.

Répartition des naissances selon le poids, Québec, 1998

Poids (en grammes)	Nombre de naissances
Moins de 2 000	1 573
[2 000 ; 2 500[	3 017
[2 500 ; 3 000[	11 906
[3 000 ; 3 500[	28 233
[3 500 ; 4 000[	23 027
[4 000 ; 4 500[	6 742
4 500 et plus	1 130
Total	75 628

Source : Institut de la statistique du Québec.

Répartition des naissances selon le poids, Québec, 1998

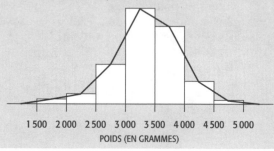

POIDS (EN GRAMMES)

a) Quelle loi normale peut être appliquée comme modèle mathématique pour cette distribution ?

b) On classe dans la catégorie « Insuffisance de poids à la naissance » tous les nouveau-nés qui pèsent moins de 2 500 g. Déterminer le pourcentage de nouveau-nés qui se trouvent dans cette catégorie en 1998 :
   i) à partir des données du tableau de distribution ;
   ii) en estimant ce pourcentage avec la loi normale.

c) Estimer avec le modèle normal le pourcentage de nouveau-nés qui pèsent entre 2 500 g et 4 000 g, et comparer ce résultat avec le pourcentage donné par le tableau de distribution.

2. À l'aide de l'information fournie, trouver les valeurs demandées pour chacune des courbes.

a)

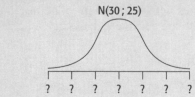

N(30 ; 25)

? ? ? ? ? ? ?

b)   N(? ; ?)

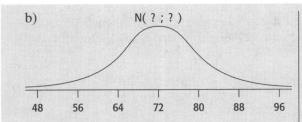

3. a) On vous demande d'utiliser vos connaissances en statistique pour déterminer l'âge de Nicole, infirmière à l'Hôtel-Dieu de Québec. Voici des renseignements qui devraient vous aider :

    1. L'âge moyen du personnel infirmier de l'hôpital est de 42 ans et l'écart type de 7 ans.

    2. La distribution de l'âge suit un modèle normal.

    3. Seulement 20 % du personnel infirmier est plus âgé que Nicole.

   b) Quel pourcentage du personnel infirmier a entre 39 ans et 56 ans ?

   c) D'après le modèle normal, l'âge de presque tout le personnel infirmier serait compris entre quelles valeurs ?

4. On a établi que la distribution du quotient intellectuel (QI) suit un modèle normal dont la moyenne est 100 et l'écart type 16.

   a) Quel pourcentage de la population a un QI compris entre 92 et 108 ?

   b) On dit qu'une personne est déficiente mentale si son QI est inférieur à 70. À combien pourrait-on estimer le pourcentage de personnes déficientes mentales dans la population ?

   c) Claude affirme qu'il y a 80 % de la population qui a un QI inférieur au sien ; quelle est la valeur de son QI ?

   d) MENSA est une association dont les membres sont considérés comme supérieurement intelligents. Pour y être accepté, il faut un QI de 150 et plus. Pour 1 000 personnes dans la population, combien pourraient être acceptées dans cette association ?

5. Le poids des 634 étudiants inscrits au cours de conditionnement physique d'un collège suit une distribution normale de moyenne de 66 kg et d'écart type de 5 kg.

   a) Combien d'étudiants environ auront un poids inférieur à 52 kg ?

   b) Le poids de 75 % des étudiants du groupe est inférieur à quelle valeur ?

6. La durée de vie des piles produites par un fabricant se distribue selon un modèle normal avec une durée moyenne de 110 heures et un écart type de 10 heures.

   a) Quelle proportion des piles produites auront une durée de plus de 125 heures ?

   b) Quelle proportion des piles produites auront une durée comprise entre 95 et 125 heures ?

   c) La garantie accompagnant ces piles stipule que, si la pile achetée dure moins de a heures, le fabricant s'engage à la remplacer. Quelle doit être la valeur de a si le fabricant ne veut pas remplacer plus de 5 % des piles vendues ?

7. La timidité d'une personne peut être évaluée grâce à l'échelle de Leary (voir page suivante). Les différents degrés de timidité ont été établis à partir des résultats d'un échantillon de 1 199 adultes dont l'âge moyen était de 20 ans. La distribution des points obtenus par les répondants suit un modèle normal dont la moyenne est de 39,1 points et l'écart type de 10,6 points. Plus une personne est timide, plus le total de ses points est élevé.

   a) Les 15 % de gens les plus timides ont un résultat supérieur à quelle valeur au test de Leary ?

   b) Êtes-vous plus timide ou moins timide que la moyenne des gens ? Pour en avoir une idée, passez le test qui suit et déterminez le pourcentage des gens qui sont plus timides que vous. (Allez, ne soyez pas gênés de faire ce problème !)

Échelle de Leary évaluant l'anxiété d'interaction (timidité)

Consigne : Pour chaque affirmation, le répondant est invité à encercler le chiffre qui correspond le mieux au degré selon lequel l'énoncé est vrai pour lui.

    1 = ne s'applique pas à moi
    2 = un peu
    3 = moyennement
    4 = beaucoup
    5 = s'applique tout à fait à moi   −   +

1. Je me sens souvent nerveux même dans les rencontres informelles.   1 2 3 4 5
2. Lorsque je suis dans un groupe de personnes que je ne connais pas, je me sens habituellement inconfortable.   1 2 3 4 5
3. Je suis généralement à l'aise lorsque je parle à une personne du sexe opposé.   1 2 3 4 5 *
4. Je deviens nerveux si je dois parler à un professeur ou à un patron.   1 2 3 4 5
5. Les «partys» me rendent souvent anxieux et inconfortable.   1 2 3 4 5
6. Je suis probablement moins timide que la plupart des gens dans les interactions sociales.   1 2 3 4 5 *
7. Je me sens parfois tendu si je parle à une personne du même sexe que moi et que je ne la connais pas bien.   1 2 3 4 5
8. Je serais nerveux si je passais une entrevue pour un emploi.   1 2 3 4 5
9. J'aimerais être plus confiant en moi dans les situations sociales.   1 2 3 4 5
10. Il est rare que je me sente anxieux dans les situations sociales.   1 2 3 4 5 *
11. En général, je suis une personne timide.   1 2 3 4 5
12. Je me sens souvent nerveux lorsque je parle à une personne du sexe opposé qui a belle apparence.   1 2 3 4 5
13. Je me sens souvent nerveux lorsque j'ai à téléphoner à une personne que je ne connais pas bien.   1 2 3 4 5
14. Je deviens nerveux si je dois parler à une personne en situation d'autorité.   1 2 3 4 5
15. Je me sens habituellement détendu avec les autres, même si ce sont des gens très différents de moi.   1 2 3 4 5 *

* *La cote de cette affirmation doit être inversée avant l'addition des points (1 vaut 5, 2 vaut 4, etc.).*

Total _____

Source : J. Vermette et R. Cloutier, *La parole en public*, Sainte-Foy, PUL, 1992, p. 70 à 73.

Exercices récapitulatifs

1. Voici la distribution de l'âge des femmes qui ont donné naissance à un enfant au Québec en 2000.

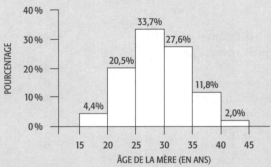

Répartition des naissances selon l'âge de la mère, Québec, 2000

Note : La classe [15 ans ; 20 ans[inclut les mères de moins de 15 ans.

Source : Institut de la statistique du Québec.

a) Quelle loi statistique peut être utilisée comme modèle mathématique de cette distribution ?

b) Avec la loi normale, estimer le pourcentage de nouveau-nés dont la mère a un âge se situant entre 30 et 38 ans.

c) Selon le modèle normal, dans 20 % des naissances, la mère avait plus de quel âge en l'an 2000 ?

2. Résoudre les problèmes suivants, après avoir représenté graphiquement la situation. Pour une $N(0 ; 1)$:

a) Calculer $P(-1,11 < Z < 0,11)$.

b) Calculer $P(0,75 < Z < 2,38)$.

c) Trouver la valeur de a telle que $P(Z < a) = 0,0838$.

3. Supposons que les salaires des 1 000 employés d'une usine sont distribués normalement avec une moyenne de 585 $ par semaine et un écart type de 50 $.

a) Quelle proportion des employés ont un salaire compris entre la moyenne moins un écart type et la moyenne plus un écart type ?

b) Combien d'employés de cette usine ont un salaire inférieur à 575 $?

c) Combien d'employés de cette usine ont un salaire supérieur à 620 $?

d) Les 15 % des employés les moins bien payés reçoivent un salaire inférieur à quelle valeur ?

e) Entre quelles valeurs se situerait le salaire du groupe central comprenant 50 % des employés ?

4. Le diamètre des pièces produites par une entreprise est distribué normalement avec une moyenne de 10 mm et un écart type de 0,80 mm. À un contrôle de qualité portant sur le diamètre des pièces, on accepte les pièces dont le diamètre se situe dans l'intervalle $10 \pm E$ mm. Quelle doit être la valeur de E pour que l'intervalle spécifié englobe 95 % des pièces produites ?

Préparation à l'examen

Pour préparer votre examen, assurez-vous d'avoir les compétences suivantes.

Si vous avez la compétence, cochez.

- Énoncer les caractéristiques propres à toute courbe normale. _____
- Touver une cote z ou une aire de surface quelconque d'une $N(0 ; 1)$. _____
- Estimer, à l'aide du modèle normal, le pourcentage de données d'une distribution comprises dans un intervalle. _____
- Trouver, à l'aide du modèle normal, une valeur correspondant à un pourcentage donné. _____
- Résoudre tout problème concret comportant un modèle normal. _____

L'estimation

Les chapitres 6 et 7 portent sur l'inférence statistique. Cette branche de la statistique consiste à analyser une population à partir d'observations faites sur un échantillon aléatoire d'unités prélevées dans cette population. L'estimation, premier volet de l'inférence statistique, sera traitée dans le chapitre 6 alors que le second volet portant sur les tests d'hypothèse fera l'objet du chapitre 7.

6.1 Échantillonnage

Nous verrons ici les différentes méthodes employées pour prélever un échantillon dans une population.

6.1.1 Pourquoi faire des sondages ?

Il est important de savoir que, même si le recensement est la meilleure façon d'obtenir le portrait exact d'une population, certains facteurs le rendent souvent impossible à effectuer et nous obligent à procéder par sondage. Voici quelques-uns de ces facteurs :

– *La grandeur de la population.* Le coût de la collecte de renseignements auprès de toutes les unités de la population serait souvent prohibitif par rapport à l'importance des résultats : est-il vraiment nécessaire de faire une enquête auprès de tous les Québécois afin de connaître leur opinion sur un projet de loi ?

– *Le temps.* Par sondage, en moins de trois jours, un gouvernement peut connaître le taux de satisfaction des électeurs à l'égard de son administration ; un recensement n'a pas cette rapidité d'action. On dit qu'un sondage, c'est la météo des politiciens : ça leur permet de connaître rapidement le « temps » qu'il fait.

– *L'impossibilité de cerner la population.* Peut-on recenser toutes les personnes souffrant d'anorexie ?

– *Le fait qu'un recensement peut s'avérer destructif.* Peut-on vérifier la résistance au choc des ampoules électriques ou la qualité des allumettes sans les détruire ?

Même dans les cas où un recensement est possible, on préfère souvent effectuer un sondage, car celui-ci a l'avantage de nous permettre de tracer un portrait assez juste d'une population en moins de temps et à un coût moindre.

6.1.2 Historique des sondages

Les sondages politiques ont vu le jour aux États-Unis. Dès le début du XIXe siècle, on note l'apparition des « votes de paille » (*straw votes*) : sans méthode précise, on demande aux lecteurs d'un quotidien ou aux passants leur préférence pour un homme politique en particulier. Ces « sondages » sont de même nature et de même valeur que ceux qui sont réalisés aujourd'hui par *Le Journal de Québec* ou *Le Journal de Montréal* lorsqu'il est demandé aux lecteurs ce qu'ils pensent d'un sujet qui les touche de près ou de loin.

À la fin du XIXᵉ siècle commence la collaboration entre les scientifiques et les journaux pour connaître l'opinion des lecteurs. En 1896, le journal de Chicago *The Record* réalise un sondage sur les intentions de vote aux élections présidentielles en Illinois avec un échantillon d'un électeur sur huit. Les résultats sont précis à 0,4 % près et on félicite les grands mathématiciens ayant collaboré à l'étude.

La technique des sondages est mise au point définitivement par **G.H. Gallup** (1901–1984), journaliste et statisticien né en Iowa qui présente une thèse de doctorat sur les théories de l'échantillonnage. Gallup commence sa carrière professionnelle dès son entrée à l'université ; à l'aide de sondages, il modifie le contenu du journal étudiant afin de le diffuser hors campus. En 1932, il mène son premier sondage préélectoral pour sa belle-mère qui se présente comme secrétaire d'État en Iowa. Ensuite, il réalise des enquêtes de marketing pour ses propres affaires avant de fonder son institut, l'American Institute of Public Opinion. Aujourd'hui, l'institut de Gallup est une entreprise multinationale qui compte des succursales et des associés dans plus de vingt pays ; son nom est synonyme de « sondage ».

Au Québec, la méthode des sondages ne se développe qu'à la fin des années 50. Le Groupe de recherches sociales dirige le premier sondage politique en 1959 pour la campagne électorale du Parti libéral du Québec. Entre la fin des années 60 et le début des années 70, les principales maisons de sondage, dont CROP, Sorécom et IQOP, sont fondées et sont aujourd'hui florissantes[1].

6.1.3 Comment choisir un échantillon ?

Les méthodes d'échantillonnage, c'est-à-dire les méthodes employées pour constituer un échantillon, sont divisées en deux groupes : les méthodes probabilistes et les méthodes non probabilistes.

Méthodes d'échantillonnage probabiliste

L'échantillonnage probabiliste repose sur un choix d'unités dans la population fait au hasard ; ce n'est pas l'enquêteur qui choisit les unités, c'est la méthode employée pour la sélection qui le fait. Une des caractéristiques de cette méthode est que chaque unité de la population a une probabilité mesurable d'être choisie. L'avantage est qu'elle permet de généraliser les résultats de l'échantillon à l'ensemble de la population en s'appuyant sur une théorie statistique reconnue. Son seul inconvénient est qu'il faut posséder une liste de toutes les unités formant la population avant de procéder à la sélection de l'échantillon. Voici les quatre types d'échantillonnage probabiliste que l'on peut effectuer.

1. Échantillonnage aléatoire simple

L'échantillonnage aléatoire simple est réalisé selon le principe que toutes les unités de la population doivent avoir la même chance de faire partie de l'échantillon. Pour respecter ce principe, on attribue un numéro à chaque unité de la population et on effectue par la suite un tirage au hasard des unités qui feront partie de l'échantillon à l'aide d'une table de nombres aléatoires (en annexe, p. 271), d'une calculatrice ou d'un ordinateur. La pige peut se faire avec ou sans remise. Dans le cas d'une pige avec remise, une unité peut être choisie plusieurs fois, ce qui n'est pas le cas dans une pige sans remise où une unité ne peut être choisie qu'une seule fois.

> **EXEMPLE**

On veut choisir, sans remise, 5 individus parmi une liste de 75, numérotés de 1 à 75. Voici la façon de procéder pour sélectionner ces 5 numéros à l'aide d'une table de nombres aléatoires :

a) Choisir au hasard un point de départ dans la table de nombres aléatoires.

---

1. André Tremblay, *Sondages, histoire, pratique et analyse*, Montréal, Gaétan Morin, 1991.

b) Lire la table horizontalement ou verticalement par blocs de 2 chiffres, en retenant uniquement les 5 premiers chiffres compris entre 1 et 75.

Supposons que le hasard donne le point de départ indiqué ci-dessous :

46347	90015	62242	75121	96153	71211
72366	60871	72204	23442 **Départ**→65793		54819
89871	31941	00709	58579	20995	72567
87266	03064	46058	83547	35557	69344
76681	18274	60878	43374	31577	41058

Le chiffre de départ est **9** et le nombre de départ **93**. Comme ce nombre est plus grand que 75, il ne sera pas retenu.

– Une lecture horizontale, de gauche à droite, par blocs de deux chiffres nous fait retenir les nombres suivants : ~~93~~, 54, ~~81~~, ~~98~~, ~~98~~, 71, 31, ~~94~~, 10 et 7.

– Une lecture verticale, de haut en bas, par blocs de deux chiffres nous fait retenir les nombres suivants : ~~93~~, 20, ~~99~~, 53, 55, 57 et 31.

2. Échantillonnage systématique

Pour sélectionner un échantillon en appliquant la méthode d'échantillonnage systématique, on doit prélever de façon systématique chaque k^e unité de la liste de la population. La valeur de k, que l'on nomme **pas de sondage**, dépend de la taille de la population et de celle de l'échantillon ; cela correspond approximativement à la valeur du rapport N/n.

EXEMPLE

On veut choisir 45 individus parmi une liste de 500, numérotés de 1 à 500. Comme $N = 500$ et $n = 45$, on prélèvera chaque 11e ($500/45 \approx 11$) individu dans la liste ; le point de départ sera un nombre choisi au hasard entre 1 et 11.

Avantages et désavantages de l'échantillonnage systématique

La méthode d'échantillonnage systématique est plus agréable à employer que celle de l'échantillonnage aléatoire simple dans le cas où la population et l'échantillon sont tous deux de grande taille, surtout si la sélection de l'échantillon se fait manuellement. Par contre, elle comporte un inconvénient, celui de la périodicité. Le problème peut se poser si la liste présente un caractère cyclique qui coïncide avec le pas de sondage. Il est alors probable que l'échantillon obtenu ne sera pas représentatif de la population. Par exemple, si le but de l'enquête est d'estimer le nombre de clients entrant dans un magasin au cours de certains mois, on peut prélever un échantillon de jours de ces mois et estimer le nombre de clients entrant dans le magasin aux jours choisis. Si les jours sont classés selon l'ordre habituel, un pas de sondage de 7, par exemple, donnera systématiquement le même jour de la semaine. Si l'on pense que la liste peut contenir un caractère cyclique, il est préférable d'effectuer un échantillonnage aléatoire simple.

3. Échantillonnage stratifié

L'échantillonnage stratifié consiste à subdiviser la population en sous-groupes homogènes, ou strates, à partir d'un ou de plusieurs critères : sexe, langue, province, ville de résidence, etc. On choisit ensuite un échantillon aléatoire dans chacune des strates. Chaque strate est représentée dans l'échantillon proportionnellement à son importance dans la population.

> **EXEMPLE**
>
> Supposons que 60 % des étudiants d'un collège sont inscrits dans une technique et 40 % au secteur général ; pour former un échantillon de 120 étudiants en respectant ces strates, on devrait choisir au hasard 60 % × 120 = 72 étudiants en techniques et 40 % × 120 = 48 étudiants au secteur général.

Avantages et désavantages de l'échantillonnage stratifié

L'échantillonnage stratifié assure une bonne représentation des différentes strates de la population dans l'échantillon. Il permet aussi d'obtenir des estimations pour chacune des strates de la population. Toutefois, pour employer cette méthode, il faut avoir des renseignements sur la répartition des strates dans la population.

4. Échantillonnage par grappes

Souvent, une population est répartie en grappes ou regroupements géographiques plus ou moins homogènes : les électeurs d'une circonscription électorale sont répartis géographiquement en sections de vote d'environ 250 électeurs, les pompiers sont répartis dans des casernes sur le territoire de la ville, les Amérindiens sont répartis dans différentes réserves, etc. Cette méthode d'échantillonnage consiste à piger au hasard un certain nombre de grappes et à sélectionner tous les individus des grappes pigées pour constituer l'échantillon.

> **EXEMPLE**
>
> Les étudiants de première année d'un cégep sont répartis dans les 30 groupes du premier cours de philosophie ; les groupes sont numérotés de 1 à 30. On veut choisir un échantillon à l'aide de la méthode par grappes ; on pige au hasard 4 nombres entre 1 et 30. Supposons que l'on obtienne les nombres 8, 13, 15 et 28 ; tous les étudiants de ces 4 groupes feront partie de l'échantillon.

Avantages et désavantages de l'échantillonnage par grappes

L'avantage de la méthode d'échantillonnage par grappes par rapport aux précédentes est qu'elle ne nécessite pas au préalable la liste de la population, mais uniquement la liste des unités pour les grappes pigées. Un désavantage de ce type d'échantillonnage est qu'il produit des estimations habituellement moins précises que l'échantillonnage aléatoire simple, car des unités appartenant à une même grappe ont tendance à présenter des caractéristiques semblables. Cette perte de précision peut être compensée par une augmentation de la taille de l'échantillon.

Méthodes d'échantillonnage non probabiliste

L'échantillonnage non probabiliste repose sur un choix arbitraire des unités ; c'est l'enquêteur qui choisit les unités et non le hasard. En ce sens, il serait donc aventureux de généraliser les résultats obtenus pour l'échantillon à toute la population. Malgré cela, ces méthodes sont souvent employées dans certaines disciplines. En voici quelques-unes.

1. Échantillonnage à l'aveuglette ou accidentel

L'échantillonnage à l'aveuglette consiste à choisir les unités de l'échantillon de façon totalement arbitraire. Les résultats obtenus seront acceptables seulement s'il existe une bonne homogénéité dans la population, ce qui est rarement le cas. Autrement, certaines caractéristiques risquent d'être sous-représentées.

EXEMPLES

– Les interviews dans la rue, où les personnes interrogées sont sélectionnées au hasard des rencontres de l'intervieweur, donnent rarement une bonne représentation de l'opinion de la population.

– Un technicien prélève un échantillon d'eau dans un lac pour déterminer la concentration d'un produit chimique. Si l'on suppose que la composition de l'eau dans le lac est homogène, tout échantillon devrait donner des résultats assez semblables.

2. Échantillonnage de volontaires

L'échantillonnage de volontaires consiste à choisir les individus de l'échantillon en faisant appel à des volontaires. C'est une méthode souvent employée en psychologie ou en médecine quand la recherche peut s'avérer longue et exigeante, voire déplaisante, pour les participants.

EXEMPLE

Des chercheurs publient une annonce dans les médias pour recruter des personnnes ayant horreur des chiens afin de constituer un échantillon pour une recherche sur ce type de zoophobie.

3. Échantillonnage par quotas

La méthode d'échantillonnage par quotas est largement employée dans les enquêtes d'opinion et les études de marché. Dans ce type d'échantillonnage, l'enquêteur choisit un échantillon qu'il veut le plus représentatif possible des différentes strates de la population : sexe, âge, scolarité, etc. Cette méthode est peu coûteuse et assez rapide ; de plus, elle ne suppose pas que l'on possède une liste de tous les individus de la population. La différence avec l'échantillonnage stratifié vient du fait que les individus ne sont pas choisis au hasard.

EXEMPLE

Dans une université, 70 % des étudiants sont au 1er cycle, 20 % au 2e cycle et 10 % au 3e cycle. Pour constituer un échantillon de 200 étudiants de cette université, l'enquêteur choisit de *façon arbitraire* 140 étudiants au 1er cycle, 40 au 2e cycle et 20 étudiants au 3e cycle.

6.2 Exercices

1. On désire choisir au hasard et sans remise un échantillon de 6 personnes dans un groupe de 60. On numérote de 1 à 60 les individus du groupe et on procède à un tirage au hasard. Donner les numéros des individus de l'échantillon :

   a) Si l'on effectue un échantillonnage aléatoire simple dont les numéros sont tirés de la table de nombres aléatoires en effectuant une lecture horizontale à partir du point de départ indiqué.

46347	90015	62242	75121	96153	71211
				Départ	
72366	60871	72204	23442	→657<u>93</u>	54819
89871	31941	00709	58579	20995	72567
87266	03064	46058	83547	35557	69344
76681	18274	60878	43374	31577	41058

   b) Si l'on effectue un échantillonnage systématique dont le point de départ, tiré au hasard, est 3.

   c) Si l'on effectue un échantillonnage systématique dont le point de départ, tiré au hasard, est 8.

2. Indiquer la méthode d'échantillonnage employée pour prélever les échantillons suivants :

   a) Des biologistes font une étude sur une certaine maladie qui attaque les arbres d'un parc. À l'aide d'une carte, ils ont divisé le territoire en 100 zones, puis ont choisi au hasard 10 zones pour procéder par la suite à l'analyse de chacun des arbres dans les zones pigées.

   b) Une association réalise une enquête auprès d'un certain nombre de ses membres sélectionnés par tirage au sort à partir de la liste de membres.

   c) Un journaliste d'un studio de télévision interroge des passants dans un centre commercial pour connaître leur opinion à la suite des résultats aux dernières élections.

   d) Un chercheur demande la participation de couples de jumeaux pour une recherche médicale.

   e) Une usine produit 1 000 pièces par jour. Pour vérifier la qualité du produit, on prélève chaque jour un échantillon de 50 pièces de la façon suivante : on prélève une pièce de la production par 20 pièces produites en sélectionnant la première pièce au hasard entre la 1re et la 20e pièce produite.

   f) Dans le cadre d'une recherche sur les membres de la coop étudiante du cégep, on désire constituer un échantillon de 30 membres qui respecterait la répartition des membres selon le sexe : 50 % de femmes et 50 % d'hommes. Pour ce faire, on sélectionne 15 femmes et 15 hommes au hasard des visites des clients à la coop.

   g) Même situation qu'en *f*, mais cette fois on sélectionne 15 femmes et 15 hommes au hasard dans la liste des membres de la coop.

   h) Parmi les échantillons précédents, quels sont ceux qui sont aléatoires ?

6.3 Distribution des valeurs possibles pour une moyenne d'échantillon

Nous nous intéresserons maintenant plus particulièrement à la loi du hasard qui permet d'établir un lien entre la moyenne des données d'une variable d'une population et la moyenne obtenue pour un échantillon aléatoire de ces données. Commençons d'abord par définir quelques expressions et notations qui reviendront souvent dans le chapitre.

Définitions et notations

On donne le nom de **paramètres** aux mesures prises sur une population, et de **statistiques** à celles qui sont prises sur un échantillon. Pour distinguer les différentes mesures, nous aurons recours aux notations suivantes :

Paramètres d'une population	Statistiques d'un échantillon
N : taille (nombre d'unités statistiques)	n : taille (nombre d'unités statistiques)
μ : moyenne de la variable étudiée	$\bar{x}$: moyenne de la variable étudiée
σ^2 : variance de la variable étudiée	s^2 : variance corrigée de la variable étudiée
σ : écart type de la variable étudiée	s : écart type corrigé de la variable étudiée

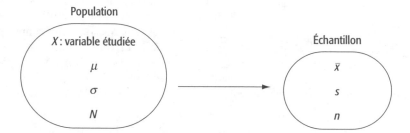

MISE EN SITUATION

On cherche à déterminer par sondage le profil socio-économique (sexe, âge, scolarité, revenu, etc.) d'une population constituée de 907 chefs de ménage résidant dans des habitations à loyer modique (HLM). L'analyse des différentes variables sera faite à partir des résultats obtenus pour un échantillon aléatoire de 60 chefs de ménage prélevé dans la population. Intéressons-nous plus particulièrement ici à prédire la moyenne d'âge des 907 chefs de ménage de la population à partir de celle qui a été trouvée pour les 60 chefs de ménage de l'échantillon.

Supposons que la moyenne d'âge $\bar{x}$ des 60 chefs de ménage de l'échantillon soit de 43,4 ans. Doit-on conclure que la moyenne d'âge μ de la population est aussi de 43,4 ans, soit $\mu = \bar{x}$?

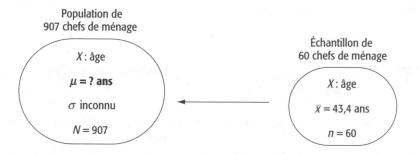

De la même façon que la moyenne des notes de 6 étudiants à un examen a très peu de chances de correspondre à la moyenne du groupe, il serait assez surprenant que la moyenne d'âge des 907 personnes de la population soit égale à celle des 60 personnes de l'échantillon. Il y aura fort probablement un écart entre $\bar{x}$ et μ, autrement dit $\mu = \bar{x} \pm$ écart.

Peut-on prédire les écarts possibles entre $\overline{x}$ et μ avec une certaine certitude ? Par exemple, les chances que la moyenne $\overline{x}$ soit à 0,5 an près (6 mois) de la moyenne μ de la population sont-elles grandes ?

Comme c'est le hasard qui a choisi les 60 personnes de l'échantillon, il faudrait, pour répondre à la question, en connaître un peu plus sur les lois du hasard. Bien que cela puisse vous surprendre, le hasard est beaucoup plus organisé que l'on pense ; il y a par exemple des écarts entre $\overline{x}$ et μ qu'il sera impossible d'obtenir (un écart de 20 ans par exemple) et d'autres qui auront des chances très élevées d'être obtenus.

Les lois du hasard pour une moyenne d'échantillon

Pour connaître les lois du hasard qui s'appliquent entre la moyenne μ de la population et la moyenne $\overline{x}$ d'un échantillon, nous tenterons dans un premier temps de répondre à la question suivante :

> « *Si l'on connaît la moyenne* μ *de la population, peut-on prédire ce que le hasard peut donner comme moyenne* $\overline{x}$ *pour un échantillon de taille* n *tiré de cette population ?* »

La réponse à cette question nous permettra par la suite de faire l'opération inverse : prédire la moyenne d'âge de la population si l'on connaît la moyenne d'âge d'un échantillon prélevé au hasard dans cette population.

MISE EN SITUATION (SUITE)

On sait que la moyenne d'âge μ des 907 chefs de ménage de la population est de 44,5 ans, avec un écart type d'âge σ de 12,9 ans. Soit $\overline{x}$, la moyenne d'âge des 60 personnes d'un échantillon prélevé au hasard dans la population.

Q1. Quelles sont les chances que $\overline{x}$ se situe à au plus 0,5 an de μ ?

Q2. Quelles sont les chances que $\overline{x}$ se situe à au plus 1,5 an de μ ?

Q3. Quelles sont les valeurs possibles pour la moyenne $\overline{x}$ d'un échantillon de taille 60 ?

Q4. Peut-on prédire la plus petite et la plus grande valeur que le hasard peut donner pour $\overline{x}$?

Représentons cette nouvelle situation où, à partir de la valeur connue de μ, l'on essaie de prédire la valeur de $\overline{x}$:

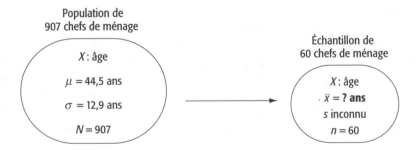

Pour bien saisir le sens de la démarche que nous entreprenons, nous pouvons faire une analogie avec un dé. Avant même de le lancer, nous pouvons donner la liste des résultats possibles (1, 2, 3, 4, 5, 6) et, ainsi, le plus petit et le plus grand résultat que le hasard peut donner. Nous pouvons même calculer les chances d'avoir, par exemple, un nombre plus petit que 4. Toutefois, nous ne pouvons dire quelle face sera obtenue une fois le dé lancé. Les réponses aux questions ci-dessus vont nous amener à maîtriser l'expérience aléatoire décrite dans la mise en situation aussi bien que celle du lancer d'un dé.

- Pour avoir une idée des valeurs que le hasard peut donner comme moyenne d'échantillon, nous présentons ci-dessous les moyennes $\bar{x}$ obtenues par 145 étudiants à qui l'on avait demandé d'estimer l'âge moyen de cette population en utilisant la moyenne d'âge d'un échantillon de 60 chefs de ménage[1].

$\bar{x}$	$\bar{x}$	$\bar{x}$	$\bar{x}$	$\bar{x}$	$\bar{x}$	$\bar{x}$	$\bar{x}$	$\bar{x}$	$\bar{x}$
40,0	42,3	43,0	43,5	43,8	44,3	44,8	45,1	45,6	47,0
40,7	42,3	43,0	43,5	43,9	44,4	44,8	45,2	45,7	47,1
40,8	42,3	43,1	43,5	44,0	44,4	44,8	45,2	45,8	47,2
40,9	42,3	43,1	43,5	44,0	44,4	44,8	45,2	45,9	47,5
41,4	Y **42,5**	43,2	43,5	44,0	44,4	44,9	45,2	45,9	47,6
41,5	42,6	43,2	43,5	44,0	**44,5**	44,9	45,3	45,9	47,6
41,6	42,6	43,3	43,6	44,1	**44,5**	44,9	45,3	46,3	47,7
41,6	42,8	43,4	43,6	44,1	**44,5**	45,0	45,3	46,3	48,1
41,7	42,8	43,4	43,6	44,1	44,6	45,0	45,4	46,3	48,8
41,7	42,8	43,4	43,6	44,2	44,6	45,1	45,4	46,4	48,9
41,8	42,9	43,4	43,7	44,2	44,6	45,1	45,5	46,4	
42,1	42,9	43,5	43,7	44,2	44,7	45,1	45,5	46,5	
42,2	42,9	43,5	43,7	44,2	44,8	45,1	45,6	L **46,5**	
42,2	42,9	43,5	43,8	44,3	44,8	45,1	45,6	46,6	
42,3	43,0	43,5	43,8	44,3	44,8	45,1	45,6	46,7	

Yves et Lise sont deux des étudiants qui ont effectué ce travail. La moyenne qu'ils ont obtenue pour les 60 personnes de leur échantillon est désignée par les lettres Y et L. Pour chacun de ces échantillons, déterminer l'écart entre la moyenne d'âge des personnes de l'échantillon et la moyenne d'âge de 44,5 ans de la population.

Yves : Écart entre $\bar{x}$ et μ = _____

Lise : Écart entre $\bar{x}$ et μ = _____

Dans les deux cas, on peut dire que la moyenne d'âge de l'échantillon se situe à deux ans de la moyenne d'âge de la population. Dans l'estimation d'une moyenne, on accordera beaucoup plus d'importance à la grandeur de l'écart (distance entre $\bar{x}$ et μ) qu'au signe de cet écart (sens de l'écart par rapport à μ).

Y a-t-il des étudiants qui ont obtenu une moyenne d'échantillon égale à la moyenne de 44,5 ans de la population ?

On trouve trois moyennes de 44,5 ans parmi les 145 moyennes de la liste. Pourtant, nous avons indiqué au début de la présente section qu'une telle éventualité était peu probable. En fait, nous observons ces égalités entre $\bar{x}$ et μ parce que les moyennes sont calculées au dixième près. Si nous augmentions la précision à quatre décimales, ce que nous pouvons toujours faire avec une variable quantitative continue, aucune moyenne d'échantillon ne serait égale à la moyenne de la population.

Q1. Quelles sont les chances que $\bar{x}$ se situe à au plus 0,5 an de μ ?

Plusieurs échantillons ont une moyenne qui se situe à au plus 0,5 an de μ (44,1 ans, 44,3 ans, 44,8 ans, etc.) ; en fait, tous ceux dans la liste dont la valeur est ombrée. Déterminons le pourcentage des 145 échantillons qui ont cette caractéristique :

$$P(44,5 - 0,5 \leq \bar{x} \leq 44,5 + 0,5) = P(44 \text{ ans} \leq \bar{x} \leq 45 \text{ ans}) =$$

---

1. Résultats extraits d'un travail effectué dans le cours Méthodes quantitatives donné par l'auteure.

Comme près de 25 % des échantillons prélevés ont une moyenne qui se situe à au plus 0,5 an (6 mois) de μ, on peut estimer qu'un étudiant avait 25 % de chances de piger un tel échantillon.

- Pour faciliter l'analyse des résultats, groupons les 145 moyennes en classes.

Répartition des 145 échantillons selon la moyenne d'âge des 60 chefs de ménage

Moyenne d'âge	Nombre d'échantillons	Pourcentage
40 ans $\leq \overline{x} <$ 41 ans	4	2,8 %
41 ans $\leq \overline{x} <$ 42 ans	7	4,8 %
42 ans $\leq \overline{x} <$ 43 ans	18	12,4 %
43 ans $\leq \overline{x} <$ 44 ans	33	22,8 %
44 ans $\leq \overline{x} <$ 45 ans	35	24,1 %
45 ans $\leq \overline{x} <$ 46 ans	29	20,0 %
46 ans $\leq \overline{x} <$ 47 ans	9	6,2 %
47 ans $\leq \overline{x} <$ 48 ans	7	4,8 %
48 ans $\leq \overline{x} <$ 49 ans	3	2,1 %
Total	145	100 %

❖ **Q2.** Quelles sont les chances que $\overline{x}$ se situe à au plus 1,5 an de μ ?

Calculons le pourcentage d'échantillons qui possèdent cette caractéristique :

$$P(44,5 - 1,5 \leq \overline{x} \leq 44,5 + 1,5) = P(43 \text{ ans} \leq \overline{x} \leq 46 \text{ ans }) =$$

Un étudiant avait donc près de deux chances sur trois de piger un échantillon de 60 personnes dont la moyenne d'âge $\overline{x}$ se situe à au plus 1,5 an de la moyenne d'âge μ de la population.

- La construction de l'histogramme va permettre de répondre à deux autres questions :
  - Quelles sont les valeurs possibles pour la moyenne $\overline{x}$ d'un échantillon de taille 60 ?
  - Peut-on prédire la plus petite et la plus grande valeur que le hasard peut donner pour $\overline{x}$?

Répartition des 145 échantillons selon la moyenne d'âge des 60 chefs de ménage

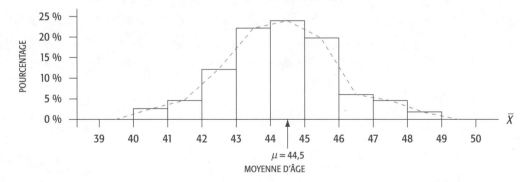

NOTE   On désigne l'axe de l'histogramme par la lettre $\overline{X}$, car tous les nombres sur cet axe sont des moyennes d'échantillons.

Les 145 moyennes d'échantillons semblent se distribuer selon un modèle normal autour de μ. En fait, si, au lieu de prélever 145 échantillons, nous avions prélevé tous les échantillons possibles (il y en a $4,5 \times 10^{94}$), la distribution des valeurs obtenues pour $\overline{X}$, que l'on appelle **distribution des valeurs possibles pour $\overline{X}$**, suivrait un modèle normal dont la moyenne serait effectivement de 44,5 ans, la valeur de la moyenne de la population. Comme la moyenne de la courbe normale correspond à la moyenne de toutes les moyennes d'échantillons possibles, on la note $\mu_{\bar{x}}$.

$$\mu_{\bar{x}} = \mu$$

Pour pouvoir utiliser cette loi normale, il faut connaître son écart type. Comme ce dernier correspond à l'écart type de toutes les moyennes d'échantillons possibles, on le note $\sigma_{\bar{x}}$. Un théorème mathématique, qui porte le nom de **théorème central limite**, a pu établir qu'il y a un lien entre l'écart type $\sigma_{\bar{x}}$ et l'écart type σ de la population, ce lien se traduisant par l'égalité suivante :

$$\sigma_{\bar{x}} = \frac{\sigma}{\sqrt{n}} = \frac{\text{écart type de la population}}{\sqrt{\text{taille de l'échantillon}}}$$

Il faut toutefois préciser que, si la taille N de la population est considérée comme petite par rapport à la taille n de l'échantillon (on considérera que c'est le cas quand $N < 20n$), on devra alors multiplier $\sigma_{\bar{x}}$ par le facteur de correction $\sqrt{(N-n)/(N-1)}$.

◆ Calculer l'écart type $\sigma_{\bar{x}}$ de la distribution des valeurs possibles pour $\overline{X}$.

Vérifions d'abord si l'on doit utiliser le facteur de correction :

La population est-elle petite par rapport à l'échantillon : $N < 20n$? _____

$$\sigma_{\bar{x}} = \frac{\sigma}{\sqrt{n}} \sqrt{\frac{N-n}{N-1}} =$$

> **NOTE** Pour les 145 échantillons de la mise en situation, la moyenne est de 44,3 ans et l'écart type de 1,7 an, ce qui est assez près des résultats que nous avons obtenus.

Nous pouvons maintenant répondre aux deux dernières questions de la page précédente :

◆ **Q3.** Quelles sont les valeurs possibles pour la moyenne $\bar{x}$ d'un échantillon de taille 60 ?

On peut prédire que la moyenne d'âge $\bar{x}$ des 60 personnes de l'échantillon appartiendra à une distribution normale de moyenne $\mu_{\bar{x}} =$ _____ ans et d'écart type $\sigma_{\bar{x}} =$ _____ an(s).

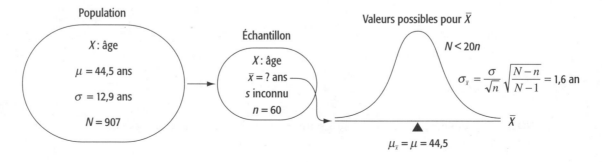

Q4. Peut-on prédire la plus petite et la plus grande valeur que le hasard peut donner pour $\bar{x}$?

Sachant que dans une distribution normale presque toutes les valeurs (99,7 %) se trouvent à ± 3 écarts types de la moyenne, en négligeant les valeurs ayant moins de 0,3 % de chances d'être obtenues, on obtient ces valeurs de la façon suivante :

– plus petite moyenne échantillonnale : $\bar{x}_{\min} =$

– plus grande moyenne échantillonnale : $\bar{x}_{\max} =$

Le théorème suivant permettra de répondre à la question posée au début de la section :

Si l'on connaît la moyenne μ de la population, peut-on prédire ce que le hasard peut donner comme moyenne $\bar{x}$ pour un échantillon de taille n tiré de cette population ?

Théorème central limite

Si, d'une population de taille N, de moyenne μ et d'écart type σ, on prélève au hasard un échantillon de taille n, la distribution des valeurs possibles pour $\overline{X}$ a alors les caractéristiques suivantes :

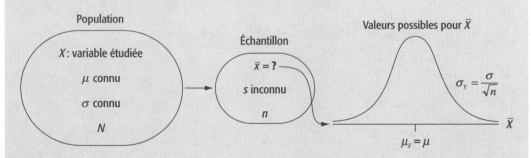

- Sa moyenne $\mu_{\bar{x}}$ est égale à la moyenne μ de la population : $\mu_{\bar{x}} = \mu$

- Son écart type est :

$$\sigma_{\bar{x}} = \frac{\sigma}{\sqrt{n}} \qquad \text{si la population est grande } (N \geq 20n)$$

$$\sigma_{\bar{x}} = \frac{\sigma}{\sqrt{n}} \sqrt{\frac{N-n}{N-1}} \qquad \text{si la population est petite } (N < 20n)$$

On donne le nom de **facteur de correction** à l'expression $\sqrt{(N-n)/(N-1)}$.

- Sa forme est normale si l'on a l'une ou l'autre des conditions suivantes :

    – la taille de l'échantillon est plus grande ou égale à 30 ($n \geq 30$) ;
    – la population mère suit un modèle normal.

REMARQUE Lorsque la taille de la population n'est pas spécifiée dans un problème, c'est que l'on considère que cette population est de grande taille.

EXEMPLE 1

Des études ont démontré que la taille moyenne d'un homme de plus de 20 ans est de 175,3 cm, avec un écart type de 8,9 cm. On prélève au hasard 36 hommes dans cette population et l'on s'intéresse à la taille moyenne des hommes de l'échantillon.

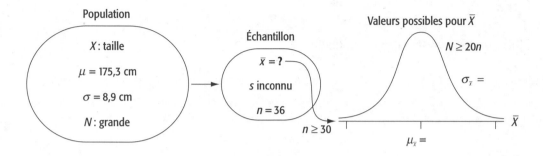

a) Indiquer la plus petite moyenne échantillonnale que le hasard peut donner, en négligeant les valeurs ayant moins de 0,3 % de chances d'être obtenues.

Solution

b) La zone ombrée ci-dessous contient 95 % des échantillons possibles. Il y a donc 95 % de chances que l'échantillon pigé se situe dans cette zone. Dans ce cas, l'écart entre $\bar{x}$ et μ sera d'au plus quelle valeur ?

Solution

Si l'échantillon pigé se situe dans la zone ombrée, l'écart entre $\bar{x}$ et μ sera plus petit que E, la longueur du segment de droite représenté ci-contre.

En utilisant la cote z associée à une surface de 2,5 %, nous pouvons déterminer la longueur E ainsi :

E = cote z × écart type de la courbe normale

$E = z\sigma_{\bar{x}}$

$E = 1,96 \times 1,5 = 2,9$ cm

Il y a donc 95 % de chances qu'il y ait un écart d'au plus 2,9 cm entre la taille moyenne des 36 hommes de l'échantillon et la taille moyenne de la population des hommes de plus de 20 ans.

EXEMPLE 2

La moyenne d'âge des 200 travailleurs d'une usine est de 38,2 ans, avec un écart type de 5,4 ans. La distribution de l'âge des travailleurs de l'usine suit un modèle normal. On prélève dans cette population un échantillon de 25 travailleurs et l'on s'intéresse à la moyenne d'âge des travailleurs pigés.

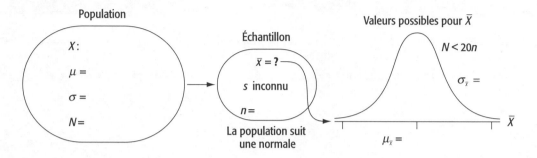

a) Donner la plus grande moyenne échantillonnale possible, en négligeant les valeurs ayant moins de 0,3 % de chances d'être obtenues.

Solution

b) Pour 90 % des échantillons possibles, l'écart entre $\bar{x}$ et μ sera d'au plus quelle valeur ?

Solution

Posons E, la valeur cherchée.

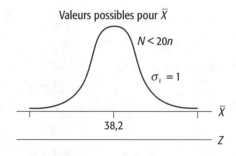

Pour 90 % des échantillons possibles, l'écart sera au plus de 1,6 an entre la moyenne d'âge des 25 travailleurs pigés et la moyenne d'âge des 200 travailleurs de l'usine. On a 90 % de chances de piger un tel échantillon.

c) Vrai ou faux ? Pour calculer l'écart maximal entre $\bar{x}$ et μ associé à une certaine probabilité, il n'est pas nécessaire de connaître les valeurs de $\bar{x}$ et de μ. _____

Exercices éclair

1. Six échantillons sont prélevés d'une même population. La moyenne de chacun est représentée sur la distribution des valeurs possibles pour $\overline{X}$ ci-contre.

   a) Quelle moyenne $\bar{x}$ a une valeur égale à la moyenne μ de la population ?

   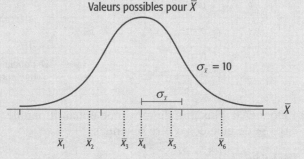

   b) Quelles moyennes $\bar{x}$ sont situées à au plus 15 unités de la moyenne μ de la population ?

   c) Quelles moyennes $\bar{x}$ semblent situées à une même distance de la moyenne μ de la population ?

2. Supposons que le revenu moyen des 3 000 médecins d'une région soit de 100 000 $, avec un écart type de 20 000 $. On s'intéresse à la moyenne de revenu des 100 médecins d'un échantillon aléatoire prélevé parmi ces 3 000 médecins.

   a) Compléter l'information dans les ovales afin de refléter la situation décrite.

   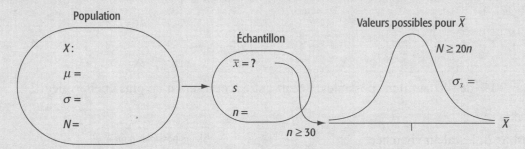

   b) La distribution des valeurs possibles pour $\overline{X}$ suit un modèle normal, car on a une des conditions requises, soit _____ .

   La moyenne $\mu_{\bar{x}}$ de cette distribution est _____ .

   La notation employée pour l'écart type de cette distribution est _____ .

   Faut-il appliquer le facteur de correction dans le calcul de cet écart type ?

   _____

Calculer l'écart type $\sigma_{\bar{x}}$:

c) Encercler les valeurs qui ont peu de chances d'être obtenues comme moyenne de revenu pour les 100 médecins de l'échantillon prélevé :

$\bar{x} = 102\,500\,\$$ $\bar{x} = 93\,500\,\$$ $\bar{x} = 100\,250\,\$$ $\bar{x} = 97\,900\,\$$ $\bar{x} = 106\,500\,\$$

d) Compléter :

Il y a 95 % de chances que l'écart entre le revenu moyen $\bar{x}$ des 100 médecins de l'échantillon et le revenu moyen μ des médecins de la population soit d'au plus _____ \$. Représenter graphiquement la situation.

6.4 Exercices

1. Considérons de nouveau la mise en situation de la section 6.3 (p. 170), où 145 étudiants avaient prélevé un échantillon de taille 60 dans une population constituée de 907 chefs de ménage dont la moyenne d'âge était de 44,5 ans, avec un écart type de 12,9 ans.

a) Nous avons établi que, si l'on prélevait tous les échantillons possibles, la distribution des moyennes échantillonnales suivrait la normale $N(44,5\,;1,6^2)$. La zone blanche ci-contre contient 95 % des échantillons possibles. Pour les échantillons situés dans cette zone, l'écart entre $\bar{x}$ et μ est d'au plus quelle valeur ?

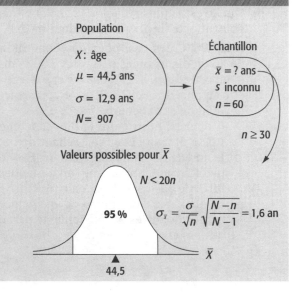

b) En analysant la liste des moyennes échantillonnales obtenues par les 145 étudiants (voir page 170), calculer le pourcentage d'étudiants qui ont obtenu une moyenne $\overline{x}$ qui ne se situe pas dans la zone blanche ci-dessus.

c) Nous savons que, lorsqu'une distribution suit un modèle normal, 68,3 % des données sont situées à au plus un écart type de la moyenne de la courbe normale. Considérant ce fait, 68,3 % de tous les échantillons possibles devraient avoir une moyenne $\overline{x}$ à au plus 1,6 an de la moyenne μ de la population. Parmi les 145 étudiants qui ont prélevé un échantillon, quel pourcentage ont obtenu une moyenne d'échantillon située à au plus 1,6 an de la moyenne μ de la population ?

2. Luc a prélevé au hasard 36 étudiants parmi les 3 000 étudiants d'un cégep où la moyenne d'heures de cours est de 23 heures, avec un écart type de 3 heures. Par la suite, il a calculé la moyenne et l'écart type corrigé du nombre d'heures de cours des étudiants pigés, ce qui lui a donné 22 heures et 2,5 heures respectivement.
   a) i) Donner la valeur des moyennes μ, $\overline{x}$ et $\mu_{\overline{x}}$.
      ii) Donner la valeur des écarts types σ, s et $\sigma_{\overline{x}}$.
      iii) Tracer la courbe des valeurs possibles pour $\overline{X}$ et y situer la moyenne de 23 heures et celle de 22 heures, en tenant compte de l'écart type de cette courbe normale.
   b) Quelle est la plus petite moyenne que Luc pouvait obtenir pour son échantillon ?
   c) Dans 90 % des cas, pour un échantillon de 36 étudiants pigés parmi les 3 000 étudiants du cégep, l'écart entre $\overline{x}$ et μ devrait être au plus de quelle valeur ? Représenter la situation sur la courbe tracée en *a*.
   d) i) Calculer l'écart entre la moyenne que Luc a obtenue pour son échantillon et la moyenne de la population. Est-ce que l'échantillon de Luc fait partie des 90 % de cas considérés en *c* ?
      ii) Donner deux exemples de moyennes échantillonnales $\overline{x}$ qui feraient partie des cas considérés en *c*.

3. On prélève un échantillon de 100 femmes ayant donné naissance à un enfant en 2001, et l'on pose la question suivante à ces femmes : « Quel âge aviez-vous à la naissance de votre enfant en 2001 ? »
   a) Nommer la variable étudiée dans ce sondage et donner son type.
   b) Prédire entre quelles valeurs se situera la moyenne d'âge à l'accouchement des 100 mères de l'échantillon si, en 2001, l'âge moyen d'une femme à l'accouchement était de 28,7 ans, avec un écart type de 5,3 ans.

   Source : Institut de la statistique du Québec.

   c) On peut prédire qu'il y a 80 % de chances que l'écart entre la moyenne d'âge à l'accouchement des 100 mères de l'échantillon et la moyenne d'âge à l'accouchement de toutes les femmes qui ont donné naissance à un enfant en 2001 sera d'au plus quelle valeur ?

4. L'âge moyen des 300 jeunes inscrits à une compétition scolaire d'échecs est de 15,3 ans, avec un écart type de 2,5 ans. On prélève au hasard un échantillon de 40 jeunes inscrits à cette compétition et l'on s'intéresse à la moyenne d'âge de ces derniers. Compléter :
   a) La distribution des valeurs possibles pour $\overline{X}$ suit une loi normale, car _____.
   b) Il faut utiliser le facteur de correction pour déterminer $\sigma_{\overline{x}}$, car _____.
   c) Il y a 99 % de chances que l'écart entre $\overline{x}$ et μ soit d'au plus _____ an(s).

5.
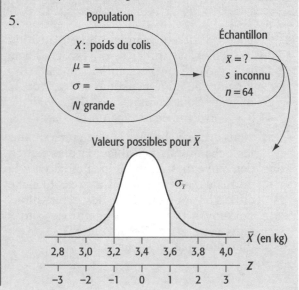

Un échantillon de 64 colis est prélevé parmi tous les colis reçus à la messagerie Parbus. Utiliser l'information présentée dans le graphique pour répondre aux questions suivantes.

a) Quelle est la variable étudiée ? Quelle est l'unité de mesure de cette variable ?

b) D'après la représentation graphique de la distribution des valeurs possibles pour $\overline{X}$, quelles sont les chances que le hasard donne une moyenne d'échantillon $\overline{x}$ comprise entre 3,2 kg et 3,6 kg ?

c) Quelle est la valeur de l'écart type de la distribution des valeurs possibles pour $\overline{X}$?

d) Quel est le poids moyen μ de l'ensemble des colis reçus à la messagerie Parbus ?

e) Quel est l'écart type σ du poids de l'ensemble des colis reçus à la messagerie Parbus ?

f) Indiquer, parmi les intervalles suivants de la courbe normale, celui qui a le plus de chances de contenir la moyenne $\overline{x}$ de l'échantillon prélevé :

1. [3,6 kg ; 3,8 kg]
2. [2,8 kg ; 3,0 kg]
3. [3,2 kg ; 3,4 kg]

6. La simulation suivante permettra de vérifier que la distribution des valeurs possibles pour $\overline{X}$, pour un échantillon prélevé dans une petite population, a bien une moyenne égale à la moyenne de la population et un écart type égal à $\sigma/\sqrt{n}$ fois le facteur de correction, comme le stipule le théorème central limite.

Simulation

Pour une petite population de 5 étudiants, numérotés de 1 à 5, on s'intéresse à la variable X : « nombre d'heures d'étude par semaine ».

Voici le nombre d'heures d'étude par semaine pour chaque étudiant de la population :

1. 7 h   2. 3 h   3. 6 h   4. 10 h   5. 4 h

a) Calculer la moyenne μ et l'écart type σ du nombre d'heures d'étude pour la population et inscrire ces résultats dans l'ovale représentant la population.

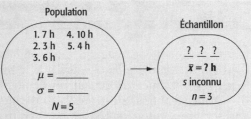

X : nombre d'heures d'étude

b) Pour avoir une idée des valeurs que le hasard peut donner comme moyenne pour un échantillon de taille 3, on prélève de la population **tous** les échantillons possibles de cette taille. Le tableau suivant donne la liste de ces échantillons. Compléter ce tableau.

Échantillons possibles	Nombre d'heures d'étude des étudiants pigés	Moyenne d'heures d'étude dans l'échantillon pigé
{1, 2, 3}	7 h, 3 h, 6 h	$\overline{x} = 5{,}33$ h
{1, 2, 4}	7 h, 3 h, 10 h	$\overline{x} = 6{,}67$ h
{1, 2, 5}	7 h, 3 h, 4 h	$\overline{x} = 4{,}67$ h
{1, 3, 4}	7 h, 6 h, 10 h	$\overline{x} = 7{,}67$ h
{1, 3, 5}	7 h, 6 h, 4 h	$\overline{x} = 5{,}67$ h
{1, 4, 5}	7 h, 10 h, 4 h	$\overline{x} = 7{,}00$ h
{2, 3, 4}	3 h, 6 h, 10 h	$\overline{x} = 6{,}33$ h
{2, 3, 5}	3 h, 6 h, 4 h	$\overline{x} = $ _____
{2, 4, 5}	3 h, 10 h, 4 h	$\overline{x} = $ _____
{3, 4, 5}	6 h, 10 h, 4 h	$\overline{x} = $ _____

c) Quel nom donne-t-on à la distribution des résultats de la colonne de droite ?

d) En utilisant le mode statistique de votre calculatrice, calculer la moyenne $\mu_{\overline{x}}$ et l'écart type $\sigma_{\overline{x}}$ de la distribution des valeurs possibles pour $\overline{X}$.

e) Selon le théorème central limite, la moyenne de la distribution des valeurs possibles pour $\overline{X}$ est égale à la moyenne de la population ($\mu_{\overline{x}} = \mu$). Cette égalité est-elle vraie dans ce cas-ci ?

f) Selon le théorème central limite, pour une population considérée comme petite par rapport à la taille de l'échantillon ($N < 20n$), on a :

$$\sigma_{\overline{x}} = \frac{\sigma}{\sqrt{n}} \sqrt{\frac{N-n}{N-1}}$$

Cette égalité est-elle vérifiée dans ce cas-ci ?

6.5 Estimation de la moyenne d'une population

Dans la section précédente, où nous connaissions la moyenne μ et l'écart type σ de la population, nous avons appris à prédire les valeurs que le hasard peut donner comme moyenne $\bar{x}$ pour un échantillon. Nous allons maintenant considérer la situation inverse : la moyenne μ et l'écart type σ de la population seront inconnus, alors que la moyenne $\bar{x}$ et l'écart type corrigé s de l'échantillon seront connus. Nous tenterons de prédire, avec une certaine probabilité, la moyenne μ de la population à partir de la valeur connue de la moyenne $\bar{x}$ de l'échantillon. Plus précisément, nous chercherons la réponse à la question suivante :

*« À partir de la moyenne d'un échantillon,
comment peut-on estimer la moyenne de la population ? »*

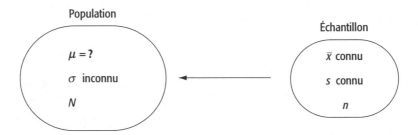

MISE EN SITUATION

À la présentation de la mise en situation au début de la section 6.3 (p. 168), nous avions pour objectif d'estimer la moyenne d'âge μ des 907 chefs de ménage de la population à l'aide de la moyenne d'âge de 43,4 ans obtenue pour un échantillon de 60 personnes tirées aléatoirement de cette population. Nous supposerons, pour le moment, que l'écart type σ de l'âge de la population est connu. Le graphique qui suit représente la situation.

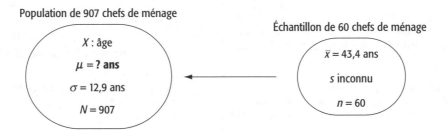

Nous savons que la distribution de toutes les valeurs possibles pour $\overline{X}$ suit une loi normale dont la moyenne $\mu_{\bar{x}}$ est égale à μ, la moyenne de la population, **que nous supposons ici inconnue**, et dont l'écart type $\sigma_{\bar{x}}$ est de 1,6 an. Par conséquent, la moyenne $\bar{x}$ de 43,4 ans est une des valeurs de cette distribution.

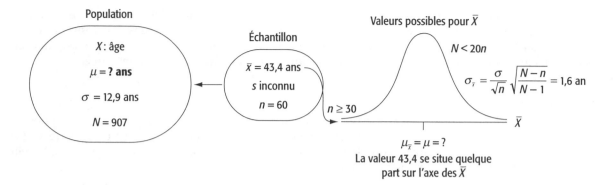

Comme μ, le centre de la cloche, est ici inconnu, il est impossible de savoir où exactement, sur l'axe des $\overline{X}$, se situe la moyenne $\overline{x}$ de 43,4 ans. On sait toutefois qu'il est peu probable que cette moyenne se trouve au centre de la courbe normale, c'est-à-dire que $\mu = \overline{x}$.

Nous savons que la zone ombrée ci-dessous contient 95 % de tous les échantillons possibles. L'échantillon prélevé a donc 95 % de chances d'être compris dans cette zone et, si c'est le cas, l'écart entre $\overline{x}$ et μ est d'au plus E ans.

Rappelons comment déterminer la valeur E :

$E = z\sigma_{\overline{x}} = 1,96 \times 1,6 = 3,1$ ans

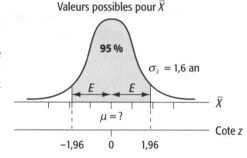

Si la distance qui sépare $\overline{x}$ de μ est d'au plus 3,1 ans, alors μ est à au plus 3,1 ans de la moyenne $\overline{x}$ de l'échantillon. Autrement dit, la valeur de μ est comprise entre $\overline{x} - E$ et $\overline{x} + E$, soit dans l'intervalle suivant :

$$\overline{x} - E \leq \mu \leq \overline{x} + E$$
$$43,4 - 3,1 \leq \mu \leq 43,4 + 3,1$$
$$40,3 \text{ ans} \leq \mu \leq 46,5 \text{ ans}$$

On peut aussi écrire : $\mu \in [40,3 \text{ ans} ; 46,5 \text{ ans}]$

Interprétation de l'intervalle construit

En se basant sur la moyenne de l'échantillon, on peut affirmer qu'il y a 95 % de chances que la moyenne d'âge μ des 907 chefs de ménage de la population se situe entre 40,3 et 46,5 ans ; cela donnerait un écart d'au plus 3,1 ans entre la moyenne de l'échantillon et celle de la population.

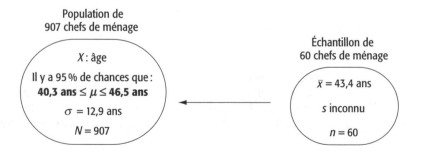

On donnera le nom d'**intervalle de confiance** à l'intervalle 40,3 ans $\leq \mu \leq$ 46,5 ans. Puisqu'il y a 95 % de chances que cet intervalle contienne μ, nous dirons que le **niveau de confiance** de l'intervalle est de 95 %. L'écart d'au plus 3,1 ans entre $\overline{x}$ et μ sera appelé **marge d'erreur** ou **précision de l'estimation**. On emploie la notation $1 - \alpha$ pour représenter un niveau de confiance et l'on désigne la marge d'erreur par la lettre E.

Comme nous venons de le constater, nous ne pourrons jamais trouver la valeur exacte de la moyenne μ de la population à partir de la moyenne $\overline{x}$ d'un échantillon, mais nous pourrons construire un intervalle de rayon E, centré sur $\overline{x}$, qui aura de bonnes chances de contenir la moyenne μ de la population. Nous dirons alors que nous effectuons une **estimation de μ par intervalle de confiance**.

Risque d'erreur

S'il y a 95 % de chances que l'intervalle [40,3 ans ; 46,5 ans] contienne la moyenne μ de la population, il y a donc 5 % de risques que cet intervalle ne contienne pas μ et, donc, que l'écart entre $\overline{x}$ et μ soit supérieur à 3,1 ans. Nous dirons que le risque d'erreur de l'estimation est de 5 %. On emploie la notation α pour représenter un risque d'erreur.

De façon générale, pour construire un intervalle de confiance pour μ, on applique la démarche que voici :

Estimation de la moyenne d'une population par intervalle de confiance

Démarche pour construire un intervalle de confiance pour μ :
- déterminer l'écart type $\sigma_{\overline{x}}$ de la distribution des valeurs possibles pour $\overline{X}$;
- calculer la marge d'erreur associée au niveau de confiance considéré : $E = z\sigma_{\overline{x}}$;
- construire et interpréter l'intervalle de confiance : $\overline{x} - E \leq \mu \leq \overline{x} + E$.

EXEMPLE 1

Supposons que Nicole, Hélène et Claude prélèvent chacun un échantillon de taille 60 dans la population des 907 chefs de ménage afin d'estimer la moyenne d'âge μ de cette population avec un niveau de confiance de 95 %.

a) Compléter le tableau :

Nom	Moyenne $\overline{x}$ de l'échantillon	Marge d'erreur $E = z\sigma_{\overline{x}}$	Intervalle de confiance $\overline{x} - E \leq \mu \leq \overline{x} + E$
Nicole	$\overline{x}$ = 43,4 ans	E = 3,1 ans	40,3 ans $\leq \mu \leq$ 46,5 ans
Hélène	$\overline{x}$ = 46,2 ans	E =	
Claude	$\overline{x}$ = 41,0 ans	E =	

Interprétation

Chacun estime qu'il y a 95 % de chances que la moyenne d'âge μ de la population se situe à au plus 3,1 ans de la moyenne d'âge des 60 personnes de son échantillon. Comme le hasard leur a donné des échantillons différents, ils ont donc obtenu des intervalles de confiance différents, chacun affirmant qu'il y a 95 % de chances que l'intervalle de confiance qu'il a construit contienne μ.

b) Exceptionnellement dans ce cas-ci, nous connaissons l'âge moyen μ de la population (v. p. 169). Sachant que $\mu = 44{,}5$ ans, y a-t-il, parmi les intervalles construits, un intervalle qui ne contient pas la moyenne μ de la population ?

Si oui, l'intervalle de qui ? _____

Quelles étaient les chances que cela se produise ? _____

Représentation graphique d'un intervalle de confiance

Le fait de connaître la moyenne μ de la population va permettre de représenter graphiquement les intervalles de confiance construits sur la distribution des valeurs possibles pour $\overline{X}$.

Indiquer la position de la moyenne μ de la population sur chacun de ces intervalles.

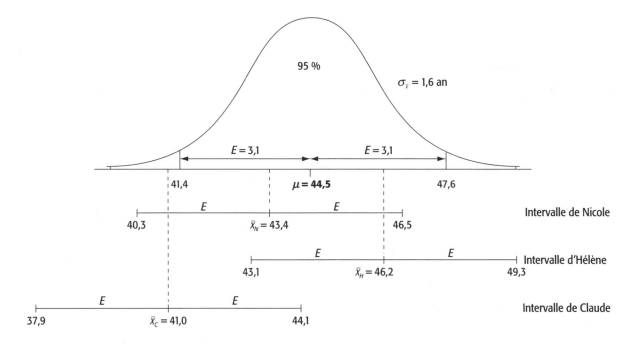

REMARQUE Il faut bien comprendre dans le graphique ci-dessus que le centre de l'intervalle de confiance est la moyenne $\overline{x}$ de l'échantillon, alors que le centre de la courbe normale des valeurs possibles pour $\overline{X}$ est la moyenne μ de la population.

Analogie avec le jeu de fléchettes

On peut faire une certaine analogie entre un jeu de fléchettes (voir l'illustration à la page suivante) et une estimation de μ par intervalle de confiance. Associons la position de la fléchette sur la cible à la moyenne $\overline{x}$ d'un échantillon et le centre de la cible à la moyenne μ de la population. Aux fléchettes, l'objectif est de lancer la fléchette le plus près possible du centre de la cible. Idéalement, on voudrait que $\overline{x} = \mu$, mais on sait qu'un tel résultat ne s'obtient pas facilement.

Supposons que l'expérience démontre que 95 % des fléchettes lancées par un joueur arrivent à au plus 8 cm du centre de la cible. On peut déduire de ce qui précède qu'en dessinant un cercle de 8 cm de rayon, centré sur la position ($\overline{x}$) d'une fléchette, ce cercle aura 95 % de chances de contenir le centre de la cible (μ).

Ce cercle est un intervalle de confiance pour μ au niveau de confiance de 95 %. Le rayon de 8 cm représente la marge d'erreur E. Il est à noter que le centre du cercle construit sera toujours $\bar{x}$, la position de la fléchette, et que celle-ci peut arriver n'importe où sur la cible. Si la fléchette lancée arrive dans la zone noire, le cercle dessiné ne contiendra pas le centre de la cible ; les risques que cela se produise sont de 5 %.

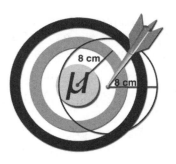

EXEMPLE 2

Que se passera-t-il si le niveau de confiance d'une estimation passe de 95 % à 99 % ?

Représentation graphique de la situation

On peut facilement voir sur la distribution des valeurs possibles pour $\bar{X}$ que l'augmentation du niveau de confiance de 95 % à 99 % fait augmenter la marge d'erreur de l'estimation. Par conséquent, l'intervalle de confiance sera plus grand.

Indiquer sur le graphique qui suit la valeur de la marge d'erreur pour un niveau de confiance de 99 %.

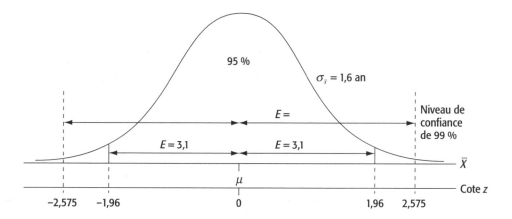

Effet de la variation du niveau de confiance sur la marge d'erreur

L'augmentation du niveau de confiance d'une estimation a l'avantage d'augmenter les chances de voir l'intervalle de confiance contenir la moyenne μ de la population, mais a l'inconvénient d'augmenter la marge d'erreur de cette estimation, donnant ainsi une estimation moins précise de μ.

EXEMPLE 3

Statistique Canada effectue régulièrement des études par sondage pour déterminer, entre autres choses, le revenu moyen des familles par province. En 1999, un échantillon de 5 323 familles québécoises lui avait donné une moyenne de revenu par famille de 56 657 $, avec un écart type corrigé de 42 462 $. Construire un intervalle de confiance au niveau de 90 % permettant d'estimer le revenu moyen des familles du Québec.

Source : Statistique Canada.

Solution

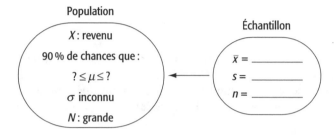

Interprétation de l'intervalle de confiance

En se basant sur la moyenne de l'échantillon, on peut dire qu'il y a 90 % de chances que le revenu moyen de l'ensemble des familles du Québec se situe entre _____ et _____.
Il y a donc un risque de _____ % que le revenu moyen des familles du Québec ne se situe pas entre ces deux valeurs.

> ### Estimation de l'écart type σ d'une population lorsque celui-ci est inconnu
>
> Lorsque l'écart type σ de la population est inconnu, on se sert de l'écart type corrigé s de l'échantillon comme estimateur de σ pour calculer $\sigma_{\bar{x}}$:
>
> $$\sigma_{\bar{x}} = \frac{\sigma}{\sqrt{n}} \approx \frac{s}{\sqrt{n}}$$
>
> Il ne faut pas oublier de multiplier par le facteur de correction $\left(\sqrt{(N-n)/(N-1)}\right)$ si $N < 20n$.

Estimation ponctuelle

Il arrive souvent, dans une étude statistique, surtout lorsqu'on présente un court résumé des résultats obtenus, que l'on fasse une estimation ponctuelle de la moyenne μ. Celle-ci consiste à prétendre que la moyenne μ de la population est égale à la moyenne $\bar{x}$ de l'échantillon. Par exemple, les nouvelles télévisées diffuseront ainsi la conclusion de l'étude réalisée à l'exemple précédent :

> « Selon une étude menée par Statistique Canada,
> le revenu moyen des familles québécoises était de 56 657 $ en 1999. »

Le défaut de ce type d'estimation est que l'égalité est rarement vraie puisqu'il y aura un écart entre $\bar{x}$ et μ. Toutefois, si la marge d'erreur entre $\bar{x}$ et μ est petite par rapport à la valeur de la moyenne (comme c'est le cas ici avec moins de 957 $), une telle affirmation pourrait être acceptable.

Afin de permettre aux lecteurs de porter un jugement sur la valeur d'un sondage, on exige de plus en plus de connaître la marge d'erreur des estimations (c'est même une règle dans le cas des sondages publiés). Les résultats du sondage du troisième exemple seraient publiés de la façon suivante dans les quotidiens :

> Le revenu moyen des familles québécoises était de 56 657 $ en 1999 [...]
>
> **Méthodologie du sondage**
>
> Ce sondage a été réalisé par Statistique Canada auprès d'un échantillon aléatoire de 5 323 familles québécoises. Avec un échantillon de cette taille, la marge d'erreur de l'estimation est de 957 $, 18 fois sur 20.

Exercice éclair

Un sondage portant sur les mariages qui ont eu lieu au Québec en 1998 indique une moyenne d'âge de 28,2 ans, avec un écart type corrigé de 6,8 ans pour les 100 femmes de l'échantillon qui en étaient à leur premier mariage.

a) Utiliser ces résultats pour construire un intervalle de confiance au niveau de 95 % permettant d'estimer l'âge moyen de l'ensemble des Québécoises qui se sont mariées pour la première fois en 1998.

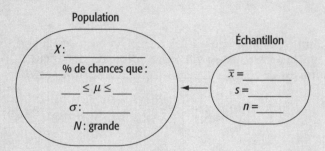

Interprétation de l'intervalle de confiance

Il y a _____ % de chances que l'âge moyen de l'ensemble des Québécoises qui se sont mariées pour la première fois en 1998 soit compris entre _____ ans et _____ ans.

b) Un article paru dans le journal résumait ce sondage ainsi :

> Un sondage sur les mariages qui ont eu lieu au Québec indique que la moyenne d'âge des Québécoises qui se sont mariées pour la première fois en 1998 était de 28,2 ans.

L'estimation utilisée est-elle ponctuelle ou par intervalle ? _____

Selon vous, ce type d'estimation est-il acceptable dans ce cas-ci ? _____

Sur quoi vous basez-vous pour porter ce jugement ? _____

_____

Compléter la méthodologie du sondage qui suit.

Méthodologie

Ce sondage fut mené auprès d'un échantillon de _____ Québécoises qui en étaient à leur premier mariage en 1998. Avec un échantillon de cette taille, la marge d'erreur de l'estimation est de _____ an, _____ fois sur 20.

c) Vrai ou faux ?

1. Il y a 95 % de chances que l'écart entre $\bar{x}$ et μ soit de 1,3 an. _____

2. Si l'on augmente le niveau de confiance à 99 %, la marge d'erreur sera plus petite. _____

6.6 Taille de l'échantillon pour estimer une moyenne

Quel est l'effet de la variation de la taille de l'échantillon sur la marge d'erreur ?

EXEMPLE

On prélève trois échantillons de taille différente (36, 100 et 500) parmi tous les étudiants de l'Université Laval afin d'estimer l'âge moyen des étudiants avec un niveau de confiance de 95 %. Des études antérieures ont démontré que l'écart type σ de l'âge des étudiants de l'Université pouvait être estimé à 5,7 ans. Voici les courbes normales de la distribution de valeurs possibles pour $\bar{X}$ correspondant à chaque taille d'échantillon. Calculer la marge d'erreur de l'estimation pour chaque cas et comparer.

1. Pour $n = 36$, on a $E =$ _____

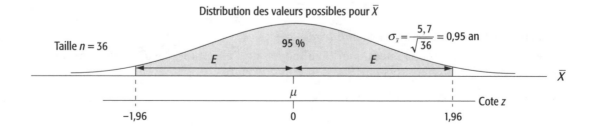

Distribution des valeurs possibles pour $\bar{X}$

Taille $n = 36$ 95 % $\sigma_{\bar{x}} = \dfrac{5,7}{\sqrt{36}} = 0,95$ an

E E

μ

Cote z

$-1,96$ 0   1,96

2. Pour $n = 100$, on a $E =$ _____

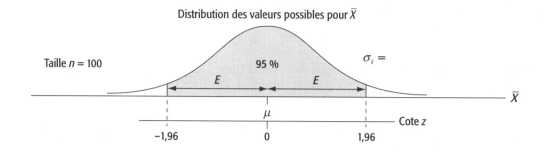

Distribution des valeurs possibles pour $\bar{X}$

Taille $n = 100$ 95 % $\sigma_{\bar{x}} =$

3. Pour $n = 500$, on a $E =$ _____

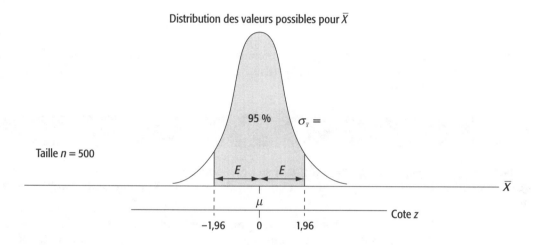

Distribution des valeurs possibles pour $\bar{X}$

Taille $n = 500$ 95 % $\sigma_{\bar{x}} =$

Effet de la variation de la taille de l'échantillon sur la marge d'erreur

Pour un même niveau de confiance, plus on augmente la taille de l'échantillon, plus l'écart type $\sigma_{\bar{x}}$ diminue, ce qui a pour conséquences de diminuer la marge d'erreur et par le fait même de donner une estimation plus précise de la moyenne de la population.

On peut fixer d'avance la marge d'erreur que l'on ne veut pas excéder et choisir la taille de l'échantillon en conséquence. Comme nous venons de le voir, plus l'échantillon sera grand, plus la marge d'erreur sera petite, mais plus les coûts du sondage augmenteront.

EXEMPLE

Quelle taille minimale d'échantillon faudrait-il retenir pour estimer la moyenne d'âge des étudiants de l'Université Laval avec une marge d'erreur d'au plus 1,5 an et un niveau de confiance de 95 %, si des études antérieures ont donné un écart type σ de 5,7 ans pour la population ?

Solution

On cherche n tel que la marge d'erreur soit $E = 1,5$ an pour un niveau de confiance à 95 %. Écrivons la formule donnant la marge d'erreur :

$$E = z\sigma_{\bar{x}} \Leftrightarrow E = z\frac{\sigma}{\sqrt{n}}$$

En remplaçant les valeurs que l'on connaît dans cette équation, on a :

$$1,5 = 1,96\frac{5,7}{\sqrt{n}}$$

En isolant n, on obtient : $\sqrt{n} = \dfrac{1,96 \times 5,7}{1,5}$, d'où $n = \left(\dfrac{1,96 \times 5,7}{1,5}\right)^2 = 55,5$ (soit 56 étudiants)

Il faudrait prélever un échantillon de 56 étudiants, au minimum, pour obtenir une marge d'erreur d'au plus 1,5 an dans l'estimation de l'âge de tous les étudiants de l'Université Laval.

REMARQUE Quand la valeur de σ est inconnue, on fait une enquête préliminaire avec un échantillon de petite taille, et on utilise l'écart type corrigé s de cet échantillon comme estimateur de σ.

Exercice éclair

Une machine, précise à 80 mL près, remplit des contenants de jus selon une distribution normale. On désire estimer le volume moyen de jus contenu dans les 1 600 contenants remplis durant la dernière heure.

a) Quelle taille d'échantillon faudrait-il prélever pour obtenir une estimation de μ, au niveau de confiance de 99 %, avec une marge d'erreur d'au plus 30 mL si l'on utilise la précision de la machine comme écart type σ de la population ?

b) Supposons que l'on utilise 3 échantillons de taille différente pour estimer le volume moyen de jus de la production de la dernière heure : un de 25 contenants, un de 75 contenants et un de 150 contenants.

1. Avec quelle taille d'échantillon l'estimation sera-t-elle la plus précise ? _____

2. Les trois courbes qui suivent représentent la distribution des valeurs possibles pour la moyenne $\overline{X}$ correspondant à chacun de ces échantillons. Indiquer la courbe normale qui représente la distribution d'échantillonnage de $\overline{X}$:

   – pour l'échantillon de taille 150, c'est la courbe _____.

   – pour l'échantillon de taille 75, c'est la courbe _____.

Distribution des valeurs possibles pour $\overline{X}$

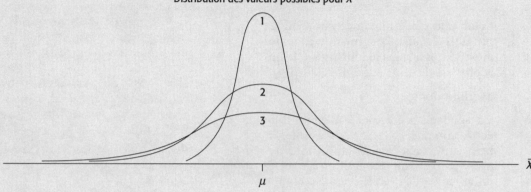

6.7 Exercices

1. a) On sait que le poids des contenants remplis par une machine obéit à une loi normale dont l'écart type σ est de 0,7 gramme. Pour un échantillon de 100 contenants prélevés au hasard dans la production de cette machine, on obtient un poids moyen de 49,7 grammes. Construire l'intervalle de confiance, au niveau de 95 %, permettant d'estimer le poids moyen de tous les contenants remplis par cette machine et interpréter cet intervalle.

   b) Donner et interpréter le risque d'erreur.

   c) Donner et interpréter la marge d'erreur.

2. On construit un intervalle de confiance pour estimer μ à l'aide d'un échantillon de taille 50.

   a) Trouver la cote z pour les niveaux de confiance suivants :
   i)   80 %
   ii) 93 %
   iii) 97 %

   b) Lequel de ces trois niveaux de confiance donnera la plus petite marge d'erreur ? le plus grand risque d'erreur ?

3. a) Pour tenter de régler un problème de disponibilité de lignes pour les appels interurbains le jour de la fête des Mères, Bell Canada mène une étude par échantillonnage sur la durée des appels. On utilise la durée, en minutes, d'un échantillon aléatoire de 36 appels interurbains effectués le jour de la fête des Mères. Construire un intervalle de confiance au niveau de 95 % pour estimer la durée moyenne (en minutes) des appels interurbains ce jour-là, à partir des résultats suivants :

3,5	3,5	5,2	8,6
2,3	6,3	3,4	3,1
4,2	6,0	10,2	6,7
2,2	2,1	4,9	2,6
12,4	3,1	3,8	7,2
4,5	7,4	4,9	2,9
4,0	3,8	9,3	4,6
3,3	20,7	5,3	3,3
5,2	4,3	4,7	2,8

b) Le graphique suivant présente les résultats obtenus en *a*. Le compléter.

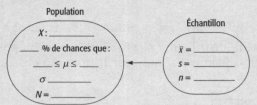

c) Compléter l'article suivant qui résume le sondage :

> Selon une étude effectuée par sondage par Bell Canada, la durée moyenne des appels interurbains le jour de la fête des Mères est de _____ minutes [...]
>
> **Méthodologie**
>
> Ce sondage a été mené à partir d'un échantillon de _____ appels interurbains effectués le jour de la fête des Mères. Avec un échantillon de cette taille, la marge d'erreur de l'estimation est _____, ____ fois sur 20.

4. On désire estimer par intervalle de confiance, au niveau de confiance de 95 %, le volume moyen de bière par bouteille d'une production de plusieurs milliers de bouteilles. La machine qui remplit les bouteilles est précise à 3 mL près. On prélève au hasard 125 bouteilles provenant de la production et on obtient un volume moyen de 337 mL par bouteille. Construire l'intervalle de confiance demandé.

5. Vrai ou faux ?

a) On peut interpréter le niveau de confiance de 95 % pour l'intervalle construit au numéro 4 ainsi :

1. Il y a 95 % de chances que le volume moyen de bière par bouteille de l'échantillon se situe entre 336,5 mL et 337,5 mL.

2. Il y a 95 % de chances d'être dans l'intervalle de confiance construit.

3. Il y a 95 % de chances que le volume moyen de bière par bouteille de la production se situe entre 336,5 mL et 337,5 mL.

4. Il y a 95 % de chances que le volume moyen de bière par bouteille de la production soit compris dans l'intervalle construit.

b) On peut interpréter le risque d'erreur de 5 % pour l'intervalle construit au numéro 4 ainsi :

1. Il y a 5 % de chances que je me trompe en calculant l'intervalle de confiance.

2. Il y a 5 % de chances que le volume moyen de bière par bouteille de l'échantillon ne se situe pas dans l'intervalle construit.

3. Il y a 5 % de chances que le volume moyen de bière par bouteille de la production ne se situe pas dans l'intervalle construit.

4. Il y a 5 % de chances que le volume moyen de bière par bouteille soit inférieur à 336,5 mL ou supérieur à 337,5 mL.

6. a) Utiliser l'information du graphique ci-dessous pour estimer μ par intervalle de confiance.

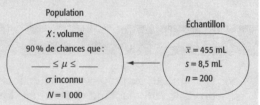

b) Il y a _____ de chances que la marge d'erreur entre la moyenne de l'échantillon et la moyenne de la population soit supérieure à _____.

c) Quel type d'estimation utilise-t-on si l'on estime la valeur de μ ainsi :
   i) $\mu = 455$ mL ?
   ii) $454,1$ mL $\leq \mu \leq 455,9$ mL ?

d) Quelle est la plus grande marge d'erreur possible entre μ et $\overline{x}$? Pourquoi n'utilise-t-on pas cette marge d'erreur pour estimer μ ?

7. Une équipe de chercheurs suit le développement de jeunes enfants depuis leur naissance afin d'établir une courbe de croissance donnant la distribution de leur taille et de leur poids selon l'âge. Voici le tableau de distribution du poids des 500 filles de l'échantillon, à l'âge de 3 ans.

**Répartition de 500 filles
de 3 ans selon le poids**

Poids (en kg)	Nombre de filles
[11 ; 12[	45
[12 ; 13[	80
[13 ; 14[	140
[14 ; 15[	125
[15 ; 16[	70
[16 ; 17[	40
Total	500

a) Estimer par un intervalle de confiance au niveau de 95 % le poids moyen des filles de 3 ans.

b) Dans ce cas-ci, l'estimation ponctuelle serait-elle acceptable ? Commenter.

8. a) Si l'on augmente le niveau de confiance de 90 % à 99 %, la marge d'erreur dans l'estimation de μ sera-t-elle plus grande ou plus petite ?

b) Si l'on augmente la taille d'un échantillon tout en gardant le même niveau de confiance, la marge d'erreur dans l'estimation de μ sera-t-elle plus grande ou plus petite ?

9. Utiliser l'information contenue dans l'article qui suit pour répondre aux questions.

Se rendre au travail

Selon un sondage de Statistique Canada, les travailleurs canadiens prennent en moyenne 48 minutes par jour pour faire la navette entre la maison et le travail en 1999 [...]

Méthodologie

Ce sondage a été effectué par Statistique Canada dans le cadre de l'*Enquête sociale générale* de 1999 auprès d'un échantillon de 8 340 travailleurs canadiens. La marge d'erreur avec un échantillon de cette taille est de 0,4 minute, 19 fois sur 20.

Source : Statistique Canada.

a) Donner l'estimation ponctuelle du temps moyen que prennent l'ensemble des travailleurs canadiens pour se rendre au travail selon cette étude. Cette estimation ponctuelle est-elle acceptable ?

b) Donner et interpréter l'intervalle de confiance du temps moyen que prennent l'ensemble des travailleurs canadiens pour se rendre au travail en utilisant l'information donnée dans la méthodologie.

10. Calculer la taille minimale de l'échantillon à prélever pour estimer le poids moyen des sacs de sucre remplis par une machine avec une marge d'erreur d'au plus 0,03 kg, en utilisant un intervalle de confiance au niveau de 99 %. On considère que la distribution du poids des sacs obéit à une loi normale dont l'écart type est de 0,1 kg.

11. Calculer la taille minimale de l'échantillon à prélever pour estimer le revenu familial moyen des familles d'un quartier à 500 $ près, avec un niveau de confiance de 95 %, si l'on estime l'écart type des revenus à 3 500 $.

12. Quelle taille d'échantillon faudrait-il définir pour effectuer l'enquête du numéro 3 si l'on veut une marge d'erreur d'au plus 0,5 min ?

6.8   Estimation d'un pourcentage d'une population

Nous venons de voir comment, à partir de la moyenne d'un échantillon, on peut estimer la moyenne d'une population pour des variables quantitatives comme l'âge, le salaire, le poids, etc. Nous allons maintenant travailler principalement avec des variables qualitatives telles que le sexe, l'état civil, l'opinion, etc. Nous chercherons à estimer, pour une des catégories d'une variable qualitative, le pourcentage d'individus de la population dans cette catégorie à partir du pourcentage observé dans un échantillon. Les sondages par lesquels on cherche à estimer un pourcentage pour une population sont ceux que l'on rencontre le plus souvent dans les journaux : tous les sondages portant sur les intentions de vote, que ce soit pour une élection ou un référendum, sont de ce type.

Ce sujet sera abordé en suivant la même démarche que celle qui a été appliquée pour l'estimation d'une moyenne. Dans un premier temps, nous chercherons à prédire les valeurs que le hasard peut donner comme pourcentage échantillonnal lorsque le pourcentage d'une population est connu. Une fois que nous aurons découvert les lois du hasard, nous utiliserons celles-ci pour estimer le pourcentage d'une population à l'aide de celui d'un échantillon.

Notations

Le pourcentage d'unités statistiques ayant une même caractéristique sera noté :

- p s'il s'agit d'unités statistiques d'une population ;
- $\hat{p}$ (lire « p chapeau ») s'il s'agit d'unités statistiques d'un échantillon.

6.8.1   Distribution des valeurs possibles pour un pourcentage d'échantillon

Pour en arriver à estimer un pourcentage pour une population, à partir du pourcentage que le hasard nous aura donné pour un échantillon, il nous faut d'abord connaître les lois du hasard qui s'appliquent dans le cas de l'étude d'un pourcentage. Concrètement, si nous trouvons la réponse à la question suivante, nous aurons alors trouvé les règles de fonctionnement du hasard.

Si l'on connaît le pourcentage p *pour une population, peut-on prédire les valeurs que le hasard peut donner comme pourcentage* $\hat{p}$ *pour un échantillon ?*

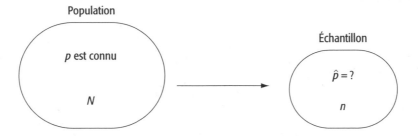

MISE EN SITUATION

Soit une petite population de six cégépiens. Considérons la variable « secteur d'études » dont les catégories sont : général (G), professionnel (P).

Voici le secteur d'études des étudiants de la population :

1. P   2. G   3. G   4. P   5. G   6. P

Intéressons-nous aux étudiants du secteur professionnel.

Étude de la population

❓ Quel pourcentage d'étudiants de la population étudient au secteur professionnel ? $p =$ _____

Étude des pourcentages possibles pour un échantillon

On prélève un échantillon aléatoire de quatre étudiants dans cette population. Posons la question :

Quelles valeurs le hasard peut-il donner comme pourcentage d'étudiants au secteur professionnel dans l'échantillon ?

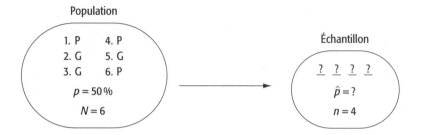

Pour trouver une réponse à cette question, nous allons prélever dans la population tous les échantillons possibles de taille 4 que le hasard peut donner (il y en a 15 en tout).

❓ Voici la liste de ces échantillons. Compléter l'information pour les deux derniers échantillons.

Échantillon pigé	Secteur d'études	Pourcentage au professionnel
{1, 2, 3, 4}	P, G, G, P	$\hat{p} = 50\%$
{1, 2, 3, 5}	P, G, G, G	$\hat{p} = 25\%$
{1, 2, 3, 6}	P, G, G, P	$\hat{p} = 50\%$
{1, 2, 4, 5}	P, G, P, G	$\hat{p} = 50\%$
{1, 2, 4, 6}	P, G, P, P	$\hat{p} = 75\%$
{1, 2, 5, 6}	P, G, G, P	$\hat{p} = 50\%$
{1, 3, 4, 5}	P, G, P, G	$\hat{p} = 50\%$
{1, 3, 4, 6}	P, G, P, P	$\hat{p} = 75\%$
{1, 3, 5, 6}	P, G, G, P	$\hat{p} = 50\%$
{1, 4, 5, 6}	P, P, G, P	$\hat{p} = 75\%$
{2, 3, 4, 5}	G, G, P, G	$\hat{p} = 25\%$
{2, 3, 4, 6}	G, G, P, P	$\hat{p} = 50\%$
{2, 4, 5, 6}	G, P, G, P	$\hat{p} = 50\%$
{2, 3, 5, 6}	_____	$\hat{p} =$ _____
{3, 4, 5, 6}	_____	$\hat{p} =$ _____

Dans la colonne de droite, nous voyons que les valeurs possibles pour $\hat{P}$ sont : 25 %, 50 % et 75 %. Toutefois, il semble qu'il y a plus de chances de piger un échantillon donnant un pourcentage de 50 % que de 25 %. Pour mieux analyser les données, nous allons construire la **distribution des valeurs possibles pour $\hat{P}$**.

Répartition de tous les échantillons possibles selon la valeur de $\hat{P}$

Valeurs possibles pour $\hat{P}$	Nombre d'échantillons	Pourcentage
25 %	3	20 %
50 %	9	60 %
75 %	3	20 %
Total	15	100 %

Analyse des données

Sachant que 50 % des étudiants de la population sont inscrits au secteur professionnel, ce tableau indique qu'il y a 60 % de chances qu'il y ait deux étudiants au professionnel parmi les quatre étudiants de l'échantillon et seulement 20 % de chances qu'il y ait un seul étudiant.

? Compléter cette analyse en calculant la moyenne et l'écart type des valeurs possibles pour $\hat{P}$. La moyenne sera notée $\mu_{\hat{p}}$ et l'écart type $\sigma_{\hat{p}}$. Utiliser le mode statistique de la calculatrice pour effectuer ces calculs.

Moyenne des $\hat{p}$: $\mu_{\hat{p}} = $ _____   Écart type des $\hat{p}$: $\sigma_{\hat{p}} = $ _____

? Vérifier les égalités suivantes:

- Moyenne des $\hat{p}$: $\mu_{\hat{p}} = p = $ _____

- Écart type des $\hat{p}$: $\sigma_{\hat{p}} = \sqrt{\dfrac{p(100-p)}{n}}\sqrt{\dfrac{N-n}{N-1}} = $

- Forme de la distribution des valeurs possibles pour $\hat{P}$:

  La représentation graphique de la distribution des valeurs possibles pour $\hat{P}$ laisse entrevoir la possibilité que cette distribution suit un modèle normal. Ce sera effectivement le cas, sous certaines conditions qui seront énoncées dans le théorème qui suit.

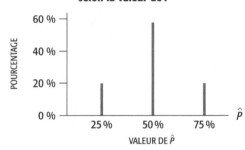

Répartition de tous les échantillons possibles selon la valeur de $\hat{P}$

Le théorème suivant donne la réponse à la question formulée au début de la section:

Si l'on connaît le pourcentage p pour une population, peut-on prédire les valeurs que le hasard peut donner comme pourcentage p̂ pour un échantillon?

Théorème central limite pour un pourcentage

Si, d'une population ayant un pourcentage de p unités statistiques possédant une même caractéristique, on prélève un échantillon aléatoire de taille n, alors la distribution des valeurs possibles pour $\hat{P}$ (pourcentage d'unités de l'échantillon ayant cette caractéristique) a les caractéristiques suivantes :

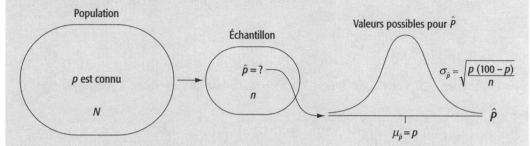

- La moyenne des $\hat{p}$ est égale à p : $\mu_{\hat{p}} = p$

- L'écart type des $\hat{p}$ est égal à :

$$\sigma_{\hat{p}} = \begin{cases} \sqrt{\dfrac{p(100-p)}{n}} & \text{si la population est grande } (N \geq 20n) \\[2em] \sqrt{\dfrac{p(100-p)}{n}} \sqrt{\dfrac{N-n}{N-1}} & \text{si la population est petite } (N < 20n) \end{cases}$$

N.B. : On donne le nom de **facteur de correction** à l'expression $\sqrt{(N-n)/(N-1)}$.

- La forme de la distribution est celle d'une courbe normale si les conditions[1] suivantes sont réunies :

    1) $n \geq 30$ 2) $np \geq 500$ 3) $n(100-p) \geq 500$ où p est exprimé en pourcentage

EXEMPLE

Dans un cégep, 55 % des 3 000 étudiants sont des femmes. On prélève au hasard un échantillon de 100 étudiants et l'on s'intéresse au pourcentage $\hat{p}$ de femmes dans l'échantillon.

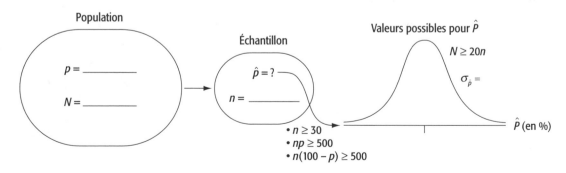

---

1. Quand ces conditions ne sont pas réunies, la distribution suit un modèle binomial.

a) Vérifier les conditions d'application du modèle normal pour la distribution des valeurs possibles pour $\hat{P}$.

Solution

b) Donner la moyenne ($\mu_{\hat{p}}$) et l'écart type ($\sigma_{\hat{p}}$) de la distribution des valeurs possibles pour $\hat{P}$.

Solution

c) Quels sont le plus petit et le plus grand pourcentage de femmes que le hasard peut donner pour l'échantillon, en négligeant les valeurs ayant moins de 0,3 % de chances d'être obtenues ?

Solution

Plus petit pourcentage pour $\hat{p}$: $\hat{p}_{\min} =$

Plus grand pourcentage pour $\hat{p}$: $\hat{p}_{\max} =$

d) Compléter :

Il y a 95 % de chances que l'écart entre $\hat{p}$ et p soit d'au plus _____ %.

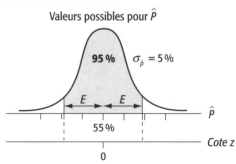

Exercice éclair

Dans un cégep, 22 % des 3 500 étudiants sont inscrits en sciences de la nature. On prélève un échantillon de 400 étudiants de ce cégep et l'on s'intéresse au pourcentage d'étudiants inscrits en sciences de la nature dans l'échantillon.

a) Vérifier si l'on respecte les trois conditions permettant d'affirmer que la distribution des valeurs possibles pour $\hat{P}$ suit un modèle normal.

Solution

b) Compléter le graphique afin de refléter la situation décrite.

Solution

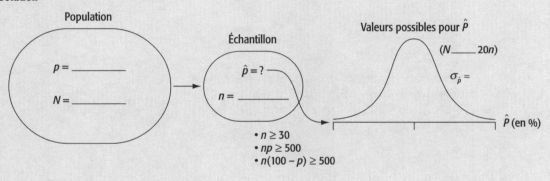

c) Encercler le pourcentage qui a très peu de chances d'être obtenu comme pourcentage échantillonnal d'étudiants inscrits en sciences de la nature.

25,7 %   18,2 %   14,3 %   26,6 %

d) Pour 95 % des échantillons possibles, l'écart entre le pourcentage de l'échantillon et le pourcentage de la population sera au plus de quelle valeur ? Représenter graphiquement.

Solution

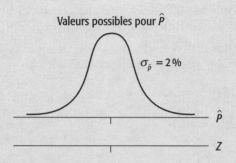

Valeurs possibles pour $\hat{P}$

$\sigma_{\hat{p}} = 2\%$

$\hat{P}$

Z

e) La zone blanche ci-contre devrait contenir 80 % des échantillons possibles.

i) L'échantillon prélevé est-il situé dans cette zone si l'écart entre $\hat{p}$ et p est de 3,2 % ?

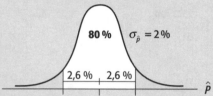

Valeurs possibles pour $\hat{P}$

80 % $\sigma_{\hat{p}} = 2\%$

2,6 % 2,6 %

$\hat{P}$

ii) Situer approximativement la valeur de $\hat{p}$ sur l'axe de la courbe normale.

iii) Donner deux pourcentages échantillonnaux qui pourraient se situer dans la zone blanche.

Solution

6.8.2 **Estimation d'un pourcentage par intervalle de confiance**

Maintenant que nous pouvons prédire les écarts que le hasard peut donner entre le pourcentage p de la population et le pourcentage $\hat{p}$ d'un échantillon, nous sommes en mesure de répondre à la question :

Si l'on connaît le pourcentage $\hat{p}$ d'un échantillon,
peut-on trouver le pourcentage p de la population ?

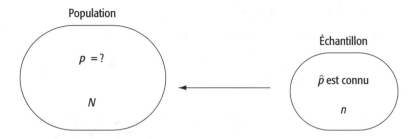

Nous ne pourrons trouver la valeur exacte de p, mais, tout comme nous l'avons fait pour une moyenne, nous pourrons donner un intervalle qui aura de bonnes chances de le contenir.

On appliquera la même procédure pour construire un intervalle de confiance pour un pourcentage p que celle qui a été suivie pour construire un intervalle de confiance pour une moyenne μ.

> **Estimation d'un pourcentage d'une population par intervalle de confiance**
>
> Voici la démarche à suivre pour construire un intervalle de confiance pour p :
> - Déterminer l'écart type $\sigma_{\hat{p}}$ de la distribution des valeurs possibles pour $\hat{P}$;
> - Calculer la marge d'erreur associée au niveau de confiance considéré : $E = z\sigma_{\hat{p}}$;
> - Construire et interpréter l'intervalle de confiance : $\hat{p} - E \leq p \leq \hat{p} + E$.

Il reste un dernier problème à résoudre avant de pouvoir construire un intervalle de confiance pour p. Comment calculer la valeur de l'écart type $\sigma_{\hat{p}}$ alors que son calcul nécessite la connaissance du pourcentage p de la population et que celui-ci est inconnu ?

Pour contourner cette difficulté, il est d'usage de remplacer p par $\hat{p}$ dans la formule de $\sigma_{\hat{p}}$:

$$\sigma_{\hat{p}} = \sqrt{\frac{p\,(100 - p)}{n}} \approx \sqrt{\frac{\hat{p}\,(100 - \hat{p})}{n}}$$

REMARQUE Avec la même logique, on dira que la distribution des valeurs possibles pour $\hat{P}$ suit une normale si :

$n \geq 30$, $n\hat{p} \geq 500$ et $n(100 - \hat{p}) \geq 500$ où $\hat{p}$ est exprimé en pourcentage.

EXEMPLE

Le problème suivant est inspiré d'un article paru dans le journal *Le Soleil* le 3 juin 1993.

> ### Trudeau éclipse toujours Mulroney
>
> Le spectre de Pierre Trudeau continue d'éclipser Brian Mulroney
>
> ———
>
> En effet, selon un sondage Gallup, 62 % des Canadiens pensent que l'ancien chef libéral a été le meilleur premier ministre, ce qui représente une augmentation de 3 % par rapport à 1990.
>
> 21 % des personnes interrogées pensent que Mulroney a été meilleur que Trudeau, 11 % sont d'avis que ces deux hommes ont été également mauvais et 6 % n'ont pas d'opinion.
>
> C'est au Québec que le taux de satisfaction à l'endroit de Trudeau est le plus faible. Il est de 50 %. [...]
>
> ### Méthodologie
>
> Ce sondage a été réalisé sur la foi de 1 026 entrevues téléphoniques auprès de personnes adultes entre le 23 et le 26 avril 1993. La marge d'erreur est d'au plus 3 %, 19 fois sur 20.
>
> Au Québec plus particulièrement, 262 personnes ont été sondées. La marge d'erreur est de 6 %, 19 fois sur 20, en raison de la plus petite taille de l'échantillon.

a) Estimer par intervalle de confiance au niveau de 95 % le pourcentage des Canadiens qui pensent que Pierre Trudeau a été meilleur premier ministre que Brian Mulroney, si 62 % des 1 026 personnes interrogées dans un sondage indiquent avoir préféré Trudeau à Mulroney.

Solution

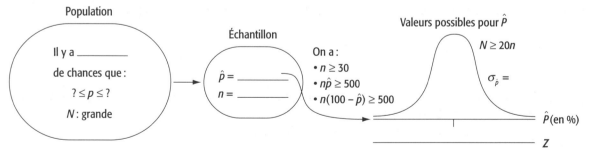

Conclusion du sondage

Selon les résultats de ce sondage, on peut estimer qu'il y a 95 % de chances que le pourcentage des Canadiens qui pensent que Trudeau a été meilleur premier ministre que Mulroney se situe entre _____ et _____ .

Représentation graphique de l'intervalle de confiance

En supposant que le pourcentage de l'échantillon soit effectivement dans la zone de 95 %, le graphique suivant pourrait représenter l'intervalle de confiance construit (la position de $\hat{p}$ a été choisie arbitrairement dans la zone de 95 %). Il faut bien observer que le centre de l'intervalle de confiance est $\hat{p}$ et non p. La position de p sur l'intervalle de confiance est indiquée par une croix : l'écart entre $\hat{p}$ et p est à l'intérieur de la marge d'erreur de 2,9 %.

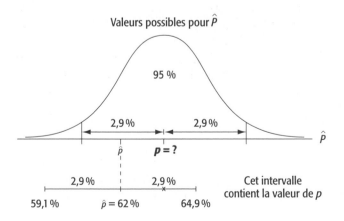

b) Si l'on considère uniquement les 262 Québécois de l'échantillon, le pourcentage des gens affirmant avoir préféré Trudeau n'est plus de 62 %, mais de 50 %. Estimer par un intervalle de confiance au niveau de 95 % le pourcentage des Québécois qui ont préféré Trudeau à Mulroney.

Solution

- $\sigma_{\hat{p}} = \sqrt{\dfrac{50 \times 50}{262}} = 3,1\,\%$

- Marge d'erreur

    $E = z\sigma_{\hat{p}} = 1,96 \times 3,1\,\% \approx 6,1\,\%$ ($E = 6,05\,\%$ si l'on garde toutes les décimales pour $\sigma_{\hat{p}}$.
    Dans l'article, on lit que $E = 6\,\%$.)

- Intervalle de confiance

    $\hat{p} - E \leq p \leq \hat{p} + E$

    $50\,\% - 6,1\,\% \leq p \leq 50\,\% + 6,1\,\%$

    $43,9\,\% \leq p \leq 56,1\,\%$

Conclusion du sondage

On peut estimer qu'il y a 95 % de chances que le pourcentage de Québécois qui pensent que Trudeau a été meilleur premier ministre que Mulroney se situe entre 44 % et 56 %.

Exercice éclair

Pour faire face à une concurrence de plus en plus grande dans la restauration, la chaîne de restaurants St-Hubert a procédé à un vaste plan de relance de son entreprise. Pour connaître l'opinion de sa clientèle sur les changements apportés, elle a mené un sondage auprès de 800 clients. Ces clients ont notamment dû répondre à la question suivante :

« Dans l'ensemble, quel est votre niveau de satisfaction face au rapport qualité-prix
de notre nouveau menu ? »

Répartition des répondants selon le niveau de satisfaction face au rapport qualité-prix

Niveau de satisfaction	Très satisfait	Satisfait	Insatisfait	Pas d'opinion	Total
Nombre de répondants	320	256	192	32	800

a) En se basant sur les résultats de l'échantillon, et en acceptant de courir le risque de se tromper 2 fois sur 20, estimer le véritable pourcentage de clients satisfaits ou très satisfaits du rapport qualité-prix du nouveau menu.

Solution

On a $\hat{p} = $ et un niveau de confiance de _____.

On respecte les conditions d'application du modèle normal,
soit $n \geq 30$, $n\hat{p} \geq 500$ et $n(100 - \hat{p}) \geq 500$.

b) Voici la façon dont les résultats du sondage ont été publiés. Compléter.

    – Dans la chronique « La bonne bouffe » d'un quotidien :

> **La relance de St-Hubert, un succès !**
>
> Les efforts faits par St-Hubert depuis un an pour conserver sa part du marché de la restauration semblent avoir porté fruit.
>
> Un récent sondage confirme en effet que sa clientèle accueille favorablement les changements apportés. Il se dégage entre autres de ce sondage que les clients semblent grandement apprécier le rapport qualité-prix du nouveau menu puisque _____ % d'entre eux s'en sont montrés satisfaits ou très satisfaits [...]
>
> **Méthodologie**
>
> Ce sondage fut mené auprès d'un échantillon de _____ clients. Avec un échantillon de cette taille, la marge d'erreur de l'estimation est de _____ %, _____ fois sur 20.

    – À la radio :

        « Le nouveau menu des restaurants St-Hubert semble bien accueilli par sa clientèle. C'est du moins ce qui semble se dégager d'un récent sondage mené par cette entreprise où _____ % des clients ont dit apprécier le rapport qualité-prix du nouveau menu. »

c) Quel média ne donne qu'une estimation ponctuelle du résultat du sondage ? _____

6.8.3 **Choix de la taille de l'échantillon**

Tout comme nous l'avons fait pour une moyenne, nous pouvons fixer d'avance la marge d'erreur maximale que l'on désire obtenir et choisir la taille de l'échantillon en conséquence. Plus l'échantillon sera grand, plus la marge d'erreur sera petite et, en revanche, plus les coûts du sondage seront élevés.

EXEMPLE

Quelle devrait être la taille de l'échantillon à prélever si l'on désire estimer le pourcentage des électeurs qui appuieront le parti A, avec une marge d'erreur inférieure à 2 % au niveau de confiance de 95 % ?

Solution

On cherche n tel que la marge d'erreur maximale $E = 2\%$, pour un niveau de confiance de 95 %. Écrivons la formule donnant la marge d'erreur :

$$E = z\sigma_{\hat{p}} = z\sqrt{\frac{p(100-p)}{n}} \approx z\sqrt{\frac{\hat{p}(100-\hat{p})}{n}}$$

Dans cette équation, on connaît les valeurs de E et de z, mais pas celle de $\hat{p}$ puisque l'étude n'est pas commencée. Si nous n'avons aucune idée du pourcentage approximatif de $\hat{p}$, nous lui donnerons comme valeur 50 %, car c'est celle qui donne au produit $\hat{p}(100 - \hat{p})$ sa valeur maximale.

Remplaçons E par 2 et $\hat{p}$ par 50 dans l'équation :

$$2 = 1,96 \sqrt{\frac{50 \times 50}{n}}$$

Afin d'isoler l'inconnue n, il faut élever au carré chacun des termes de l'équation :

$$2^2 = 1,96^2 \left(\frac{50 \times 50}{n}\right)$$

$$n = \frac{1,96^2 \times 50 \times 50}{2^2} = 2\,401$$

Pour une marge d'erreur inférieure à 2 %, il faut, au minimum, 2 401 électeurs dans l'échantillon.

> **NOTE** La taille minimale exigée pour une marge d'erreur inférieure à 2 % pourrait être plus petite que 2 401 s'il s'avérait que le pourcentage, estimé ici à 50 %, soit assez différent de cette valeur. Par exemple, supposons qu'un sondage préliminaire effectué auprès de 60 électeurs indique que le pourcentage d'électeurs qui appuieraient le parti A se situe plutôt autour de 10 %. Calculons de nouveau la taille d'échantillon nécessaire pour une marge d'erreur maximale de 2 % :
>
> $$2 = 1,96\sqrt{\frac{10 \times 90}{n}}, \text{ ce qui donne } n = \frac{(1,96)^2 \times 900}{2^2} = 864,4$$
>
> Un minimum de 865 électeurs serait alors suffisant pour obtenir une marge d'erreur inférieure à 2 % dans le sondage.

Exercice éclair

Afin d'inciter ses citoyens à économiser l'eau potable, une municipalité songe à une tarification de l'eau en fonction du volume consommé par résidence. Pour savoir si ce projet recevra un bon accueil dans la population, elle demande à une firme d'effectuer un sondage afin d'estimer le pourcentage de citoyens qui appuieraient une telle mesure.

a) Quelle taille d'échantillon faudrait-il prendre pour que la marge d'erreur de l'estimation n'excède pas 3 %, avec un niveau de confiance de 95 % ?

b) Quelle taille faudrait-il prendre si, *a priori*, on estime à environ 20 % le pourcentage de personnes favorables au projet ?

6.8.4 **Répartition des indécis**

Au cours d'un sondage d'opinion, il arrive souvent que des personnes se disent indécises ou qu'elles refusent de répondre à certaines questions : c'est le cas notamment lorsqu'on demande aux répondants leurs intentions de vote à une élection ou à un référendum. Si leur nombre est élevé, il peut alors être difficile de prédire l'issue du scrutin.

Supposons, par exemple, qu'un sondage effectué deux semaines avant un référendum donne les résultats suivants :

Intentions de vote	Nombre de répondants	Pourcentage
Option OUI	420	42 %
Option NON	380	38 %
Indécis ou refusant de répondre	200	20 %
Total	1 000	100 %

Ces résultats indiquent que le OUI est en avance chez les personnes sondées ; ils nous révèlent aussi qu'il y a un pourcentage élevé de répondants qui sont indécis ou qui refusent de répondre. Le jour du vote, ces personnes devront se prononcer et leur choix sera déterminant pour l'issue du scrutin. C'est pourquoi les spécialistes des sondages essaient souvent de prédire comment elles se répartiront entre les différentes options le jour du vote. Ce n'est pas une tâche facile à faire, et il faut beaucoup de flair et d'expérience pour prévoir le comportement de cette catégorie de répondants.

Une des hypothèses souvent avancées est celle qui veut que, le jour du scrutin, ces personnes voteront globalement dans les mêmes proportions que celles qui se sont prononcées dans le sondage. Cela revient à dire mathématiquement que, si les 1 000 personnes de l'échantillon avaient répondu, elles l'auraient fait de la même façon que les 800 personnes qui ont accepté de donner leur opinion. Avec cette hypothèse, on obtiendrait les pourcentages suivants :

$$\text{Pourcentage pour le OUI parmi les répondants} = \frac{420}{800} \times 100 = 52{,}5\,\%$$

$$\text{Pourcentage pour le NON parmi les répondants} = \frac{380}{800} \times 100 = 47{,}5\,\%$$

Intentions de vote	Nombre de répondants	Pourcentage	Pourcentage après répartition des répondants indécis ou qui ont refusé de répondre
Option OUI	420	42 %	52,5 %
Option NON	380	38 %	47,5 %
Indécis ou refusant de répondre	200	20 %	–
Total	1 000	100 %	100 %

Cette répartition proportionnelle des répondants indécis ou qui ont refusé de répondre confirme l'avantage du camp du OUI.

On peut émettre d'autres hypothèses sur la répartition de cette catégorie de répondants : par exemple que ceux-ci, le jour du scrutin, voteront de la même façon que les personnes qui se sont prononcées et qui ont les mêmes caractéristiques socio-économiques qu'eux (sexe, âge, langue maternelle, etc.). Ce type d'hypothèse demande aux sondeurs de faire une analyse très fine du profil de ces personnes.

Le calcul du pourcentage de répondants indécis ou qui ont refusé de répondre qui ira à chacune des options devient alors très complexe. Ce n'est que le jour du scrutin que l'on pourra vérifier la justesse de l'hypothèse de répartition.

Anecdote

Lors du référendum du 30 octobre 1995 sur la souveraineté du Québec, la bataille était féroce entre les camps du OUI (les souverainistes) et du NON (les fédéralistes) pour courtiser les indécis. Plusieurs sondages indiquaient que leurs votes décideraient de l'issue du référendum. Les spécialistes étaient nombreux à spéculer sur la répartition du vote de cette catégorie de répondants ; l'un d'entre eux émit l'hypothèse que la répartition serait la suivante : 2/3 pour le NON et 1/3 pour le OUI. Le résultat du référendum lui a donné raison ! Grâce à cette répartition, le camp du NON l'a finalement emporté par moins de 1 % des voix : NON : 50,6 % ; OUI : 49,4 %.

Si l'on appliquait ce type de répartition à notre exemple, on obtiendrait les résultats suivants :

Intentions de vote	Nombre de répondants	Pourcentage après répartition des répondants indécis ou qui ont refusé de répondre
Option OUI	420 + (200 × 33,3 %) = 487	48,7 %
Option NON	380 + (200 × 66,7 %) = 513	51,3 %
Indécis ou refusant de répondre	–	–
Total	1 000	100 %

L'option gagnante n'est plus la même ! Vous voyez pourquoi les bons sondeurs y vont avec prudence lorsqu'ils spéculent sur la répartition des indécis et de ceux qui ont refusé de répondre. Il y va de leur réputation.

6.9 Exercices

1. En 2000, 17 % des familles québécoises étaient monoparentales. On prélève un échantillon de 150 familles parmi toutes les familles du Québec et l'on s'intéresse au pourcentage de familles monoparentales dans l'échantillon.

Source : Institut de la statistique du Québec, *Le Québec chiffres en main*, édition 2002.

a) Quels sont le plus petit et le plus grand pourcentage échantillonnal que le hasard pourrait donner ? Compléter l'information du graphique afin d'illustrer la situation.

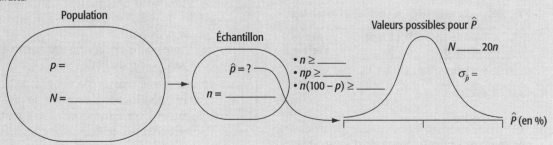

b) i) Pour 80 % de tous les échantillons possibles, l'écart entre le pourcentage $\hat{p}$ de familles monoparentales dans l'échantillon et le pourcentage de 17 % de familles monoparentales dans la population sera au plus de quelle valeur ?

ii) On trouve 21,6 % de familles monoparentales dans l'échantillon. L'échantillon prélevé fait-il partie des 80 % d'échantillons considérés en *i* ?

iii) Le pourcentage de 21,6 % trouvé dans l'échantillon se situe-t-il dans la zone blanche ci-dessous ? Si oui, indiquer la position approximative de $\hat{p}$.

Valeurs possibles pour $\hat{P}$

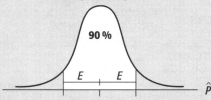

2. Une machine produit 2 % de pièces défectueuses. On prélève un échantillon aléatoire de 100 pièces dans la production de cette machine et l'on s'intéresse au pourcentage de pièces défectueuses que le hasard peut donner dans l'échantillon. Dans ce cas-ci, peut-on affirmer que la distribution des valeurs possibles pour $\hat{p}$ suit une loi normale ? Justifier.

3. Les 4 536 employés d'une usine de textile se répartissent ainsi : 3 280 femmes et 1 256 hommes. On projette d'effectuer un sondage auprès des employés, au niveau de confiance de 95 %. Le tableau suivant donne, pour différentes tailles d'échantillon, l'écart maximal que le hasard peut donner entre le pourcentage de femmes dans l'échantillon et celui de l'usine. Compléter le tableau.

a) **Marge d'erreur selon la taille de l'échantillon**

Taille de l'échantillon	Écart type $\sigma_{\hat{p}}$	Marge d'erreur E
$n = 100$		
$n = 150$		
$n = 200$		

b) Quel est l'effet de l'augmentation de la taille de l'échantillon sur la marge d'erreur ?

4. Utiliser l'information donnée dans l'article suivant pour répondre aux questions.

Près de la moitié de la population canadienne est favorable à l'avortement

Un sondage révèle que 46,6 % de l'ensemble de la population canadienne serait favorable à l'avortement. C'est en Colombie-Britannique et au Québec, avec 54,1 % et 52,5 % respectivement, que l'on trouve les pourcentages les plus élevés en faveur de l'avortement. Le pourcentage le plus faible est dans les Prairies, avec 30,7 %.

On dénombre 37,6 % de Canadiens qui s'opposent à l'avortement et 15,8 % qui ne se prononcent pas.

Méthodologie

Ce sondage a été effectuée par Léger Marketing entre le 18 et le 23 septembre 2001 auprès d'un échantillon aléatoire de 1 506 personnes de 18 ans et plus. Avec un échantillon de cette taille, la marge d'erreur est d'au plus _____, 19 fois sur 20.

Source : Léger Marketing, *Opinion des Canadiens à l'égard de l'avortement.*

a) Compléter la méthodologie du sondage en calculant la marge d'erreur.

b) Construire et interpréter l'intervalle de confiance permettant d'estimer le pourcentage de Canadiens en faveur de l'avortement.

c) Si l'on augmente le niveau de confiance à 99 % :
   i) la marge d'erreur sera-t-elle plus grande ou plus petite ?
   ii) le risque d'erreur sera-t-il plus grand ou plus petit ?
   iii) l'intervalle de confiance sera-t-il plus grand ou plus petit ?

d) Quelle est la marge d'erreur pour le pourcentage de Québécois favorables à l'avortement si l'on dénombre 350 Québécois dans l'échantillon ?

5. Un sondage mené par Crop du 19 au 22 mars 1992, auprès de 1 018 électeurs du Québec, contenait la question suivante : « Si un référendum avait lieu aujourd'hui au Québec et qu'on vous demandait : "Voulez-vous que le Québec devienne un État souverain ?", voteriez-vous OUI ou voteriez-vous NON à cette question ? » Voici la répartition des réponses obtenues :

– OUI : 42 %

– NON : 38 %

– Ne sait pas – Pas de réponse : 20 %

Source : *La Presse*, 30 mars 1992.

Donner la marge d'erreur et l'intervalle de confiance, au niveau de 95 %, du pourcentage de Québécois favorables à la souveraineté du Québec entre le 19 et le 22 mars 1992.

6. Voici un extrait de l'article donnant les résultats du sondage Crop du numéro 5 :

Méthodologie

Les résultats du sondage reposent sur 1 018 entrevues téléphoniques effectuées du 19 au 22 mars dans le cadre du sondage omnibus Crop-Express. Le questionnaire comprenait en tout 28 questions et la durée moyenne des entrevues terminées a été évaluée à 8 minutes.

Les répondants ont été choisis à l'aide d'une grille de sélection aléatoire parmi les personnes de 18 ans et plus résidant dans les ménages sélectionnés et aptes à répondre aux questions en français ou en anglais. Aucune substitution de ménage ou de personne n'était permise.

L'échantillon de ménages a été tiré selon la méthode probabiliste des listes publiées des abonnés du téléphone de l'ensemble du Québec.

Pour les fins du sondage, le Québec a été divisé en trois régions : Montréal Métro, Québec Métro et le reste de la province.

Les entrevues ont été réalisées à partir du central téléphonique de Crop. Sur 1 442 numéros de téléphones jugés valides, 1 018 entrevues ont pu être terminées pendant la période allouée au sondage, soit un taux de réponse de 71 %.

D'un point de vue statistique, un échantillon de cette taille ($n = 1\,018$) est précis à 3 % près, 19 fois sur 20. Rappelons que la marge d'erreur tend à augmenter lorsque les résultats portent sur des sous-groupes de l'échantillon.

Source : *La Presse*, 30 mars 1992.

a) La collecte de données pour ce sondage s'est effectuée sur combien de jours ?

b) Quelle était, en moyenne, la durée des entrevues ?

c) Quelle méthode d'échantillonnage a été retenue pour sélectionner l'échantillon ? À partir de quelles listes l'échantillon a-t-il été prélevé ?

d) Quelle était la taille de l'échantillon au départ ?

e) Comment pourrait-on définir le « taux de réponse » d'un sondage ?

f) D'après la méthodologie, quelle est la marge d'erreur du sondage ? Est-elle compatible avec celle qui a été trouvée au numéro 5 ?

Remarque

Un sondage comporte souvent plusieurs questions ayant des marges d'erreur qui varient selon le pourcentage obtenu pour chaque catégorie de réponses. La méthodologie accompagnant les sondages publiés dans les journaux donne souvent la marge d'erreur que l'on obtient en utilisant 50 % comme pourcentage d'échantillon, puisque c'est avec ce pourcentage que la marge d'erreur est la plus grande.

g) Voici la ventilation des réponses à la question sur la souveraineté par région :

Région	Oui	Non	Ne sait pas – Pas de réponse	Taille de l'échantillon
Montréal Métro	36 %	45 %	19 %	509
Québec Métro	54 %	28 %	18 %	253
Autres régions	45 %	33 %	22 %	256

i) Calculer la marge d'erreur, au niveau de 95 %, permettant d'estimer le pourcentage de personnes favorables à la souveraineté pour les deux régions suivantes : Montréal Métro et Québec Métro.

ii) Les valeurs trouvées en *i* sont-elles compatibles avec le 3 % de marge d'erreur prévu dans la méthodologie ?

iii) Quelle phrase du texte sur la méthodologie nous met en garde contre ce type de situation ?

7. Récemment on pouvait lire dans un journal que 45 % de la population était favorable à un certain projet de loi. Le journal terminait sa nouvelle en mentionnant que ce pourcentage comportait une marge d'erreur d'au plus 4 %, et il ajoutait : « Ce résultat est vrai 19 fois sur 20. » D'après cette nouvelle :

a) Estimer ponctuellement le pourcentage de la population favorable au projet de loi.

b) Estimer par un intervalle de confiance au niveau de 95 % le pourcentage de la population favorable au projet de loi.

c) Quel est le risque d'erreur (en %) qui s'applique à l'intervalle de confiance ?

d) Interpréter la phrase suivante : « Ce résultat est vrai 19 fois sur 20. »

e) Quelle était la taille de l'échantillon lors de ce sondage ?

Note : On supposera ici qu'au moment où le sondeur a déterminé la taille de l'échantillon, il n'avait alors aucune idée du pourcentage qui serait obtenu à la suite du sondage.

f) Pour réduire la marge d'erreur à 3 %, il aurait fallu :

i) Augmenter ou diminuer la taille de l'échantillon ?

ii) Augmenter ou diminuer le niveau de confiance ?

8. M. Tremblay envisage de se porter candidat à une prochaine élection. Il veut estimer par sondage le pourcentage de votes qu'il recueillera.

a) Quelle devrait être la taille de l'échantillon si l'on veut estimer le pourcentage d'électeurs favorables à M. Tremblay avec une marge d'erreur d'au plus 5 %, dans 19 cas sur 20 ?

b) De l'échantillon sélectionné en *a*, 160 personnes se déclarent en faveur de M. Tremblay. Estimer entre quelles valeurs peut se situer le véritable pourcentage de gens favorisant ce candidat, avec un niveau de confiance de 95 %.

9. Un échantillon aléatoire de 625 électeurs est prélevé afin de déterminer le pourcentage des électeurs favorables à un projet de loi. Sur les 625 personnes interrogées, 350 se déclarent en faveur du projet de loi.

a) Estimer le pourcentage véritable des électeurs favorables au projet de loi à l'aide d'un intervalle au niveau de confiance de 95 %.

b) Quelle devrait être la taille minimale de l'échantillon pour que la marge d'erreur maximale de l'estimation soit de 2 %, au niveau de confiance de 95 %, si l'on utilise la valeur trouvée en *a* pour calculer la taille ?

Exercices récapitulatifs

1. En 1998, il y avait 4 402 692 détenteurs de permis de conduire au Québec dont 513 693 avaient moins de 25 ans. La moyenne d'âge des conducteurs était de 43,9 ans et l'écart type de 15,2 ans.

   Source : *Accidents, parc automobile, permis de conduire*, SAAQ, bilan 1998.

   On pige au hasard 500 conducteurs parmi tous les détenteurs de permis de conduire de 1998.

   a) La moyenne d'âge des conducteurs de l'échantillon peut-elle être de 40 ans ? Justifier.

   b) Compléter :
      i) Il y a 85 % de chances d'obtenir un écart d'au plus _____ an(s) entre la moyenne d'âge des conducteurs de l'échantillon et celle de la population.
      ii) Il y a 90 % de chances d'obtenir un écart d'au plus _____ % entre le pourcentage de conducteurs de moins de 25 ans de l'échantillon et celui de la population.

2. Afin de mieux connaître sa clientèle, un centre-jardin fait effectuer un sondage auprès d'un échantillon aléatoire de 300 clients. Voici la distribution des réponses à quatre des questions posées.

   Q1. Quel est votre sexe ?

Sexe	Nombre de répondants
Féminin	170
Masculin	130
Total	300

   Q2. Quel âge avez-vous ?

Âge	Nombre de répondants
Moins de 35 ans	45
[35 ans ; 50 ans[	130
[50 ans ; 65 ans[	70
65 ans et plus	55
Total	300

   Q3. Quel est le montant de vos achats aujourd'hui ?

Montant (en $)	Moins de 25	[25 ; 50[	[50 ; 75[	[75 ; 100[	100 et plus	Total
Nombre de répondants	95	83	68	30	24	300

   Q4. De quelle façon avez-vous payé vos achats ?

Mode de paiement	Comptant	Carte de crédit	Paiement direct	Total
Nombre de répondants	90	150	60	300

   a) Estimer ponctuellement le pourcentage de clients de sexe féminin. Quelle est la marge d'erreur de cette estimation, au niveau de confiance de 95 % ?

   b) En utilisant un niveau de confiance de 95 %, estimer entre quelles valeurs se situe la moyenne d'âge des clients de cette entreprise.

   Note : Fermer les classes ouvertes en utilisant une amplitude égale à celle des autres classes.

   c) Estimer par intervalle de confiance, au niveau de 95 %, le montant moyen des achats des clients et interpréter cet intervalle.

   d) Il y a 95 % de chances que le pourcentage de clients du centre-jardin qui utilisent le paiement direct se situe entre _____ % et _____ %.

   e) Écrire un court texte de style journalistique résumant les résultats du sondage : utilisation de l'estimation ponctuelle pour présenter les résultats, suivi de la méthodologie du sondage. La méthodologie doit contenir la taille de l'échantillon, la marge d'erreur de l'estimation et le niveau de confiance. (Dans ce cas-ci, donner la marge d'erreur pour chaque variable estimée.)

Préparation à l'examen

Pour préparer votre examen, assurez-vous d'avoir les compétences suivantes.

Si vous avez la compétence, cochez.

Échantillonnage

- Différencier l'échantillonnage probabiliste de l'échantillonnage non probabiliste. ⎯⎯⎯⎯
- Savoir effectuer un échantillonnage aléatoire simple et systématique. ⎯⎯⎯⎯
- Reconnaître la méthode d'échantillonnage employée dans une situation donnée : aléatoire simple, systématique, stratifié, par grappes, à l'aveuglette, de volontaires, par quotas. ⎯⎯⎯⎯

Distribution des valeurs possibles pour $\overline{X}$

- Trouver les caractéristiques de la distribution des valeurs possibles pour $\overline{X}$:
  – forme de la distribution et conditions d'application ; ⎯⎯⎯⎯
  – moyenne de la distribution ; ⎯⎯⎯⎯
  – écart type de la distribution, que la population soit grande ou petite. ⎯⎯⎯⎯
- Donner la plus petite et la plus grande moyenne d'échantillon que le hasard peut donner. ⎯⎯⎯⎯
- Calculer l'écart maximal entre $\overline{x}$ et μ associé à une probabilité. ⎯⎯⎯⎯

Estimation d'une moyenne μ

- Calculer la marge d'erreur E pour différents niveaux de confiance. ⎯⎯⎯⎯
- Estimer μ de façon ponctuelle. ⎯⎯⎯⎯
- Estimer μ par intervalle de confiance, selon différents niveaux de confiance, que σ soit connu ou non. ⎯⎯⎯⎯
- Interpréter un niveau de confiance et un risque d'erreur. ⎯⎯⎯⎯
- Prédire l'effet de la variation du niveau de confiance sur la marge d'erreur E. ⎯⎯⎯⎯
- Rédiger et interpréter un texte donnant la méthodologie d'un sondage sur μ. ⎯⎯⎯⎯

Taille de l'échantillon

- Prédire l'effet de la variation de la taille de l'échantillon sur la marge d'erreur E. ⎯⎯⎯⎯
- Évaluer la taille de l'échantillon nécessaire pour obtenir une marge d'erreur précisée. ⎯⎯⎯⎯

Représentation graphique

Être capable de représenter graphiquement :
– une population avec ses paramètres : μ, σ, N ; ⎯⎯⎯⎯
– un échantillon avec ses statistiques : $\overline{x}$, s, n ; ⎯⎯⎯⎯
– la distribution des valeurs possibles pour $\overline{X}$ avec sa moyenne et son écart type ; ⎯⎯⎯⎯
– la marge d'erreur E sur la distribution des valeurs possibles pour $\overline{X}$; ⎯⎯⎯⎯
– un niveau de confiance et un risque d'erreur sur la distribution des valeurs possibles pour $\overline{X}$. ⎯⎯⎯⎯

Distribution des valeurs possibles pour $\hat{P}$

- Trouver les caractéristiques de la distribution des valeurs possibles pour $\hat{P}$:
  - forme de la distribution et conditions d'application;   _____
  - moyenne de la distribution;   _____
  - écart type de la distribution, que la population soit grande ou petite.   _____
- Trouver le plus petit et le plus grand pourcentage d'échantillon
  que le hasard peut donner.   _____
- Calculer l'écart maximal entre $\hat{p}$ et p associé à une probabilité.   _____

Estimation d'un pourcentage *p*

- Calculer la marge d'erreur E pour différents niveaux de confiance.   _____
- Estimer p de façon ponctuelle.   _____
- Estimer p par intervalle de confiance, selon différents niveaux de confiance.   _____
- Interpréter un niveau de confiance et un risque d'erreur.   _____
- Prédire l'effet de la variation du niveau de confiance sur la marge d'erreur E.   _____
- Rédiger et interpréter un texte donnant la méthodologie d'un sondage sur p.   _____

Taille de l'échantillon

- Prédire l'effet de la variation de la taille de l'échantillon sur la marge d'erreur E.   _____
- Évaluer la taille de l'échantillon nécessaire pour obtenir une marge d'erreur précisée:
  - lorsqu'on n'a aucune idée de la valeur de $\hat{p}$;   _____
  - lorsqu'on a une idée de la valeur approximative de $\hat{p}$.   _____

Représentation graphique

Être capable de représenter graphiquement:
- une population avec ses paramètres: p, N;   _____
- un échantillon avec ses statistiques: $\hat{p}$, n;   _____
- la distribution des valeurs possibles pour $\hat{P}$ avec sa moyenne et son écart type;   _____
- la marge d'erreur E sur la distribution des valeurs possibles pour $\hat{P}$;   _____
- un niveau de confiance et un risque d'erreur sur la distribution
  des valeurs possibles pour $\hat{P}$.   _____

Tests d'hypothèse sur une moyenne et sur un pourcentage

OBJECTIF

Valider statistiquement
une hypothèse de recherche
portant sur la moyenne ou sur
le pourcentage d'une population.

Dans l'estimation, premier volet de l'inférence statistique,
nous avons utilisé les résultats échantillonnaux pour estimer
la valeur d'un paramètre (μ ou p) d'une population. Dans le second
volet de l'inférence, les résultats échantillonnaux serviront à rejeter
ou confirmer une hypothèse émise par un chercheur dans le cadre
d'une recherche.

7.1 Test d'hypothèse sur une moyenne

À l'aide d'une mise en situation, nous apprendrons à valider statistiquement une hypothèse formulée sur une modification possible de la moyenne d'une population en utilisant la moyenne d'un échantillon tiré de cette population.

MISE EN SITUATION

Dans les années 70, l'âge moyen des acheteurs d'une première voiture neuve était de 30 ans avec un écart type de 6 ans. Un chercheur estime que cette moyenne ne colle plus à la réalité d'aujourd'hui : il croit que les jeunes consommateurs se procurent une voiture neuve plus tôt qu'autrefois, délaissant ainsi le marché des voitures d'occasion. Pour vérifier son hypothèse voulant que la moyenne d'âge des acheteurs d'une première voiture neuve soit inférieure à 30 ans, notre chercheur décide de mener une étude statistique sur le sujet. Puisqu'il s'agit ici de tester une hypothèse, on donnera le nom de **test d'hypothèse** à ce type d'étude.

Pour réaliser son étude, le chercheur suivra la démarche suivante :

– Son hypothèse de travail sera d'accepter, jusqu'à preuve du contraire, que l'âge moyen de la population des acheteurs d'une première voiture neuve est encore de 30 ans aujourd'hui : soit $\mu = 30$ ans.

Son objectif sera de montrer que cette affirmation est fausse (on dira de rejeter l'hypothèse de travail $\mu = 30$ ans) et donc de voir ainsi son hypothèse de recherche acceptée : soit que $\mu < 30$ ans.

– Il prendra la décision de rejeter ou non l'hypothèse voulant que la moyenne d'âge de la population est de 30 ans, en se basant sur la moyenne $\overline{x}$ obtenue pour un échantillon de taille 36 prélevé au hasard dans la population des acheteurs d'une première voiture neuve.

> **REMARQUE** On peut voir une certaine analogie entre un test d'hypothèse et un procès. Dans un test d'hypothèse, on a un accusé ($\mu = 30$ ans) qui, comme tout accusé au Québec, bénéficie de la présomption d'innocence. On a un procureur (le chercheur) qui représente la poursuite : c'est lui qui doit apporter des preuves de la culpabilité de l'accusé (soit que $\mu < 30$ ans). Comme dans tout procès, un verdict de culpabilité sera prononcé si le procureur (le chercheur) fournit une preuve convaincante de la culpabilité de l'accusé (une moyenne d'échantillon convaincante).

Sur quel critère sera basée la décision ?

On sait bien qu'il y a peu de chances que la moyenne $\overline{x}$ de l'échantillon prélevé soit égale à la moyenne μ de la population ; il y aura sûrement une différence entre $\overline{x}$ et μ qui sera attribuable au hasard. La question est de savoir jusqu'où peut aller cette différence pour qu'elle soit uniquement imputable au hasard de l'échantillonnage. Il faut donc déterminer quelles sont, à partir de la distribution des valeurs possibles pour $\overline{X}$, les valeurs que la moyenne $\overline{x}$ a peu de chances de prendre lorsque la moyenne de la population est de 30 ans avec un écart type de 6 ans. Voici une représentation graphique de la situation :

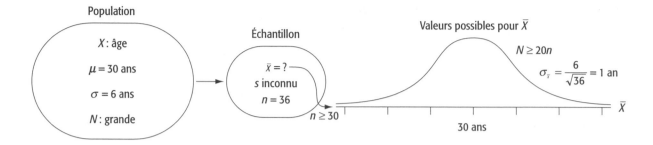

Devrait-on rejeter ou accepter l'hypothèse $\mu = 30$ ans si :

a) la moyenne de l'échantillon est de 29,4 ans ? _____

b) la moyenne de l'échantillon est de 26,7 ans ? _____

c) la moyenne de l'échantillon est de 27,5 ans ? _____

Interprétation des décisions

a) Dans le premier cas, en se basant sur la distribution des valeurs possibles pour $\overline{X}$, un écart de 0,6 an entre $\overline{x}$ et μ est inférieur à un écart type ($\sigma_{\overline{x}} = 1$ an) ; on peut sûrement l'attribuer aux différences causées par le hasard d'échantillonnage. On devra conclure que cet écart n'est pas assez grand (on dira qu'il est statistiquement non significatif) et affirmer que la moyenne d'âge μ des acheteurs d'une première voiture neuve n'a pas changé depuis les années 70.

b) Dans le deuxième cas, l'écart entre $\overline{x}$ et μ est de 3,3 ans, à plus de 3 écarts types de la moyenne. Du point de vue statistique, cet écart est très grand ; il a très peu de chances d'être obtenu dans le cas d'une distribution normale de moyenne $\mu = 30$ ans. On peut donc sans risque rejeter l'hypothèse de travail voulant que $\mu = 30$ ans.

c) Pour ce qui est du dernier cas, la décision à prendre ne saute pas aux yeux. La moyenne de l'échantillon se trouve à 2,5 écarts types de la moyenne de la population ; les chances que le hasard donne un tel écart existent, mais elles sont faibles. Cet écart est-il assez grand pour décider de rejeter l'hypothèse de travail ? C'est une situation délicate ; on aurait besoin d'un critère pour nous aider à prendre une décision : par exemple, connaître un ou des points critiques à ne pas dépasser.

Un test d'hypothèse nous permettra de construire une règle pour décider du rejet ou de l'acceptation d'une hypothèse dans une situation comme celle-ci.

Hypothèses du test

La première étape de la démarche de construction d'un test d'hypothèse consiste à formuler les hypothèses. Voici les deux types d'hypothèses que l'on trouve dans un tel test :

H₀ : L'hypothèse nulle

C'est la valeur connue et acceptée jusqu'à maintenant comme moyenne μ de la population. C'est cette hypothèse qui est testée. Toute la démarche du test s'effectue en considérant cette hypothèse comme vraie jusqu'à preuve du contraire. Voici sa forme :

$H_0 : \mu = \mu_0$

Par exemple, dans la mise en situation, on a $H_0 : \mu = 30$ ans.

H$_1$: L'hypothèse rivale ou alternative

C'est l'hypothèse formulée par le chercheur au sujet d'une modification possible de la moyenne de la population. C'est celle qui sera acceptée si l'on rejette l'hypothèse H$_0$.

Cette hypothèse nous indiquera le type de test à réaliser : bilatéral ou unilatéral. Il y a trois sortes d'hypothèse H$_1$; c'est le contexte qui nous dira laquelle choisir.

H$_1$: $\mu \neq \mu_0$ Test bilatéral

H$_1$: $\mu > \mu_0$ Test unilatéral à droite

H$_1$: $\mu < \mu_0$ Test unilatéral à gauche

Par exemple, dans la mise en situation, on a H$_1$: $\mu < 30$ ans (test unilatéral à gauche).

EXEMPLE 1

Un chercheur émet l'hypothèse que l'âge moyen des femmes à leur premier mariage a augmenté depuis la dernière étude menée sur le sujet où l'on avait établi cette moyenne à 26,2 ans. Formuler les hypothèses H$_0$ et H$_1$.

EXEMPLE 2

Une association de consommateurs examine un échantillon de 100 boîtes de détergent à lessive pour vérifier si le poids moyen de détergent dans les boîtes est bien égal à « 2 400 g » inscrit sur l'étiquette. Formuler les hypothèses H$_0$ et H$_1$.

EXEMPLE 3

Le fabricant du détergent à lessive examine un échantillon de 100 boîtes de détergent afin de vérifier le poids moyen de détergent dans les boîtes avant l'expédition. Formuler les hypothèses H$_0$ et H$_1$.

Seuil de signification du test

Le **seuil de signification** du test, noté α, correspond aux risques de se tromper en prenant la décision de rejeter l'hypothèse nulle : autrement dit, les risques de rejeter H_0 alors que cette hypothèse est vraie. On voudra bien sûr que ces risques soient faibles : par exemple, pas plus de 1 % de risques de rejeter H_0 alors qu'elle est vraie. Le seuil de signification est fixé par le chercheur avant d'effectuer le test. Les valeurs les plus courantes pour α sont 0,01, 0,05 et 0,10 (on peut aussi exprimer ces valeurs en pourcentage).

Règle de décision

Une règle de décision comporte un critère statistique conduisant au rejet de l'hypothèse nulle. Pour construire une règle de décision, il faut déterminer un **point critique** c sur l'axe des $\overline{X}$, en tenant compte du seuil de signification du test. Par la suite, une **zone de rejet** de l'hypothèse H_0 est définie et la règle de décision suivante est énoncée :

> ### Règle de décision pour un test d'hypothèse sur une moyenne
> Rejeter H_0 si la moyenne $\overline{x}$ de l'échantillon se trouve dans la zone de rejet.

Voici la représentation graphique de la zone de rejet pour chaque type de test :

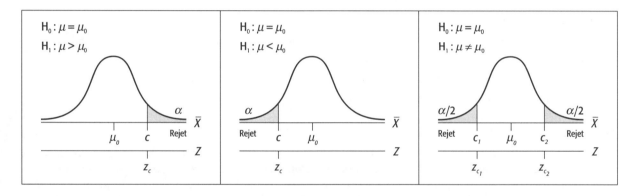

REMARQUE   En poursuivant le parallèle avec un procès, on peut dire que le seuil de signification correspond au risque, qui est toujours présent, de condamner un innocent. Pour ce qui est de la règle de décision, c'est la loi qui guide les membres du jury pour statuer sur la culpabilité de l'accusé.

MISE EN SITUATION (SUITE)

Doit-on accepter l'hypothèse que l'âge moyen des acheteurs d'une première voiture neuve est encore de 30 ans aujourd'hui (v. p. 219), si la moyenne d'âge des 36 personnes de l'échantillon est de 27,5 ans ? Faire un test d'hypothèse au seuil de signification de 0,01.

1. Formulons les hypothèses du test et donnons le seuil de signification.

$H_0 : \mu = 30$ ans
$H_1 : \mu < 30$ ans
$\alpha = 0,01$

On a : $\bar{x} = 27,5$ ans
$\sigma = 6$ ans
$n = 36$

2. Vérifions la condition d'application de la loi normale et représentons le test sur sa courbe.

Comme $n = 36 > 30$, $\overline{X}$ suit une normale.

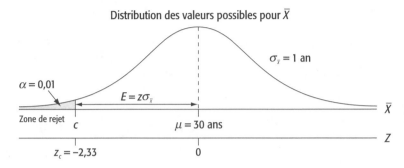

Distribution des valeurs possibles pour $\bar{X}$

3. Trouvons le point critique c :

L'écart maximum tolérable entre $\bar{x}$ et μ au seuil de 0,01 est : $E = z\sigma_{\bar{x}} = 2,33 \times 1 = 2,33$ ans

Le point critique est : $c = 30 - 2,33 = 27,7$ ans

4. Énonçons la règle de décision :

Rejeter H_0 si la moyenne $\bar{x}$ de l'échantillon est inférieure à 27,7 ans.

5. Conclusion :

Comme $\bar{x} = 27,5$ ans $< 27,7$ ans, on rejette H_0 et on accepte H_1.

L'âge moyen des acheteurs d'une première voiture neuve est inférieur à 30 ans.

Interprétation de la décision

Il est possible que la moyenne d'âge $\bar{x}$ d'un échantillon s'écarte de plus de 2,33 écarts types de la moyenne d'âge μ de la population, mais, comme les chances que cela se produise sont de moins de 1 % (1 fois sur 100), on pense qu'il est plus probable que l'échantillon prélevé provienne en fait d'une population ayant une moyenne d'âge inférieure à 30 ans. C'est pourquoi on décide de rejeter H_0, en assumant un risque de 1 % de chances de se tromper en prenant cette décision.

Les courbes suivantes illustrent bien le choix que l'on fait entre une position exceptionnelle de $\bar{x}$ sur la courbe normale, sous l'hypothèse $H_0 : \mu = 30$ ans, et une position non exceptionnelle de $\bar{x}$ sur la courbe normale, sous l'hypothèse $H_1 : \mu < 30$ ans : on parie sur H_1 avec seulement 1 % de chances de faire le mauvais choix.

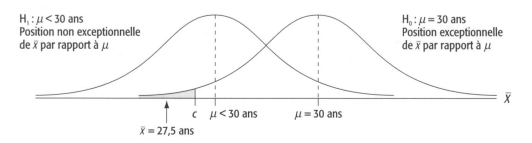

Résumons la démarche à suivre pour effectuer un test d'hypothèse :

> **Démarche à suivre pour construire un test d'hypothèse**
>
> Étape 1 : Formuler les hypothèses du test et donner le seuil de signification.
>
> Étape 2 : Vérifier la ou les conditions d'application de la loi normale et représenter graphiquement le test.
>
> Étape 3 : Trouver le ou les points critiques.
>
> Étape 4 : Énoncer la règle de décision du test.
>
> Étape 5 : Donner la conclusion du test par rapport à l'hypothèse énoncée par le chercheur.

EXEMPLE 1

On veut tester la durée, en kilomètres, d'une nouvelle semelle de pneu de voiture. Une analyse échantillonnale de 36 pneus a donné une moyenne de 53 870 km, avec un écart type corrigé de 13 400 km. Au seuil de signification de 0,01, peut-on dire que la nouvelle semelle améliore la durée moyenne des pneus, qui est estimée à 50 000 km avec la semelle actuelle ?

Solution

1. Hypothèses et seuil de signification

2. Condition d'application de la loi normale et représentation graphique du test

   $n \geq 30$, d'où $\overline{X}$ suit une normale.

3. Point critique
   - Écart maximum tolérable : $E =$
   - Point critique : $c =$

4. Règle de décision

5. Conclusion

Interprétation de la décision

L'écart de 3 870 km entre $\bar{x}$ et μ n'est pas assez grand statistiquement pour nous permettre de rejeter l'hypothèse nulle à un seuil de 0,01. Il est probablement attribuable à la variation d'échantillonnage causée par le hasard.

> **REMARQUE** Il est important de bien comprendre que le test d'hypothèse ne prouve jamais que l'hypothèse nulle est vraie. Il conduit plutôt au non-rejet de l'hypothèse nulle, faute d'évidence statistique permettant d'en douter. Seule une étude complète de la population permettrait d'affirmer que l'hypothèse nulle est vraie ou fausse. Par conséquent, **lorsque nous dirons que l'hypothèse est acceptée, vous devrez comprendre qu'il n'y a en fait aucune évidence statistique permettant de la rejeter**.
>
> Voyons encore une fois l'analogie avec un procès: le fait de reconnaître l'accusé non coupable ne prouve pas qu'il est innocent; on affirme seulement que les preuves ne sont pas suffisantes pour le condamner.

EXEMPLE 2

Le fabricant d'un détergent à lessive vérifie régulièrement l'ajustement de la machine qui remplit les boîtes de détergent afin de s'assurer que la quantité est bien, en moyenne, de 2 400 g par boîte, avec un écart type de 5 g.

a) Construire une règle de décision, au seuil de signification $\alpha = 0,05$, permettant de vérifier l'ajustement de cette machine en utilisant des échantillons de 100 boîtes de détergent.

Solution

1. Hypothèses et seuil de signification

2. Condition d'application de la loi normale et représentation graphique du test

   $n \geq 30$, d'où $\overline{X}$ suit une normale.

3. Points critiques
   – Écart maximum tolérable : $E =$

   – Points critiques :

4. Règle de décision

b) Peut-il arriver que l'on fasse ajuster l'équipement inutilement avec cette règle de décision ? Si oui, quelles sont les chances que cela se produise ?

c) Pour un échantillon de 100 boîtes de détergent prélevées au hasard dans la production, on trouve une moyenne de 2 401,5 g. Cet écart de 1,5 g seulement entre $\bar{x}$ et μ indique-t-il un mauvais ajustement de la machine au seuil de 0,05 ?

d) En vous basant sur la règle de décision construite, donner un exemple de moyenne d'échantillon qui nous permettrait de penser que le poids moyen de détergent par boîte est :

   – inférieur à 2 400 g : =

   – conforme à la moyenne de 2 400 g : =

Exercice éclair

Une étude de Statistique Canada[1] révélait qu'en 1990 les adolescents québécois de 12 à 17 ans consacraient en moyenne 16,9 heures par semaine à l'écoute de la télévision. Un chercheur émet l'hypothèse que l'arrivée d'Internet a fait diminuer le temps que les adolescents passent devant la télévision. Pour vérifier son hypothèse, il prélève un échantillon de 125 adolescents ayant accès à Internet et trouve que ces derniers consacrent en moyenne 15,8 heures par semaine à l'écoute de la télévision, avec un écart type corrigé de 3,5 heures.

---

1. *Enquête sociale générale 1992.*

a) La moyenne échantillonnale confirme-t-elle l'hypothèse du chercheur? Effectuer un test d'hypothèse au seuil de signification de 0,05.

1. Hypothèses et seuil
   de signification

2. Condition d'application et représentation graphique

   On a _____, donc $\overline{X}$ suit une loi _____.

3. Point critique
   – Écart maximum tolérable : $E =$

   – Point critique :

4. Règle de décision

5. Conclusion

b) À combien peut-on estimer les chances que la conclusion ci-dessus soit fausse ? _____

c) Quelle hypothèse est testée par un test d'hypothèse : H_0 ou H_1 ? _____

d) C'est l'hypothèse _____ qui nous indique le type de test (unilatéral à droite, à gauche ou bilatéral) qu'il faut effectuer.

e) C'est l'hypothèse _____ qui nous donne la moyenne de la courbe normale utilisée pour représenter la distribution des valeurs possibles pour $\overline{X}$.

7.2 Exercices

1. Formuler les hypothèses H_0 et H_1 pour les situations suivantes :

   a) Un fabricant examine un échantillon de 30 bouteilles de jus remplies par une machine afin de vérifier si celle-ci verse bien, en moyenne, 500 mL de jus par bouteille.

   b) Un chercheur émet l'hypothèse que la durée du séjour des touristes dans les hôtels a diminué à Québec en 1995 par rapport à 1990 où l'on avait observé une moyenne de 3,3 nuitées par personne.

   c) La longueur moyenne d'une tige métallique fabriquée par une machine doit être de 35 mm ; on veut vérifier l'ajustement de la machine.

   d) Une machine produit des articles dont le diamètre doit être de 6,25 cm. Si le diamètre moyen d'un lot est inférieur à 6,25 cm, le lot doit être détruit. Par contre, si le diamètre moyen est supérieur à 6,25 cm, les articles pourront être vendus pour un usage différent mais au même prix. On veut vérifier le diamètre moyen des articles.

   e) Un chercheur émet l'hypothèse que l'absentéisme des femmes au travail est moindre quand il y a une garderie sur les lieux du travail. En moyenne, le nombre de jours d'absence des travailleuses du Québec est de 4,4 journées par année.

2. Dans une usine, une machine remplit des sacs de sucre de façon telle que le poids de ceux-ci soit, en moyenne, de 5 kg avec un écart type de 0,18 kg.

   a) On prélève régulièrement un échantillon aléatoire de 50 sacs de sucre dans la production afin de surveiller l'ajustement de la machine. Construire une règle de décision permettant, au seuil de signification de 0,05, de s'assurer que la quantité de sucre dans les sacs est bien en moyenne de 5 kg.

   b) Les tableaux suivants donnent, pour les 6 derniers échantillons prélevés, le poids moyen des 50 sacs de sucre de l'échantillon. Y a-t-il un échantillon qui indique que la machine était mal ajustée au moment du prélèvement ?

   Lundi

10 h	13 h	16 h
$\bar{x}$ = 5,062 kg	$\bar{x}$ = 4,982 kg	$\bar{x}$ = 4,973 kg

   Mardi

10 h	13 h	16 h
$\bar{x}$ = 5,025 kg	$\bar{x}$ = 4,965 kg	$\bar{x}$ = 4,942 kg

   c) Expliquer, dans le contexte du problème, ce que signifie un seuil de signification de 0,05.

3. Selon la pondération des cahiers de l'enseignement collégial, une moyenne de 18 heures de travail personnel par semaine est exigée pour réussir les 26 heures de cours prévues à la deuxième session du programme de sciences de la nature. À la suite des plaintes des étudiants, qui prétendaient que ce programme demandait en réalité beaucoup plus de travail personnel que prévu, une étude fut menée sur le sujet auprès d'un échantillon aléatoire de 180 étudiants. Voici les résultats :

   Répartition des 180 étudiants selon le nombre d'heures d'étude réelles par semaine

Nombre d'heures	Moins de 15	[15 ; 20[	[20 ; 25[	[25 ; 30[	[30 ; 35[	35 et plus	Total
Nombre d'étudiants	9	41	40	38	27	25	180

   Source : M. Godin, D. Turgeon et C. Simard, *Enquête sur la tâche réelle des étudiants*, Cégep de Limoilou, 1996, Québec.

   a) Calculer la moyenne et l'écart type corrigé de l'échantillon. (Utiliser une amplitude égale à celle des autres classes pour fermer la première et la dernière classe.)

   b) Les étudiants avaient-ils raison de se plaindre ? Faire un test d'hypothèse au seuil de signification de 5 %.

4. Afin d'améliorer le service à la clientèle, la Société d'assurance automobile du Québec a informatisé toute la procédure de collecte d'information pour délivrer les permis de conduire et les certificats d'immatriculation. Avant l'informatisation, le temps nécessaire pour servir un client au comptoir des permis et des certificats suivait un modèle normal dont la moyenne était de 8,3 minutes et l'écart type de 3,2 minutes. À la suite de l'informatisation,

on prélève un échantillon aléatoire de 25 clients et on obtient le temps de service suivant (en minutes) pour chacun de ces clients :

7	9	6	6	3
6	5	7	7	8
10	9	4	3	6
5	7	8	8	3
4	4	6	5	4

Peut-on conclure, au seuil de signification de 5 %, que l'informatisation a permis d'accélérer le service à la clientèle ?

5. L'Institut de la statistique du Québec évalue à 25 501 $ le revenu personnel moyen des Québécois en 2001[1]. On émet l'hypothèse que le revenu personnel est différent de cette valeur dans la région de Montréal. Tester cette hypothèse, au seuil de signification de 5 %, en utilisant les données du tableau suivant :

Répartition d'un échantillon de 200 Montréalais selon leur revenu personnel

Revenu (en 000 $)	Moins de 10	[10 ; 20[	[20 ; 30[	[30 ; 40[	[40 ; 50[	50 et plus	Total
Nombre de personnes	10	45	58	53	22	12	200

1. Institut de la statistique du Québec, *Revenu personnel selon les régions*, édition 2002.

6. Le responsable du procédé de fabrication d'une entreprise suggère d'introduire un nouvel alliage dans la fabrication de tiges d'acier. Il pense ainsi améliorer la résistance à la rupture des tiges. Actuellement, les tiges ont une résistance moyenne de 50 kg/cm². Après avoir accepté de fabriquer les tiges avec ce nouvel alliage, on désire vérifier l'atteinte des objectifs. On prélève au hasard un échantillon de 40 tiges dans la production. La résistance moyenne à la rupture de ces tiges est de 54,5 kg/cm², avec un écart type corrigé de 2,4 kg/cm². Est-ce que l'écart observé dans la résistance moyenne à la rupture avant et après l'introduction du nouvel alliage est suffisamment élevé pour conclure, au seuil de signification de 1 %, qu'il y a augmentation significative de la résistance moyenne à la rupture ?

7. Les cardiologues prétendent que les restrictions budgétaires dans les soins de santé ont fait augmenter le temps d'attente pour une chirurgie cardiaque qui était, il y a 6 ans, de 51 semaines en moyenne. Doit-on donner raison aux cardiologues, au seuil de signification de 5 %, si, pour un échantillon de 125 patients ayant subi une chirurgie cardiaque au cours de la dernière année, la moyenne de temps d'attente a été de 51,6 semaines, avec un écart type corrigé de 8,8 semaines ?

7.3 Test d'hypothèse sur un pourcentage

La démarche pour tester une hypothèse sur un pourcentage est analogue à celle que l'on effectue pour tester une hypothèse sur une moyenne. Il faut seulement se rappeler que, pour une population de grande taille ($N \geq 20n$), si les conditions

$$n \geq 30, \quad np \geq 500 \quad \text{et} \quad n(100 - p) \geq 500$$

sont respectées, la distribution des valeurs possibles pour $\hat{P}$ suit une loi normale dont la moyenne et l'écart type sont :

$$\mu_{\hat{p}} = p$$

$$\sigma_{\hat{p}} = \sqrt{\frac{p(100 - p)}{n}}$$

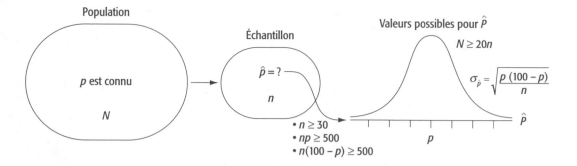

Seulement 20 % des clients d'un magasin se prévalent du service de paiement direct pour acquitter leurs achats. Le propriétaire du magasin organise une campagne de promotion afin d'inciter un plus grand nombre de clients à utiliser ce mode de paiement. Quelque temps après la fin de la campagne, on veut en vérifier l'efficacité. Dans un échantillon de 150 clients, 42 ont utilisé le paiement direct. Peut-on accepter l'hypothèse que la campagne de promotion a été efficace ? Faire un test au seuil de signification de 0,01.

Solution

1. Hypothèses et seuil de signification

2. Condition d'application du modèle normal et représentation graphique du test

   On a $n \geq 30$, $np \geq 500$ et $n(100-p) \geq 500$, d'où $\hat{P}$ suit une normale.

3. Point critique

   – Écart maximum tolérable : $E =$

   – Point critique :

4. Règle de décision

5. Conclusion

Exercices éclair

1. Une machine effectue le mélange des différentes couleurs de bonbons Smarties. Pour s'assurer que le mélange contient bien 20 % de rouges, on prélève régulièrement 500 Smarties au hasard dans le mélange fait par cette machine et on calcule le pourcentage de Smarties rouges.

a) Construire une règle de décision qui permettrait au responsable du contrôle de la qualité de s'assurer du bon fonctionnement de la machine, au seuil de signification de 0,05.

Solution

1. Hypothèses et seuil

2. Condition d'application et représentation graphique

On a $n \geq 30$, $np \geq 500$ et $n(100-p) \geq 500$, d'où $\hat{P}$ suit une normale.

3. Points critiques

4. Règle de décision

b) Le tableau suivant donne le nombre de Smarties rouges que contenaient les huit derniers échantillons prélevés par le responsable du contrôle de la qualité. Compléter le tableau.

Numéro de l'échantillon	1	2	3	4	5	6	7	8
Nombre de rouges	105	102	88	80	84	99	120	116
Pourcentage $\hat{p}$			17,6%	16%	16,8%	19,8%	24%	23,2%

Quels numéros d'échantillons nous indiquent qu'au moment du prélèvement le mélange ne contenait pas 20% de rouges? Dans chaque cas, indiquer s'il y avait trop ou pas assez de Smarties rouges.

c) À combien peut-on estimer les chances que la conclusion précédente soit fausse? _____

2. Voici la représentation graphique d'un test d'hypothèse sur un pourcentage avec un échantillon de taille $n = 100$.

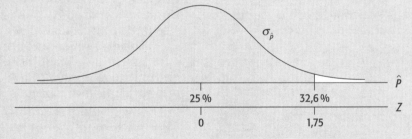

a) D'après la représentation graphique:
   i) La valeur du pourcentage p dans la population est: _____
   ii) Les hypothèses du test sont: H_0: _____ H_1: _____
   iii) Le seuil de signification est: _____

b) Quelle est la valeur de l'écart type de cette cloche?

c) Donner la règle de décision du test :

d) Donner deux exemples de valeurs de $\hat{p}$ qui nous permettraient :
   – de rejeter H_0 : $\hat{p} =$ _____ ou $\hat{p} =$ _____
   – d'accepter H_0 : $\hat{p} =$ _____ ou $\hat{p} =$ _____

7.4 Exercices

1. Un député de la région de Montréal prétend que 65 % des électeurs de sa circonscription appuient la politique de son gouvernement en ce qui concerne la langue d'affichage. Son adversaire prétend que ce pourcentage est grandement exagéré. Pour le prouver, il fait un sondage auprès d'un échantillon aléatoire de 400 électeurs de la circonscription.

   a) Doit-il accepter l'affirmation du député s'il trouve 248 personnes en faveur de la politique gouvernementale ? Prendre un seuil de signification de 5 %.

   b) La conclusion prouve-t-elle que le député a raison ?

2. Voici la représentation graphique d'un test d'hypothèse sur un pourcentage.

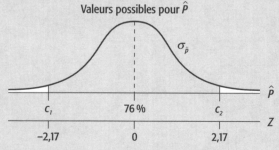

Valeurs possibles pour $\hat{P}$

$\sigma_{\hat{p}}$

| c_1 | 76 % | c_2 | $\hat{P}$ |
| $-2{,}17$ | 0 | 2,17 | Z |

   a) Donner les deux hypothèses du test.

   b) Quelle hypothèse est considérée comme vraie jusqu'à preuve du contraire dans un test d'hypothèse ?

   c) Quelles sont les chances de se tromper, si dans la conclusion du test on décide de rejeter H_0 ?

   d) 76 % représente-t-il le pourcentage de la population ou celui de l'échantillon ?

   e) Sachant que la taille de l'échantillon prélevé pour effectuer ce test est 1 300, calculer la valeur de l'écart type $\sigma_{\hat{p}}$.

   f) Énoncer la règle de décision de ce test.

   g) Donner deux exemples de valeurs pour le pourcentage de l'échantillon qui nous permettraient de rejeter H_0.

3. Trois semaines après le référendum du 30 octobre 1995 sur la souveraineté du Québec, où le « Oui » a perdu avec un pourcentage de 49,4 %, la firme de sondage Léger et Léger publie un sondage indiquant que 54,8 % des 1 003 personnes de l'échantillon voteraient « Oui » si la question du référendum leur était à nouveau posée. Au seuil de signification de 0,05, peut-on considérer que l'écart entre le résultat du sondage et celui du référendum est assez significatif statistiquement pour affirmer que le pourcentage de Québécois en faveur de la souveraineté a augmenté depuis le référendum ?

   Source : *Journal de Montréal*, 24 novembre 1995.

4. Après avoir constaté que 25 % des 1 320 étudiants d'une polyvalente fument la cigarette, une campagne de sensibilisation sur le tabagisme est menée auprès des jeunes. À la suite de cette campagne, on envisage de mesurer son efficacité par une étude statistique auprès d'un échantillon aléatoire de 200 étudiants. Peut-on conclure que la campagne a été efficace, au seuil de signification de 5 %, si l'on trouve 44 étudiants qui fument dans l'échantillon ?

5. Le gouvernement décide d'expérimenter, dans le cadre du reboisement des forêts, une nouvelle variété de plants d'épinette dont le producteur assure un taux de survie à la transplantation de 80 %. Plusieurs milliers de ces plants sont transplantés dans diverses régions du Québec, car on pense que le taux de survie sera différent d'une région à l'autre. Un an plus tard, un échantillon aléatoire de 1 200 épinettes est prélevé dans chaque région parmi les plants transplantés.

   a) Construire une règle de décision permettant de tester, au seuil de signification de 1 %, l'hypothèse émise par le gouvernement.

   b) Voici, pour quatre régions, le nombre d'arbres de l'échantillon prélevé qui étaient encore vivants un an après la transplantation.

Abitibi : 912 Saguenay : 1 020
Côte-Nord : 936 Gaspésie : 984

Y a-t-il une région où le taux de survie a été différent du 80 % prévu ? Si oui, le taux de survie semble-t-il plus élevé ou moins élevé que prévu dans cette région ?

6. Selon les résultats de l'enquête Santé Québec 1987, 41 % des femmes âgées de 20 à 24 ans prenaient la pilule contraceptive. Doit-on penser que ce pourcentage était plus élevé chez les étudiantes de l'Université de Montréal si, pour un échantillon 300 étudiantes dans cette tranche d'âge, il y en avait 145 qui prenaient la pilule ? Faire un test au seuil de signification de 5 %.

Source : *Et la santé, ça va ?*, Ministère de la Santé et des Services sociaux du Québec.

Exercices récapitulatifs

Afin d'obtenir de l'information sur l'utilisation d'Internet en l'an 2000, un sondage[1] a été réalisé auprès d'un échantillon aléatoire de 1 500 utilisateurs du Web. Voici la distribution des réponses à trois des questions posées :

Q1 : À la maison, combien d'heures par semaine consacrez-vous à Internet ?

Nombre d'heures par semaine	Nombre de répondants
Moins de 5 h	428
[5 h ; 10 h[	792
[10 h ; 15 h[	220
15 h et plus	60
Total	1 500

Q2 : Êtes-vous inquiet au sujet de la sécurité sur Internet ?

Degré d'inquiétude	Nombre de répondants
Très inquiet	665
Légèrement inquiet	520
Nullement inquiet	270
Sans opinion	45
Total	1 500

Q3 : Avez-vous déjà acheté des biens et services à l'aide d'Internet ?

Oui : 357 Non : 1 143

1. En 1998, une étude estimait que les internautes consacraient en moyenne 6,5 h par semaine à l'utilisation d'Internet à la maison. Les résultats de ce sondage indiquent-ils que cette moyenne a augmenté en l'an 2000 ? Faire un test au seuil de signification de 1 %.

2. Dans l'étude de 1998, 47 % des internautes se disaient très inquiets au sujet de la sécurité sur Internet. Ce pourcentage a-t-il diminué en l'an 2000 ? Faire un test au seuil de signification de 5 %.

3. Le milieu des affaires estime qu'un internaute sur quatre effectue des achats en direct sur Internet. Les chercheurs, quant à eux, avaient émis l'hypothèse qu'ils trouveraient un résultat différent dans le sondage. Celui-ci confirme-t-il l'hypothèse des chercheurs au seuil de signification de 5 % ?

1. Résultats extraits de l'*Enquête sociale générale 2000 sur l'utilisation individuelle d'Internet de Statistique Canada.* Seule la taille de l'échantillon a été modifiée pour l'atteinte d'objectifs pédagogiques dans le cadre du présent cours.

Préparation à l'examen

Pour préparer votre examen, assurez-vous d'avoir les compétences suivantes.

Si vous avez la compétence, cochez.

Test d'hypothèse sur une moyenne

- Formuler correctement les hypothèses H_0 et H_1 d'un test unilatéral ou bilatéral. _____
- Construire une règle de décision. _____
- Énoncer clairement la conclusion du test dans le contexte du problème. _____
- Interpréter le seuil de signification du test. _____
- Représenter, sur la courbe de la distribution des valeurs possibles pour $\overline{X}$:
  - la moyenne μ de la population ; _____
  - le seuil de signification ; _____
  - le point critique ; _____
  - la zone de rejet du test. _____

Test d'hypothèse sur un pourcentage

- Formuler correctement les hypothèses H_0 et H_1 d'un test unilatéral ou bilatéral. _____
- Construire une règle de décision. _____
- Énoncer clairement la conclusion du test dans le contexte du problème. _____
- Interpréter le seuil de signification du test. _____
- Représenter, sur la courbe de la distribution des valeurs possibles pour $\hat{P}$:
  - le pourcentage p de la population ; _____
  - le seuil de signification ; _____
  - le point critique ; _____
  - la zone de rejet du test. _____

La relation entre deux variables

OBJECTIFS

– Étudier la dépendance entre deux variables à l'aide du test d'indépendance du khi-deux.

– Étudier la corrélation et la régression linéaire entre deux variables quantitatives.

OBJECTIF DU LABORATOIRE

Le laboratoire 4 permet d'atteindre l'objectif suivant :
Utiliser Excel pour étudier la relation entre deux variables.

Le présent chapitre est consacré à l'étude de la relation entre deux variables. Lorsque au moins une des variables est qualitative, le test d'indépendance du khi-deux permettra d'étudier la dépendance entre celles-ci. Dans le cas de deux variables quantitatives, la force de la dépendance sera mesurée par le coefficient de corrélation linéaire. De plus, nous construirons un modèle mathématique pour traduire le lien entre les variables.

8.1 Test d'indépendance du khi-deux

Beaucoup de recherches visent à déterminer s'il existe un lien entre deux variables, par exemple :

- entre le taux d'alcool dans le sang et les réflexes ;
- entre la scolarité et la politisation ;
- entre le taux de cholestérol dans le sang et les maladies cardiovasculaires.

Le test d'indépendance du khi-deux permet de déterminer s'il y a effectivement un lien entre deux variables.

MISE EN SITUATION

Dans une étude portant sur la discrimination salariale entre les hommes et les femmes, des chercheurs prélèvent un échantillon de 500 personnes travaillant dans l'industrie du textile afin d'analyser la répartition des salaires. Le tableau suivant donne la répartition des répondants selon le salaire et le sexe.

Répartition des 500 travailleurs de l'échantillon selon le salaire et le sexe

Sexe	Salaire			Total
	Bas (20 000 $ ou moins)	Moyen (entre 20 000 $ et 40 000 $)	Élevé (40 000 $ et plus)	
Femmes	92	154	54	300
Hommes	58	96	46	200
Total	150	250	100	500

❓ **Si l'on ne considère pas le sexe**, quel pourcentage des répondants ont un salaire bas ? moyen ? élevé ?

	Salaire			Total
	Bas	Moyen	Élevé	
Pourcentage				100 %

? **S'il n'y a pas de lien** entre le salaire et le sexe du travailleur, théoriquement :

– quel pourcentage des femmes de l'échantillon devrait-on trouver à chaque niveau salarial ?

– quel pourcentage des hommes de l'échantillon devrait-on trouver à chaque niveau salarial ?

Répartition «théorique» (en %) des 500 travailleurs de l'échantillon, par sexe, selon le salaire

Sexe	Salaire			Total
	Bas	Moyen	Élevé	
Femmes				100 %
Hommes				100 %

? **S'il n'y a pas de lien** entre le salaire et le sexe du travailleur, théoriquement :

– combien devrait-il y avoir de femmes, parmi les 300 femmes, à chaque niveau salarial ?

– combien devrait-il y avoir d'hommes, parmi les 200 hommes, à chaque niveau salarial ?

Répartition «théorique» des 500 travailleurs de l'échantillon, par sexe, selon le salaire

Sexe	Salaire			Total
	Bas	Moyen	Élevé	
Femmes				300
Hommes				200

Théoriquement, si la répartition des 300 femmes et des 200 hommes de l'échantillon selon le salaire était semblable à celle que l'on a obtenue dans le tableau précédent, nous pourrions alors affirmer qu'il n'y a pas de discrimination salariale entre les hommes et les femmes. Statistiquement, nous pourrions affirmer que les variables «sexe» et «salaire» sont **indépendantes**, ou encore qu'il n'y a pas de lien entre le salaire et le sexe dans l'industrie du textile. Sinon, nous dirons que les variables sont **dépendantes**.

On remarque, en comparant les effectifs observés (1er tableau) dans l'échantillon avec ceux que l'on espérait trouver (effectifs théoriques) dans le cas de l'indépendance des deux variables, qu'il y a une différence entre les résultats ; mais devons-nous en conclure qu'il y a dépendance entre les variables ? Cette différence est peut-être uniquement attribuable au hasard de l'échantillonnage : un autre échantillon donnerait-il un meilleur ajustement entre ces effectifs ?

Il serait utopique de penser trouver un ajustement parfait entre les effectifs «observés» et les effectifs «théoriques». Il y aura toujours une légère différence causée par le hasard de l'échantillonnage ; la question est de savoir à partir de quand cette différence d'ajustement doit être jugée trop grande pour être attribuée au hasard. Le test d'indépendance du khi-deux permettra de construire une règle de décision pour trancher la question.

Analogie avec le lancer d'une pièce de monnaie

Faisons une analogie qui permettra de bien saisir l'idée énoncée dans le paragraphe précédent. Imaginons qu'on vous a remis une pièce de monnaie en vous disant qu'elle était peut-être truquée. Pour savoir si c'est le cas, vous décidez de vous baser sur les résultats obtenus après 200 lancers de la pièce.

- *A priori*, en faisant l'hypothèse que la pièce n'est pas truquée, on devrait « théoriquement » obtenir les résultats suivants :

Répartition théorique de 200 lancers

	Pile	Face	Total
Pourcentages théoriques	50 %	50 %	100 %
Effectifs théoriques	100	100	200

- Devriez-vous conclure que la pièce est truquée si vous obtenez les résultats ci-dessous ?

Répartition observée de 200 lancers

	Pile	Face	Total
Cas 1 : Effectifs observés	106	94	200
Cas 2 : Effectifs observés	175	25	200
Cas 3 : Effectifs observés	120	80	200

Nous savons que, même si une pièce n'est pas truquée, le hasard donnera toujours des écarts entre les effectifs attendus théoriquement et les effectifs observés. Pour déterminer si la pièce est truquée, il faut porter un jugement sur la grandeur des écarts obtenus.

Décision

Cas 1 : La pièce ne semble pas truquée. Le fait d'avoir 6 piles de plus que prévu est attribuable au hasard.

Cas 2 : La pièce est truquée. Un écart de 75 entre les effectifs observés et les effectifs théoriques est beaucoup trop grand pour être attribuable au hasard.

Cas 3 : Il est difficile de se prononcer. Un écart de 20 entre les effectifs observés et les effectifs théoriques peut-il être attribuable au hasard ? À partir de quelle valeur un écart ne peut plus être attribuable au hasard ? Peut-on trouver une règle pour nous aider à prendre une décision dans un tel cas ?

C'est le sens qu'il faut donner à la démarche que nous entreprenons maintenant. Un test d'hypothèse du khi-deux permet de construire une règle de décision pour décider si la différence d'ajustement entre une distribution théorique et une distribution observée peut être attribuable ou non au hasard.

Construction d'un test d'indépendance du khi-deux

Voici la démarche à suivre pour construire un test d'hypothèse permettant de déterminer s'il y a ou non dépendance entre le sexe et le salaire dans l'industrie du textile. Si vous avez complété le chapitre 7 avant de faire l'étude du présent chapitre, vous constaterez que la démarche proposée ici est analogue à celle qu'on a employée pour les tests d'hypothèse sur une moyenne et sur un pourcentage.

Étape 1. Formulation des hypothèses

La première étape d'un test d'hypothèse consiste à formuler les hypothèses. Il y a deux types d'hypothèses: l'hypothèse nulle (H_0) et l'hypothèse rivale ou alternative (H_1).

H_0: Hypothèse nulle

C'est l'hypothèse nulle qui est testée. Toute la démarche du test s'effectue en considérant cette hypothèse comme vraie jusqu'à preuve du contraire. Sa formulation doit permettre de construire le modèle théorique de la distribution; c'est pourquoi on affirmera toujours dans un test d'indépendance que les variables étudiées sont indépendantes.

H_1: Hypothèse rivale ou alternative

C'est l'hypothèse formulée par le chercheur. C'est celle qui sera acceptée si l'on rejette l'hypothèse nulle. Dans un test d'indépendance, elle affirmera le contraire de l'hypothèse nulle, soit que les variables étudiées sont dépendantes.

Pour la mise en situation, l'hypothèse nulle et l'hypothèse alternative se formulent ainsi:

H_0: Les variables « sexe » et « salaire » sont indépendantes.

H_1: Les variables « sexe » et « salaire » sont dépendantes.

Étape 2. Calcul des effectifs théoriques selon l'hypothèse nulle

Il s'agit de construire le tableau des effectifs théoriques que l'on devrait obtenir **si l'on considère que l'hypothèse nulle est vraie**; les variables sont indépendantes.

	Bas	Moyen	Élevé	Total
Femmes				300
Hommes				200
Total (% *T*)*	150 (30 %)	250 (50 %)	100 (20 %)	500 (100 %)

* % *T*: pourcentages théoriques.

On applique le raisonnement suivant pour construire le tableau:

– Parmi les 500 personnes de l'échantillon, il y en a 150 qui ont un salaire bas, soit 30 %.
  Si H_0 est vraie, il y aura 30 % de femmes et 30 % d'hommes qui auront un salaire bas:
      30 % × 300 femmes = 90 femmes et 30 % × 200 hommes = 60 hommes.

– Parmi les 500 personnes de l'échantillon, il y en a 250 qui ont un salaire moyen, soit 50 %.
  Si H_0 est vraie, il y aura 50 % de femmes et 50 % d'hommes qui auront un salaire moyen:
      50 % × 300 femmes = 150 femmes et 50 % × 200 hommes = 100 hommes.

– Parmi les 500 personnes de l'échantillon, il y en a 100 qui ont un salaire élevé, soit 20 %.
  Si H_0 est vraie, il y aura 20 % de femmes et 20 % d'hommes qui auront un salaire élevé:
      20 % × 300 femmes = 60 femmes et 20 % × 200 hommes = 40 hommes.

Étape 3. Calcul du khi-deux

Il faut maintenant comparer les effectifs théoriques (T) aux effectifs observés (O) et mesurer les différences entre ces effectifs. Pour faciliter la comparaison, nous allons construire un nouveau tableau contenant ces deux types d'effectifs.

$O \mid T$	Bas	Moyen	Élevé	Total
Femmes	92 | 90	154 | 150	54 | 60	300
Hommes	58 | 60	96 | 100	46 | 40	200
Total (% T)	150 (30%)	250 (50%)	100 (20%)	500 (100%)

L'ajustement entre les deux distributions sera mesuré par la valeur du khi-deux qui se calcule ainsi :

$$\textbf{Valeur du khi-deux}$$

$$\chi^2 = \sum \frac{(O-T)^2}{T}$$

$$\chi^2 = \frac{(92-90)^2}{90} + \frac{(58-60)^2}{60} + \frac{(154-150)^2}{150} + \frac{(96-100)^2}{100} + \frac{(54-60)^2}{60} + \frac{(46-40)^2}{40} = 1,9$$

NOTE On peut expliquer cette formule de la façon suivante :

- (92 – 90) donne l'écart (2) entre l'effectif observé et l'effectif théorique pour les femmes à faible revenu.
- $(92 – 90)^2 = 4$ donne le carré de l'écart. Cela permet de se débarrasser des signes négatifs dans le cas d'écarts négatifs. Si l'on ne faisait pas cette opération, on obtiendrait une somme des écarts égale à zéro.
- $(92 – 90)^2/90$ permet de relativiser l'importance des écarts. Par exemple, un écart de 2 par rapport à un effectif espéré de 4 est plus important qu'un écart de 2 par rapport à un effectif espéré de 100 : $(2^2/4 = 1) > (2^2/100 = 0,04)$.
- La somme nous permet, par l'addition des résultats pour chaque catégorie, d'avoir une vue d'ensemble de l'ajustement entre la distribution observée et la distribution théorique.

Étape 4. Énoncé de la règle de décision

Une fois le χ^2 calculé, il faut se demander si la différence d'ajustement de 1,9 que l'on obtient entre les effectifs observés et les effectifs théoriques est trop grande pour être attribuée au hasard de l'échantillonnage. Il va de soi qu'un ajustement parfait donnerait un khi-deux égal à 0. La question est donc de savoir à partir de quand la valeur du χ^2 est jugée trop grande pour être attribuée au hasard.

Il existe une table (voir en annexe, p. 274), basée sur la loi du khi-deux découverte par Karl Pearson en 1904, qui donne la valeur du khi-deux critique à différents seuils de signification en fonction du nombre de degrés de liberté. Ces deux derniers termes se définissent de la façon suivante.

Seuil de signification

Le seuil de signification d'un test d'hypothèse, noté α, correspond aux risques de se tromper lorsqu'on prend la décision de rejeter l'hypothèse nulle, autrement dit les risques de rejeter H_0 alors que cette hypothèse est vraie. On voudra bien sûr que les risques soient faibles : les valeurs les plus courantes pour α sont 0,01, 0,05 et 0,10 (que l'on peut aussi exprimer en pourcentage). Le seuil de signification est fixé par le chercheur avant d'effectuer le test.

Nombre de degrés de liberté

Le nombre de degrés de liberté, que l'on notera *dl*, se calcule ainsi pour les variables *X* et *Y* :

Nombre de degrés de liberté

$dl = $ (n^{bre} de catégories de la variable $X - 1$) $\times$ (n^{bre} de catégories de la variable $Y - 1$)

❓ Pour la mise en situation, le nombre de degrés de liberté est : _____

Règle de décision

La décision de rejeter ou non l'hypothèse nulle sera prise en comparant la valeur calculée pour le khi-deux à celle du khi-deux critique. Cette règle s'énonce ainsi :

Règle de décision

Rejeter H_0 si $\chi^2_{calculé} > \chi^2_{critique}$.

❓ Énoncer la règle de décision qui s'applique à la mise en situation, si l'on utilise un seuil de signification de 0,05. Représenter la situation sur la courbe du khi-deux représentée ci-dessous.

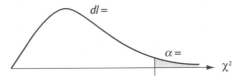

Étape 5. Conclusion

❓ Pour la mise en situation, devons-nous rejeter ou accepter l'hypothèse nulle ?

Les variables « sexe » et « salaire » sont _____. Il n'y a donc pas de discrimination salariale entre les hommes et les femmes dans l'industrie du textile.

> **Attention !** Il est important de ne pas inverser les affirmations des hypothèses H_0 et H_1. En supposant que, par manque de compréhension de la logique du test, vous aviez posé comme hypothèse pour H_0 que les variables étaient dépendantes, le rejet de cette hypothèse en conclusion aurait conduit à déclarer qu'il y avait discrimination salariale par rapport au sexe dans l'industrie du textile, accusation lourde de conséquences.

> **REMARQUE** Lorsqu'on utilise un logiciel statistique pour effectuer un test du khi-deux, il arrive fréquemment que l'on nous donne la surface sous la courbe située à droite de la valeur du khi-deux calculé. Dans ce cas, la règle de décision du test s'énonce comme suit :
> Rejeter H_0 si la surface à droite du khi-deux calculé est plus petite que 5 % (seuil de 0,05).

Condition d'application d'un test du khi-deux

Pour appliquer un test du khi-deux, il faut que l'échantillon prélevé au hasard dans la population soit suffisamment grand pour que les **effectifs théoriques** soient tous plus grands ou égaux à 5. Si cette condition n'est pas satisfaite, il faut alors procéder au groupement de deux catégories adjacentes afin de la satisfaire. (Pour un exemple, voir le numéro 5 des exercices 8.2.)

Dépendance et causalité

Les statistiques pourront établir qu'il y a un lien entre deux variables, mais elles ne prouveront jamais qu'il y a un lien de cause à effet, c'est-à-dire qu'il y a une variable qui est la cause et l'autre l'effet. Il peut arriver cependant que la dépendance entre deux variables soit attribuable à l'effet simultané d'une troisième variable sur les deux premières.

Les statistiques ont pu établir qu'il y avait une relation entre le cancer du poumon et le tabac, mais elles ne pouvaient prouver que le tabac était la cause principale du cancer du poumon. Ce sont les recherches médicales qui ont réussi à prouver que la fumée de tabac était la variable la plus importante dans le développement du cancer. (Pour un exemple, voir le numéro 6 des exercices 8.2.)

SUGGESTION

Si votre calculatrice ne permet pas de retourner à une expression pour la corriger, calculer le khi-deux en utilisant la mémoire ; cela évitera de tout recommencer si une erreur s'est glissée dans le calcul d'un terme.

Voici la procédure à suivre pour effectuer le calcul suivant :

$$\frac{(6-2)^2}{2} + \frac{(5-4)^2}{4} = 8,25$$

1. Mettre la mémoire à 0 : appuyer sur 0, sur STO M (ou X→M ou autre).
2. – Calculer le 1er terme : $(6-2)^2/2 =$ (sur certaines calculatrices, il ne faut pas appuyer sur =).
   – Ajouter le résultat au nombre qui est actuellement dans la mémoire : appuyer sur M$^+$ (ou SUM ou autre).
3. Refaire l'opération 2 pour chaque terme à additionner.
4. Récupérer la somme des termes dans la mémoire ainsi : appuyer sur RCL M (ou RM ou autre).

EXEMPLE

En général, les personnes de 25 à 29 ans plus scolarisées bénéficient-elles d'une situation plus favorable sur le marché du travail ? Afin de répondre à cette question, on a prélevé aléatoirement 847 personnes parmi les Québécois de 25 à 29 ans actifs sur le marché du travail. D'après les résultats obtenus, peut-on conclure, au seuil de signification de 0,01, qu'il y a un lien entre la scolarité et la situation de travail chez les 25–29 ans ?

Répartition de 847 Québécois, âgés de 25 à 29 ans, actifs sur le marché du travail, selon le plus haut niveau de scolarité atteint et la situation de travail

Plus haut niveau de scolarité atteint	Situation de travail		Total (Population active)
	Sans emploi (chômeur)	En emploi (personne occupée)	
Études secondaires sans diplôme	22	81	103
Études secondaires avec diplôme	24	140	164
Études collégiales avec diplôme	27	303	330
Études universitaires avec baccalauréat	15	235	250
Total	88	759	847

Tableau construit à partir des données de l'*Enquête sur la population active* (1998) présentée par Statistique Canada dans *Indicateurs de l'éducation au Canada*.

Solution

1. Formulation des hypothèses

2. Calcul des effectifs théoriques selon l'hypothèse nulle

> **Attention!** Le résultat obtenu ne doit pas être arrondi à l'entier sous prétexte que les données sont entières ; l'effectif calculé est un nombre théorique ; garder une décimale après le point.

O | T	Situation de travail		
Plus haut niveau de scolarité atteint	Sans emploi (chômeur)	En emploi (personne occupée)	Total (Population active)
Études secondaires sans diplôme	22 |	81 |	103
Études secondaires avec diplôme	24 |	140 |	164
Études collégiales avec diplôme	27 |	303 |	330
Études universitaires avec baccalauréat	15 |	235 |	250
Total (% T)	88 | ( )	759 | ( )	847 (100%)

La condition d'application du test du khi-deux est-elle respectée ? _____

3. Calcul du khi-deux

4. Règle de décision

5. Conclusion

Lorsqu'il y a dépendance entre les variables, comme c'est le cas ici, on peut, en comparant les différences entre les pourcentages théoriques et observés, établir la **nature de la dépendance**.

Théoriquement, selon l'hypothèse de l'indépendance des variables, il devait y avoir 10,4 % de chômeurs à chaque niveau de scolarité. Or, on observe 21 % (22/103) de chômeurs parmi les personnes sans diplôme du secondaire et, parmi celles qui ont un diplôme, ce pourcentage est de 15 %, 8 % et 6 % pour les diplômés du secondaire, du collégial et de l'université respectivement.

Nature de la dépendance
Chez les jeunes de 25 à 29 ans, plus la scolarité est élevée, plus le taux de chômage est faible.

Exercice éclair

Les compagnies d'assurance automobile imposent des primes plus fortes aux jeunes en prétendant que le risque d'accident est plus élevé chez les jeunes conducteurs. Afin de vérifier cette affirmation, une étude statistique est menée par la Société de l'assurance automobile du Québec (SAAQ) auprès d'un échantillon aléatoire de 2 000 détenteurs de permis de conduire. Le tableau suivant donne la répartition de ces conducteurs selon l'âge et la présence ou non d'un rapport d'accident au cours de la dernière année.

$O \mid T$	Présence d'un rapport d'accident à la SAAQ		
Âge	Oui	Non	Total
[16 ans ; 25 ans [	31 | 17,9	245 | 258,1	276
[25 ans ; 45 ans [	65 | 65,9	949 | 948,1	1 014
[45 ans ; 65 ans [	28 |	528 |	556
65 ans et plus	6 |	148 |	154
Total (% T)	130 ( )	1 870 ( )	2 000

Tableau construit à partir du *Dossier statistique, bilan 1991*, Société de l'assurance automobile du Québec.

a) S'il n'y a pas de lien entre l'âge du conducteur et les risques d'accident :
   – Quel est le pourcentage des jeunes de moins de 25 ans qui devraient avoir un rapport d'accident à la SAAQ ? _____ %, soit _____ des 276 jeunes de moins de 25 ans de l'échantillon.
   – Quel est le pourcentage des conducteurs de 45 à 65 ans qui devraient avoir un rapport d'accident à la SAAQ ? _____ %, soit _____ des 556 conducteurs de cet âge dans l'échantillon.

b) Faire un test d'indépendance du khi-deux, au seuil de signification de 5 %, pour vérifier s'il y a un lien entre ces deux variables.

1. Formulation des hypothèses

2. Calcul des effectifs théoriques selon l'hypothèse nulle
   (Inscrire les résultats dans le tableau de la page 244.)

3. Calcul du khi-deux

   La condition d'application du test du khi-deux est-elle respectée ? _____

4. Règle de décision

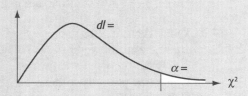

5. Conclusion

   Donner la nature de la dépendance :

c) Cette étude statistique donne (tort ou raison) _____ aux compagnies d'assurance automobile qui prétendent que le risque d'accident est plus élevé chez les jeunes conducteurs.

8.2 Exercices

1. On se demande si la motivation est la même pour une équipe de hockey lorsqu'elle joue à domicile que lorsqu'elle joue à l'extérieur. On décide donc d'étudier, à l'aide d'un test du khi-deux, s'il y a dépendance entre les variables « lieu où se joue la partie » et « résultat de la partie » avec un échantillon de 36 parties.

Lieu	Résultat de la partie			
	Gagnée	Perdue	Annulée	Total
À domicile				16
À l'extérieur				20
Total	14	18	4	36

a) Donner le pourcentage de parties gagnées par cette équipe au cours des 36 parties.

b) Si l'on pose pour hypothèse H_0 pour un test du khi-deux que les variables **sont indépendantes**, c'est-à-dire que l'on considère qu'il n'y a pas de lien entre le résultat de la partie et le lieu où se joue celle-ci :
   i) Quel devrait être, selon cette hypothèse, le nombre de parties gagnées à domicile ?
   ii) Quel devrait être, selon cette hypothèse, le nombre de parties gagnées à l'extérieur ?

c) Si l'on pose pour hypothèse H_0 pour un test du khi-deux que les deux variables **sont dépendantes**, c'est-à-dire que l'on considère qu'il y a un lien entre le résultat de la partie et le lieu où se joue celle-ci :
   i) Quel devrait être, selon cette hypothèse, le nombre de parties gagnées à domicile ?
   ii) Quel devrait être, selon cette hypothèse, le nombre de parties gagnées à l'extérieur ?

2. Le tableau suivant donne la répartition d'un échantillon aléatoire de 600 personnes de 15 ans et plus selon le sexe et la consommation d'alcool durant la semaine précédant l'enquête.

Sexe	Nombre de consommations* par semaine				
	Aucune	De 1 à 6	De 7 à 13	14 et plus	Total
Femmes	112	93	16	4	225
Hommes	121	150	55	49	375
Total	233	243	71	53	600

* Une consommation équivaut à 45 mL d'alcool ou 90 mL de vin, ou à une petite bière.

a) Avons-nous raison de penser qu'il y a un lien entre le sexe et les habitudes de consommation d'alcool ? Tester cette hypothèse au seuil de signification de 0,05.

b) La condition d'application du test du khi-deux est-elle respectée ?

c) **S'il n'y avait pas de lien** entre le sexe et la consommation d'alcool, quel est le pourcentage de femmes et quel est le pourcentage d'hommes qui devraient prendre 14 consommations et plus par semaine ?

3. En 1983, la firme Gallup effectue un sondage pour connaître entre autres choses l'adaptation des Canadiens au programme de conversion du système de mesures impériales au système métrique. Les résultats sont fondés sur 1 052 interviews, réalisées à domicile, auprès de personnes de 18 ans et plus. Le tableau qui suit donne la répartition des réponses à la question suivante :

« La conversion du système de mesures impériales au système métrique est presque achevée au Canada. Avez-vous trouvé cette conversion en métrique très difficile, assez difficile ou pas du tout difficile ? »

Âge des répondants	Niveau d'adaptation			
	Très difficile	Assez difficile	Pas difficile	Total
De 18 à 29 ans	81	138	132	351
De 30 à 49 ans	126	131	94	351
50 ans et plus	203	78	69	350
Total	410	347	295	1 052

Source : *La Presse*, 7 novembre 1983.

Peut-on penser que la facilité avec laquelle s'est effectué le passage des mesures impériales au système métrique dépendait de l'âge ? Faire un test au niveau de signification de 0,01.

4. Compléter les tableaux suivants, si l'on pose pour hypothèse que le salaire est indépendant du sexe de l'employé.

a)

Sexe	Salaire hebdomadaire		
	Moins de 400 $	400 $ et plus	Total
Femmes			100 %
Hommes			100 %
Total	40 %	60 %	100 %

b)

Sexe	Salaire hebdomadaire				
	Moins de 450 $	[450 $; 500 $[	[500 $; 550 $[	550 $ et plus	Total
Femmes					200
Hommes					
Total	150	125	100		500

5. Voici la répartition d'un échantillon de 120 ménages selon le sexe du chef et le revenu du ménage.

Sexe du chef de ménage	Revenu du ménage					
	Très faible	Faible	Moyen	Élevé	Très élevé	Total
Femmes	3	18	40	8	1	70
Hommes	1	12	18	13	6	50
Total	4	30	58	21	7	120

a) Vérifier si la condition d'application pour un test du khi-deux est respectée.

b) Construire un nouveau tableau en groupant des catégories adjacentes permettant ainsi de satisfaire à la condition d'application du test du khi-deux, et effectuer ce test. Ce test permet-il de conclure, au seuil de signification de 0,05, que le revenu du ménage dépend du sexe du chef de ménage ?

6. La distribution suivante a été dressée par Haberman (1978) à partir de données fournies par le National Opinion Research Center de l'Université de Chicago. Les variables sont le nombre d'années de scolarité et l'attitude face à l'avortement : pour, contre ou mixte (les gens pour ou contre dans certains cas seulement).

Scolarité	Attitude face à l'avortement			
	Pour	Mixte	Contre	Total
Moins de 9 ans	31	23	56	110
Entre 9 et 12 ans	171	89	177	437
Plus de 12 ans	116	39	74	229
Total	318	151	307	776

Source : Alalouf, Labelle et Ménard, *Introduction à la statistique appliquée*, 2e éd., Montréal, Addison-Wesley, 1990, p. 95.

a) Tester l'hypothèse que ces deux variables sont indépendantes, avec un seuil de signification de 5 %.

b) L'étude établit qu'il y a un lien entre deux variables, mais elle ne prouve pas qu'il y a un lien de cause à effet, c'est-à-dire qu'il y a une variable qui est la cause et l'autre l'effet. Il se peut, comme on l'a vu précédemment, que la dépendance entre ces deux variables soit attribuable à l'effet simultané d'une troisième variable sur les deux premières (appartenance à une religion, âge, sexe, origine ethnique, etc.). Dans le cas qui nous occupe, après analyse de l'échantillon, on a constaté qu'il était composé de 57 % de protestants et de 43 % de catholiques.

On a donc décidé de reprendre le test en séparant ces deux groupes. Voici le résultat que l'on a alors obtenu pour le khi-deux de chaque groupe :

Pour les catholiques : $\chi^2 = 4,76$
Pour les protestants : $\chi^2 = 17,07$

Dire si l'on doit maintenir la conclusion tirée en *a* pour chacun de ces deux groupes.

8.3 Corrélation linéaire

La présente section est consacrée à l'étude de la dépendance entre deux variables quantitatives. Contrairement à ce que nous avons fait dans le cas où au moins une des variables était qualitative, nous ne nous limiterons pas à affirmer que les variables sont dépendantes ; nous mesurerons la force de cette dépendance, et même, nous traduirons la relation entre les variables par un modèle mathématique qui permettra d'estimer, pour une valeur donnée d'une des variables, la valeur correspondante de l'autre variable.

Une entreprise veut mener une étude pour déterminer s'il y a une relation entre les sommes qu'elle investit en publicité chaque semaine et le volume hebdomadaire de ses ventes. Voici les chiffres des huit dernières semaines.

X : «dépenses en publicité» (en 000 $)	1,0	2,2	2,5	2,0	3,0	4,2	3,5	5,0
Y : «volume des ventes» (en 000 $)	38,5	40,0	37,3	37,0	46,0	50,0	39,0	50,2

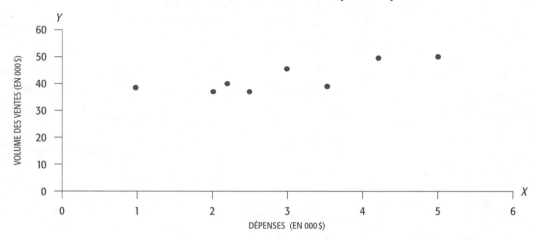

Volume des ventes en fonction des dépenses en publicité

Diagramme de dispersion (ou nuage de points)

On donne le nom de **diagramme de dispersion** ou **nuage de points** à la représentation graphique dans le plan cartésien de l'ensemble des paires de données (x, y) provenant de l'étude de deux variables quantitatives X et Y.

Corrélation

On dira qu'il y a **corrélation**, ou **dépendance**, entre les variables quantitatives X et Y si l'on peut dégager une tendance générale de ces deux variables à varier dans le même sens ou dans le sens contraire.

Voici ce qui caractérise une corrélation entre les variables X et Y :

La forme

Linéaire :   Les points du diagramme de dispersion ont tendance à se rapprocher d'une droite. C'est ce type de corrélation que nous étudierons (graphiques 1, 2 et 6 de la page suivante).

Non linéaire : Les points du diagramme de dispersion ont tendance à se rapprocher d'une courbe (graphiques 3 et 4).

Le sens

Positif :   Les deux variables évoluent dans le même sens : quand les valeurs de la variable X augmentent, celles de la variable Y augmentent aussi (graphiques 1 et 3).

Négatif :   Les deux variables évoluent dans le sens contraire : quand les valeurs de la variable X augmentent, celles de la variable Y diminuent (graphiques 2, 4 et 6).

L'intensité

Parfaite :   Les points du diagramme de dispersion sont parfaitement alignés, dans le cas d'une corrélation de forme linéaire, ou tous sur la courbe dans le cas d'une corrélation non linéaire. Cette dépendance parfaite nous permettrait de trouver, pour chaque valeur de la variable X, la valeur exacte de la variable Y qui lui correspond, et inversement (graphiques 1, 2 et 4).

Imparfaite :   On constate une tendance moins forte des points du diagramme de dispersion à s'aligner ou à prendre la forme d'une courbe. Dans ce cas, on ne pourrait que donner une estimation de la valeur de la variable Y correspondant à une valeur de la variable X (graphiques 3 et 6).

Nulle :   On ne peut dégager aucune tendance des points à prendre la forme d'une droite ou d'une courbe. On dira que les deux variables sont **indépendantes**. On ne pourra donc pas, à partir d'une valeur de la variable X, estimer la valeur correspondante de la variable Y, et inversement (graphique 5).

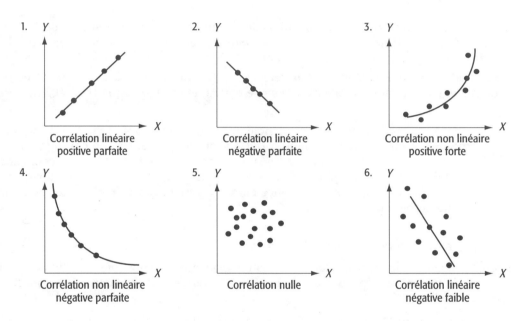

1. Corrélation linéaire positive parfaite
2. Corrélation linéaire négative parfaite
3. Corrélation non linéaire positive forte
4. Corrélation non linéaire négative parfaite
5. Corrélation nulle
6. Corrélation linéaire négative faible

Coefficient de corrélation linéaire

Le diagramme de dispersion permet une analyse qualitative de la tendance à une relation linéaire entre les variables X et Y. Le **coefficient de corrélation linéaire**, ou **coefficient de Pearson**, nous permettra de mesurer quantitativement la force de la corrélation (ou de la dépendance) linéaire entre les deux variables. On note ce coefficient par la lettre r et on le calcule à l'aide de la formule suivante :

Coefficient de corrélation

$$r = \frac{\sum xy - n\,\bar{x}\,\bar{y}}{(n-1)\,s_x\,s_y}$$

où n : nombre de couples (x, y)

$\sum xy$: somme des produits de chaque valeur de la variable X par la valeur de la variable Y qui lui est associée

$\bar{x}$: moyenne des valeurs de la variable X

$\bar{y}$: moyenne des valeurs de la variable Y

s_x : écart type corrigé de la variable X

s_y : écart type corrigé de la variable Y

Propriétés du coefficient de corrélation

1. Le coefficient de corrélation est un nombre sans unités compris entre –1 et 1 : $-1 \leq r \leq 1$.

2. La corrélation linéaire est parfaite et positive pour $r = 1$, parfaite et négative pour $r = -1$ et nulle pour $r = 0$.

3. Dans le cas d'une corrélation linéaire positive, plus la valeur de r est près de 1, plus la corrélation entre X et Y est forte. Il en est de même pour une corrélation linéaire négative : plus la valeur est près de –1, plus la corrélation entre X et Y est forte.

   Généralement, une valeur de r supérieure à 0,60 (ou inférieure à –0,60) est considérée comme élevée et presque nulle si elle est comprise entre 0 et 0,20 (ou entre 0 et –0,20).

> **REMARQUE**   Le fait que le coefficient de corrélation soit égal à 0 n'implique pas nécessairement que les variables X et Y sont indépendantes ; on constate uniquement qu'il n'y a pas de dépendance linéaire, mais il pourrait y avoir une dépendance non linéaire entre les variables. Seul le nuage de points peut nous garantir qu'il n'y a aucune autre forme de dépendance entre les variables X et Y. (Pour un exemple, voir le numéro 4 des exercices 8.5.)

Variable indépendante et variable dépendante

Il serait souhaitable ici de respecter la convention mathématique qui consiste habituellement à réserver la lettre X à la variable indépendante et la lettre Y à la variable dépendante (celle dont le résultat semble dépendre de l'autre).

Dans la mise en situation du début de la section (p. 248), nous avons attribué la lettre X à la variable « dépenses en publicité » et la lettre Y à la variable « volume des ventes », car il apparaît logique de penser que le volume des ventes dépend du montant d'argent investi en publicité par l'entreprise.

EXEMPLE 1

Pour les variables suivantes, représenter par X la variable indépendante et par Y la variable dépendante. Dire si la corrélation entre ces deux variables est positive ou négative.

1. _____ : « le coût des dommages matériels causés par un séisme » et _____ : « l'intensité du séisme ».

   La corrélation est _____.

2. _____ : « le prix d'un produit » et _____ : « le nombre de produits vendus ».

   La corrélation est _____.

3. _____ : « le nombre de billets de spectacle achetés » et _____ : « le coût total de l'achat ».

   La corrélation est _____.

À quoi ressemblerait le diagramme de dispersion de ces deux variables si l'on suppose que chaque billet coûte 25 $? Peut-on estimer la valeur du coefficient de corrélation ? Peut-on établir une équation mathématique entre X et Y ?

EXEMPLE 2

Calculer le coefficient de corrélation pour la mise en situation et commenter. Pour plus de précision, garder au moins deux décimales dans les calculs.

X : « dépenses en publicité » (en 000 $)	1,0	2,2	2,5	2,0	3,0	4,2	3,5	5,0
Y : « volume des ventes » (en 000 $)	38,5	40,0	37,3	37,0	46,0	50,0	39,0	50,2

Solution

$$\sum xy =$$

$n =$ $\qquad$ $\overline{x} =$ $\qquad$ $s_x =$

$\overline{y} =$ $\qquad$ $s_y =$

$$r = \frac{\sum xy - n\,\overline{x}\,\overline{y}}{(n-1)s_x s_y} =$$

Interprétation

La corrélation linéaire entre les montants investis en publicité et le volume des ventes est forte ($r =$ _____) et positive. En général, plus on investit en publicité, plus les ventes augmentent.

Dépendance et causalité

Encore une fois, il faudra être prudent dans l'interprétation des résultats. Il n'y aura pas nécessairement une relation de cause à effet entre deux variables dépendantes. S'il existe une corrélation entre X et Y, X peut être la cause de Y, Y peut être la cause de X, les deux peuvent être causés par un facteur externe Z, ou ce peut être un mélange de ces rapports.

On peut trouver une corrélation positive entre l'âge mental d'un enfant et la longueur de ses pieds, puisque, quand une variable augmente, l'autre augmente, mais il ne faudrait pas en conclure que la capacité d'un enfant à résoudre des problèmes a un lien avec la longueur de ses pieds. En fait, c'est la croissance de l'enfant qui fait augmenter les deux variables en même temps.

8.4 Régression linéaire

Lorsqu'il existe une relation logique entre deux variables, il peut être intéressant d'essayer de traduire cette relation par un modèle mathématique qui nous permettra d'estimer la valeur de la variable Y correspondant à une valeur donnée de la variable X. C'est ce qu'on appelle l'**analyse de régression**. Cette analyse nous permettra, par exemple, de répondre aux questions suivantes :

– Quel prix peut-on espérer vendre une maison dont l'évaluation municipale est de 90 000 $?

– Quelle moyenne peut espérer obtenir un étudiant, à sa première session au cégep, s'il a obtenu une moyenne de 75 % en 5e secondaire ?

Nous limiterons notre étude de la régression à celle de type linéaire.

Droite de régression

Lorsque les points du diagramme de dispersion nous indiquent que deux variables sont en corrélation linéaire, nous pouvons traduire mathématiquement cette relation par l'équation d'une droite. Nous donnerons le nom de **droite de régression** à la droite qui représente le mieux l'ensemble des points. On considère mathématiquement que la droite donnant le meilleur ajustement possible avec les points est celle où la valeur D, qui est égale à la somme des carrés des écarts entre chaque point du diagramme de dispersion et la droite, est à son minimum.

$$D = d_1^2 + d_2^2 + d_3^2 + ... + d_n^2$$

À l'aide de cette méthode, que l'on appelle **méthode des moindres carrés**, on en arrive à trouver la pente de la droite, notée b, et son ordonnée à l'origine, notée a, ce qui nous donne l'équation suivante :

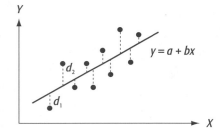

Équation de la droite de régression

$$y = a + bx$$

On calcule les valeurs de a et de b à l'aide des formules suivantes :

$$a = \overline{y} - b\overline{x} \qquad b = \frac{\sum xy - n\,\overline{x}\,\overline{y}}{(n-1)s_x^2}$$

Utilité de la droite de régression

La droite de régression est utilisée pour estimer la valeur y associée à une valeur x spécifiée. Il suffit de remplacer x dans l'équation $y = a + bx$ pour obtenir la valeur y correspondante.

> **REMARQUES**
>
> – Comme on peut toujours trouver la moyenne et l'écart type corrigé d'une série de données, le calcul des valeurs de a et de b de la droite de régression sera toujours possible, mais une estimation qui serait faite en utilisant la droite de régression trouvée pour deux variables qui n'ont aucun lien logique entre elles n'aurait pas de sens. La droite de régression traduisant la corrélation entre l'âge mental d'un enfant et la longueur de ses pieds ne serait d'aucune utilité.
>
> – Il est préférable de s'assurer qu'il y a une bonne corrélation linéaire entre les variables avant de faire une estimation avec la droite de régression.

– Il serait risqué de faire des estimations pour des valeurs de la variable X trop éloignées de l'étendue des valeurs observées. (Pour un exemple, voir le numéro 8 des exercices 8.5.)

– Une corrélation positive donne une valeur de b positive, et une corrélation négative donne une valeur de b négative.

MISE EN SITUATION (SUITE)

a) Pour la mise en situation, trouver l'équation de la droite de régression et tracer cette dernière sur le diagramme de dispersion qui suit.

X: «dépenses en publicité» (en 000 \$)	1,0	2,2	2,5	2,0	3,0	4,2	3,5	5,0
Y: «volume des ventes» (en 000 \$)	38,5	40,0	37,3	37,0	46,0	50,0	39,0	50,2

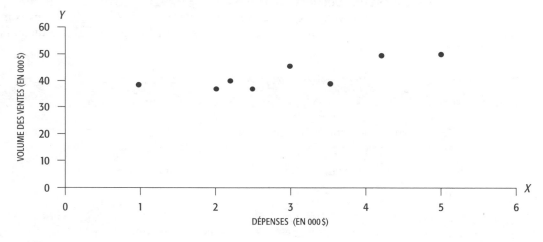

Volume des ventes en fonction des dépenses en publicité

On a : $\sum xy = 1\,029,25$ $\quad \bar{x} = 2,925 \quad$ $s_x = 1,28$

$\quad\quad n = 8$ $\quad\quad\quad\quad \bar{y} = 42,25 \quad$ $s_y = 5,59$

$$b = \frac{\sum xy - n\,\bar{x}\,\bar{y}}{(n-1)\,s_x^2} =$$

$$a = \bar{y} - b\bar{x} =$$

Équation de la droite de régression : $y = a + bx$

Recherche de deux points appartenant à la droite de régression :

b) Si l'entreprise investit 3 000 $ en publicité, quel volume de ventes peut-elle espérer atteindre ? Comparer ce dernier résultat avec la valeur observée.

Volume des ventes selon le modèle mathématique : _____ $

Volume des ventes observé : _____ $ (réf. : tableau p. 253).

Coefficient de détermination

La valeur r^2 porte le nom de **coefficient de détermination**. Exprimé en pourcentage, ce coefficient donne le pourcentage de la variation de la variable Y expliqué par la variable X, c'est-à-dire par la relation linéaire entre les variables X et Y. Si tous les points ne sont pas sur la droite de régression, c'est que d'autres facteurs peuvent aussi expliquer la variation de Y. Le pourcentage de la variation de Y qui n'est pas expliqué par la variable X est égal à $(1 - r^2)$.

Dans la mise en situation, le coefficient de détermination est $r^2 = (0,81)^2 = 0,656$. On peut dire que la variable X : « dépenses en publicité » explique environ 66 % de la variation de Y : « volume des ventes ». Par conséquent, 34 % de la variation du volume des ventes peut être attribuable à d'autres facteurs que les dépenses en publicité.

Exercices éclair

1. Pour les variables suivantes, désigner par X la variable indépendante et par Y la variable dépendante. Indiquer si la corrélation entre ces deux variables est positive ou négative.

   _____ : « épaisseur de la glace sur un lac » et _____ : « température extérieure ».

   La corrélation est _____ .

2. Quel montant le gouvernement doit-il débourser par étudiant pour une année de cégep ? Le tableau suivant donne l'évolution de la dépense de fonctionnement par étudiant (en dollars courants) dans le réseau collégial public de 1993 à 1999.

X : « année »	1993-1994	1994-1995	1995-1996	1996-1997	1997-1998	1998-1999
Y : « dépense par étudiant »	6 876 $	6 959 $	6 930 $	6 789 $	6 614 $	6 686 $

   Source : Direction des statistiques et des études quantitatives, Ministère de l'Éducation du Québec, 2000.

   a) En assignant $X = 0$ à l'année 1993-1994 ; $X = 1$ à l'année 1994-1995, etc., trouver l'équation de la droite de régression de cette série statistique ($r = -0,82$).

   (Lorsque la série statistique étudiée est une série chronologique, on donne souvent le nom de **droite de tendance** à la droite de régression.)

b) À l'aide de la droite de régression, estimer la dépense gouvernementale moyenne par étudiant pour l'année 2000-2001.

Utilisation de la calculatrice pour traiter simultanément deux variables	
Calculatrice graphique	*Calculatrice scientifique de base*

Calculatrice graphique

- Entrer les valeurs de x dans la colonne L1 et les valeurs de y dans la colonne L2, après avoir appuyé sur le bouton ⃞STAT et choisi le menu Edit.

- Appuyer sur ⃞STAT. Sélectionner CALC, puis 4 : LINREG ($ax + b$) et appuyer sur ⃞ENTER. Pour obtenir les valeurs cherchées, appuyer sur les touches ⃞2nd ; ⃞L1 ; ⃞, ; ⃞2nd ; ⃞L2 ; ⃞ENTER.

- Vous pouvez obtenir $\bar{x}$, $\bar{y}$, σx, σy, sx et sy en choisissant 2-VAR STATS dans le menu CALC.

  Note : Si les valeurs de a, b et r ne s'affichent pas, activer DIAGNOSTICON dans CATALOG avant d'effectuer les étapes précédentes.

Calculatrice scientifique de base

Vérifier que votre calculatrice comporte les boutons ⃞r (corrélation), ⃞a et ⃞b (régression). Si oui, votre calculatrice permet de traiter deux variables en même temps. Pour ce faire :

- Mettre votre calculatrice en mode statistique et choisir le sous-menu qui permet de traiter deux variables (par exemple, 1 : $a + bx$). S'il n'y a pas de sous-menu, passer à l'étape suivante.

- Entrer la valeur de x du 1er couple, appuyer sur ⃞(x,y), entrer la valeur de y et appuyer sur ⃞DATA. Faire de même pour les autres couples.

- Appuyer sur les boutons ⃞r, ⃞a et ⃞b pour obtenir les valeurs cherchées. Vous pouvez aussi obtenir $\bar{x}$, $\bar{y}$, σx, σy, sx et sy en appuyant sur les boutons correspondants.

8.5 Exercices

1. La corrélation entre les variables suivantes est-elle positive, négative ou nulle ?

   a) Revenu personnel et total des impôts personnels à payer.

   b) Poids de l'homme et poids de la femme dans un couple.

   c) Âge de l'homme et âge de la femme dans un couple.

2. a) Quelle serait la valeur du coefficient de corrélation r, calculé à partir d'un nuage de points ne contenant que deux points ?

   b) Indiquer la variable indépendante X et la variable dépendante Y.

   _____ : « consommation d'huile à chauffage » ;

   _____ : « température extérieure ».

3. Des chercheurs de l'Université du Michigan ont voulu savoir si le risque de mourir d'un cancer du poumon était directement lié à l'âge auquel une personne cesse de fumer. Cette étude a été menée auprès d'un échantillon de 900 000 personnes dont 50 % étaient d'anciens fumeurs. L'étude a permis d'établir les taux de mortalité par le cancer du poumon pour 100 000 chez les ex-fumeurs selon l'âge auquel ils ont cessé de fumer.

   Source : *Le Soleil*, 31 mai 1993.

   a) Le tableau suivant donne ces taux pour les hommes. Les chercheurs peuvent-ils affirmer que le taux de mortalité chez les ex-fumeurs dépend de l'âge auquel ils ont cessé de fumer ? Justifier mathématiquement et commenter.

   Pour les hommes

X : « ont cessé de fumer vers l'âge de »	35 ans	45 ans	55 ans	60 ans	65 ans
Y : « taux de mortalité par le cancer du poumon pour 100 000 personnes »	90	150	240	340	500

   b) La conclusion sera-t-elle la même pour les ex-fumeuses ? Voici les taux de mortalité par le cancer du poumon pour 100 000 chez les femmes.

   Pour les femmes

X : « ont cessé de fumer vers l'âge de »	35 ans	45 ans	55 ans	60 ans	65 ans
Y : « taux de mortalité par le cancer du poumon pour 100 000 personnes »	55	80	125	170	270

4. a) Calculer le coefficient de corrélation r pour les données suivantes :

X	1	2	3	4	5	6	7	8	9
Y	18	11	6	3	2	3	6	11	18

   b) Les variables sont-elles indépendantes ?

   c) Tracer le nuage de points. Que faut-il en conclure ?

5. Donner l'équation de la droite de régression si l'on a :

   a) $a = 2,5$ et $b = 4,8$

   b) $b = -3,6$, $\overline{x} = 2,9$ et $\overline{y} = 38,5$

6. Cinq clients d'Hydro-Québec ont payé les montants suivants pour le nombre de kilowattheures (kWh) consommés :

Nombre de kWh consommés	1 600	800	1 250	1 700	940
Coût	94,72 $	58,64 $	78,94 $	99,23 $	64,95 $

   a) Calculer et interpréter le coefficient de corrélation.

   b) À quoi ressemblerait le diagramme de dispersion ?

   c) Calculer et interpréter le coefficient de détermination.

   d) Trouver l'équation de la droite de régression.

   e) Estimer le montant qu'il faudrait payer pour une consommation de 1 400 kilowattheures.

   f) Donner la signification des valeurs de a et de b de l'équation de la droite de régression dans le contexte de ce problème.

7. Le tableau suivant donne le pourcentage des naissances hors mariage au Québec pour les enfants de rang 1 (1ᵉʳ enfant d'une femme) de 1990 à 1998.

Année	90	91	92	93	94	95	96	97	98
%	48,4	50,3	54,1	57,1	58,6	59,8	62,3	62,8	64,7

Source: Institut de la statistique du Québec.

a) En posant X: « (année – 1990) » et Y: « pourcentage de naissances hors mariage », trouver l'équation de la droite de régression de cette série statistique.

b) Estimer le pourcentage des premiers-nés qui seront issus de parents non mariés en 1999.

c) Si la tendance se maintient, quelle sera la valeur de ce pourcentage en 2004 ?

8. Soit X, le résultat d'un étudiant à un test de dépistage (sur 25) au début d'un cours de mathématiques, et Y, la note obtenue (sur 20) par le même étudiant au premier examen de ce cours.

X: « note au test de dépistage »	11	13	14	15	16	17	19	20	23	25
Y: « note au 1ᵉʳ examen »	5	6	7	9	11	16	17	16	18	19

La droite de régression est $y = -7,10 + 1,13\,x$. Estimer la note d'examen d'un étudiant ayant obtenu 5 dans son test de dépistage.

Exercices récapitulatifs

1. Dans une étude portant sur la réussite scolaire des étudiants en 1ʳᵉ session en formation préuniversitaire, les chercheurs ont émis l'hypothèse suivante :

   « Il y a un lien entre le sexe et le taux de réussite des étudiants à la 1ʳᵉ session. »

   Tester cette hypothèse au seuil de signification de 0,05, en utilisant les résultats pour les 1 432 étudiants de l'échantillon. S'il y a dépendance entre les variables, donner la nature de la dépendance.

   Répartition des 1 432 étudiants de l'échantillon selon le sexe et le taux de réussite

Sexe	Taux de réussite			Total
	Tous les cours réussis	De 51 % à 99 % des cours	50 % et moins des cours	
Femmes	382	262	144	788
Hommes	251	202	191	644
Total	633	464	335	1 432

   Source: *La réussite scolaire lors du 1ᵉʳ trimestre d'études collégiales*, Direction générale de l'enseignement collégial, 1980-1989.

2. Un chauffeur de taxi a noté le nombre de kilomètres parcourus et le coût des huit dernières courses qu'il a faites. Voici les résultats.

Nombre de km	14,4	12,9	8,4	9,2	8,0	7,2	13,5	11,5
Coût (en $)	27,50	23,20	15,75	17,50	14,40	14,75	21,40	20,75

a) Désigner la variable indépendante X et la variable dépendante Y.

b) Calculer et interpréter le coefficient de corrélation.

c) Calculer et interpréter le coefficient de détermination.

d) Donner l'équation de la droite de régression.

e) Dans le contexte de ce problème, donner une signification aux valeurs a et b de la droite de régression.

f) Tracer la droite de régression sur le diagramme de dispersion ci-dessous.

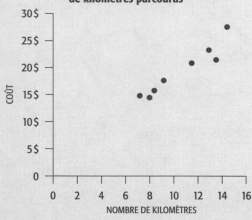

Coût de la course en fonction du nombre de kilomètres parcourus

Préparation à l'examen

Pour préparer votre examen, assurez-vous d'avoir les compétences suivantes.

Si vous avez
la compétence,
cochez.

Test d'indépendance du khi-deux
- Construire un test d'indépendance en respectant la démarche.   _____
- Énoncer clairement la règle de décision du test.   _____
- Énoncer clairement la conclusion du test dans le contexte du problème.   _____
- Respecter la condition d'application d'un test du khi-deux.   _____
- Donner la nature de la dépendance, s'il y a lieu.   _____

Corrélation linéaire
- Tracer un diagramme de dispersion.   _____
- Connaître les caractéristiques d'une corrélation : forme, sens et intensité.   _____
- La formule étant donnée, calculer et interpréter le coefficient de corrélation r.   _____
- Connaître les propriétés du coefficient de corrélation linéaire.   _____
- Calculer et interpréter le coefficient de détermination.   _____

Régression linéaire
- Différencier les variables indépendante (X) et dépendante (Y) dans un problème.   _____
- Les formules étant données, trouver l'équation de la droite de régression.   _____
- Estimer une valeur de la variable dépendante à l'aide de la droite de régression.   _____

LOI NORMALE

Caractéristiques de la courbe normale N(μ ; σ^2)

– La courbe a la forme d'une cloche.

– 68,3 % des données sont comprises entre $\mu - \sigma$ et $\mu + \sigma$.

– 99,7 % des données sont comprises entre $\mu - 3\sigma$ et $\mu + 3\sigma$.

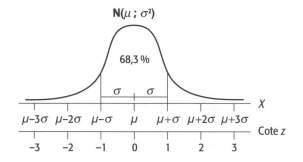

Pour calculer la cote z d'une valeur x : cote $z = \dfrac{\text{Valeur} - \text{moyenne}}{\text{Écart type}} = \dfrac{x - \mu}{\sigma}$

Recherche d'un pourcentage de données entre deux valeurs

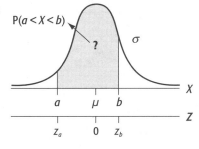

– On représente graphiquement la situation.

– $P(a < X < b) = P(z_a < Z < z_b)$

= aire sous la courbe N(0 ; 1) entre z_a et z_b.
La stratégie pour trouver l'aire s'élabore
à partir de la représentation graphique.

Recherche d'une valeur c associée à un pourcentage

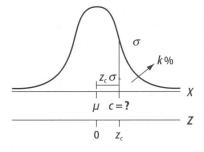

– On a $P(X > c) = k\% \Leftrightarrow P(Z > z_c) = k\%$.

– Dans la table N(0 ; 1), on trouve la valeur z_c
associée à une aire de $k\%$.

– $c = \text{moyenne} + z_c \times \text{écart type} = \mu + z_c\sigma$.

ESTIMATION DE LA MOYENNE D'UNE POPULATION

Distribution des valeurs possibles pour une moyenne échantillonnale

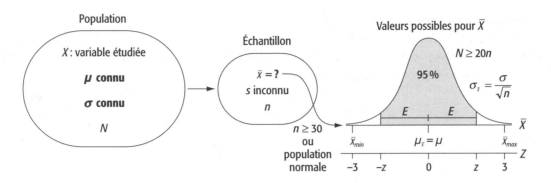

– La plus petite et la plus grande moyenne échantillonnale que le hasard peut donner :

$$\overline{x}_{\min} = \mu - 3\sigma_{\overline{x}} \quad \text{et} \quad \overline{x}_{\max} = \mu + 3\sigma_{\overline{x}}$$

– Pour 95 % des échantillons possibles, l'écart entre $\overline{x}$ et μ est d'au plus E unités : $E = z\sigma_{\overline{x}} = 1{,}96\sigma_{\overline{x}}$.

Attention ! Quand la population est petite ($N < 20n$), on multiplie $\sigma_{\overline{x}}$ par $\sqrt{(N-n)/(N-1)}$.

Estimation de la moyenne d'une population par intervalle de confiance

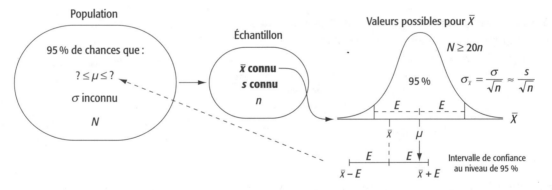

Démarche pour construire un intervalle de confiance pour μ :

– Calculer l'écart type $\sigma_{\overline{x}}$ de la distribution des valeurs possibles pour $\overline{X}$.
– Calculer la marge d'erreur associée au niveau de confiance considéré : $E = z\sigma_{\overline{x}}$.
– Construire l'intervalle de confiance : $\overline{x} - E \leq \mu \leq \overline{x} + E$.

Interprétation de l'intervalle de confiance pour un niveau de confiance de 95 %.

Il y a 95 % de chances que la moyenne de la population se situe entre $\overline{x} - E$ et $\overline{x} + E$.

Interprétation de la marge d'erreur pour un niveau de confiance de 95 %.

Il y a 95 % de chances que l'écart entre la moyenne de l'échantillon et la moyenne de la population soit d'au plus E unités.

Estimation ponctuelle de la moyenne d'une population

On pose $\mu = \overline{x}$.

ESTIMATION D'UN POURCENTAGE D'UNE POPULATION

Distribution des valeurs possibles pour un pourcentage échantillonnal

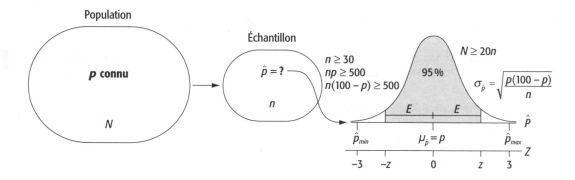

– Le plus petit et le plus grand pourcentage échantillonnal que le hasard peut donner :

$$\hat{p}_{min} = p - 3\sigma_{\hat{p}} \quad \text{et} \quad \hat{p}_{max} = p + 3\sigma_{\hat{p}}$$

– Pour 95 % des échantillons possibles, l'écart entre $\hat{p}$ et p est d'au plus E % : $E = z\sigma_{\hat{p}} = 1{,}96\sigma_{\hat{p}}$.

Attention ! Quand la population est petite ($N < 20n$), on multiplie $\sigma_{\hat{p}}$ par $\sqrt{(N-n)/(N-1)}$.

Estimation d'un pourcentage p d'une population par intervalle de confiance

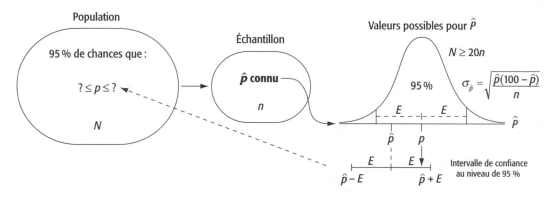

Démarche pour construire un intervalle de confiance pour p :

– Calculer l'écart type $\sigma_{\hat{p}}$ de la distribution des valeurs possibles pour $\hat{P}$.
– Calculer la marge d'erreur associée au niveau de confiance considéré : $E = z\sigma_{\hat{p}}$.
– Construire l'intervalle de confiance : $\hat{p} - E \le p \le \hat{p} + E$.

Interprétation de l'intervalle de confiance pour un niveau de confiance de 95 %.

Il y a 95 % de chances que le pourcentage de la population se situe entre $\hat{p} - E$ et $\hat{p} + E$.

Interprétation de la marge d'erreur pour un niveau de confiance de 95 %.

Il y a 95 % de chances que l'écart entre le pourcentage de l'échantillon et le pourcentage de la population soit d'au plus E %.

Estimation ponctuelle du pourcentage d'une population

On pose $p = \hat{p}$.

TEST D'HYPOTHÈSE SUR UNE MOYENNE ET SUR UN POURCENTAGE

Démarche pour construire un test d'hypothèse

Étape 1   Formuler les hypothèses H_0 et H_1 et préciser le seuil de signification.

Étape 2   Vérifier les conditions d'application de la loi normale pour la distribution des valeurs possibles pour $\bar{X}$ ou $\hat{P}$, et représenter graphiquement le test.

Représentation d'un test unilatéral à gauche avec un seuil de signification de α

Valeurs possibles pour $\bar{X}$

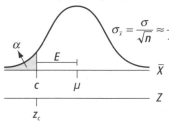

$$\sigma_{\bar{x}} = \frac{\sigma}{\sqrt{n}} \approx \frac{s}{\sqrt{n}}$$

ou

Valeurs possibles pour $\hat{P}$

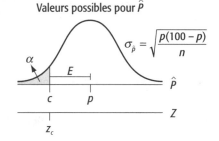

$$\sigma_{\hat{p}} = \sqrt{\frac{p(100-p)}{n}}$$

Étape 3   Trouver le ou les points critiques.

Étape 4   Énoncer la règle de décision du test.

Étape 5   Donner la conclusion du test par rapport à l'hypothèse énoncée au départ.

RELATION ENTRE DEUX VARIABLES

Démarche pour construire un test d'indépendance du khi-deux

Étape 1   Formuler les hypothèses H_0 et H_1 :
H_0 : Les variables spécifiées sont indépendantes.
H_1 : Les variables spécifiées sont dépendantes.

Étape 2   Calculer les effectifs théoriques selon l'hypothèse nulle.

Étape 3   Calculer la valeur du khi-deux : $\chi^2 = \sum \frac{(O-T)^2}{T}$

Étape 4 Énoncer la règle de décision :
dl = (nombre de catégories pour X – 1) × (nombre de catégories pour Y – 1)
α = seuil de signification du test

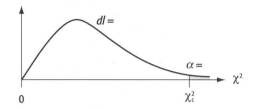

Règle de décision
Rejeter H_0 si le $\chi^2 > \chi^2_{\text{critique}}$.

Étape 5 Conclure :
Quand les variables sont dépendantes, on donne la nature de la dépendance.

Corrélation linéaire

On mesure la force de la dépendance linéaire entre deux variables quantitatives par le coefficient de corrélation linéaire. Plus sa valeur s'approche de –1 ou de +1, plus la dépendance linéaire est forte :

$$r = \frac{\sum x\,y - n\,\overline{x}\,\overline{y}}{(n-1)\,s_x\,s_y}$$

Le **coefficient de détermination** est le carré du coefficient de corrélation (r^2). Il indique le pourcentage de la variation de la variable dépendante qui peut être expliqué par la variable indépendante.

Régression linéaire

S'il y a un lien logique entre deux variables et une bonne corrélation linéaire, la droite de régression peut être utilisée comme modèle mathématique de la relation entre les variables. Elle permet d'estimer la valeur d'une variable correspondant à une valeur précisée de l'autre variable.

$$y = a + bx \quad \text{où} \quad a = \overline{y} - b\,\overline{x} \quad \text{et} \quad b = \frac{\sum x\,y - n\,\overline{x}\,\overline{y}}{(n-1)\,s_x^2}$$

Problème de synthèse de l'ouvrage

PORTRAIT DES QUARTIERS DU CENTRE-VILLE DE QUÉBEC EN 1995

En 1995, une recherche[1] a été menée dans le but de dresser le profil socio-économique des quartiers du centre-ville de Québec (Saint-Roch, Saint-Sauveur, Vieux-Limoilou, Maizerets) et en mesurer les principaux changements depuis 1986. Le présent problème de synthèse est construit à partir des résultats de cette recherche.

Première partie de la recherche

Dans un premier temps, les chercheurs ont voulu mesurer les changements socio-économiques survenus dans la population du centre-ville de Québec entre les recensements de 1986 et de 1991.

Plus particulièrement, le but de la recherche était de répondre aux questions suivantes :
– Les jeunes étaient-ils aussi nombreux en 1991 qu'ils l'étaient en 1986 ?
– Y a-t-il eu vieillissement de la population ?
– La situation de l'emploi a-t-elle changé au cours de ces cinq années ?

Seconde partie de la recherche

Dans un second temps, les chercheurs ont effectué un sondage auprès d'un échantillon aléatoire de 50 ménages[2]. L'objectif du sondage était de dresser, pour l'année 1995, le profil socio-économique des ménages du centre-ville de Québec.

On voulait, notamment, obtenir des réponses aux questions suivantes :
– Quelle est la taille des ménages des quartiers centraux de Québec ?
– Quel est le revenu des ménages de ces quartiers ?
– Quel est le pourcentage de ménages qui sont propriétaires de leur logement ?

Les données du sondage devaient aussi permettre de valider les trois hypothèses suivantes :

Première hypothèse

En 1995, le pourcentage de ménages composés d'une seule personne est plus élevé qu'en 1986.

Deuxième hypothèse

En 1995, le nombre moyen de personnes par ménage est différent de celui de 1986.

Troisième hypothèse

Il y a un lien entre le mode d'occupation d'un logement (propriétaire ou locataire) et le revenu du ménage.

---

1. *Portrait des quartiers du centre-ville de Québec*, Carrefour de relance de l'économie et de l'emploi du centre de Québec, novembre 1995.
2. Pour faciliter la manipulation des données, la taille de l'échantillon a été réduite, mais les proportions obtenues dans la recherche ont été respectées.

Définition des concepts

Ménage : toute personne ou tout groupe de personnes qui occupent un même logement.

Revenu annuel du ménage : somme des revenus annuels de toutes les personnes du ménage.

Données recueillies par les chercheurs

Première partie de la recherche

Les données des recensements de 1986 et de 1991 relatives au sujet traité dans la première partie de la recherche sont présentées dans les trois tableaux qui suivent.

Tableau 1
Statistiques sur les quartiers centraux de Québec

Population en 1991	56 997
Nombre de naissances en 1991	695
Nombre de décès en 1991	415
Indice des prix à la consommation à Québec (1986 = 100)	1990 : 123,8 1991 : 125,5
Superficie des quartiers centraux	10,7 km^2

Tableau 2
**Répartition de la population des quartiers centraux de Québec
selon les groupes d'âge, 1986 et 1991**

Âge	1986	1991	Indice (1986=100)
0–9 ans	4 894	4 368	89,2
10–19 ans	5 892	4 823	81,8
20–34 ans	18 752	16 466	
35–54 ans	13 710	14 620	106,6
55–74 ans	13 890	12 437	
75 ans et plus	3 907	4 283	109,6
Total	61 045	56 997	93,4

Tableau 3
Situation de travail dans les quartiers centraux de Québec, 1986 et 1991

Situation de l'emploi	1986	1991
Personnes occupées	22 480	22 605
Chômeurs	5 520	4 185
Personnes de 15 ans et plus	52 595	49 020
Population totale	61 045	56 997

Seconde partie de la recherche

Voici quelques-unes des questions contenues dans le sondage.

Q1. Êtes-vous locataire ou propriétaire du logement que vous occupez actuellement ?

Q2. Quel est le revenu de votre ménage ?
1. Moins de 30 000 $
2. De 30 000 $ à moins de 60 000 $
3. De 60 000 $ à moins de 90 000 $
4. 90 000 $ et plus

Q3. Combien y a-t-il de personnes dans votre ménage ?

Q4. Quel est l'âge de votre logement ?

Si vous êtes propriétaire d'une maison unifamiliale, répondez aux questions suivantes.

Q5. Quelle est l'évaluation municipale de votre maison ?

Q6. À combien s'élève votre compte de taxes municipales ?

Le tableau 4 donne les réponses obtenues auprès des 50 ménages de l'échantillon pour les questions Q1 à Q4 du sondage.

Tableau 4
Séries statistiques des réponses obtenues pour les questions 1 à 4 du sondage

N°	Q1	Q2	Q3	Q4	N°	Q1	Q2	Q3	Q4
1	L	1	1	45	26	L	3	1	9
2	P	2	2	31	27	P	2	1	48
3	L	1	1	60	28	L	1	2	38
4	L	2	1	50	29	P	3	1	84
5	L	2	2	20	30	L	2	2	40
6	P	1	1	35	31	L	1	1	45
7	P	3	2	63	32	P	3	4	65
8	L	3	3	75	33	P	2	2	26
9	P	3	1	37	34	L	1	1	52
10	L	2	1	48	35	P	3	4	75
11	L	2	1	55	36	P	1	1	40
12	P	4	3	25	37	L	3	2	80
13	L	2	2	68	38	L	2	1	42
14	L	4	2	10	39	P	2	1	70
15	L	1	3	76	40	P	2	3	42
16	L	3	1	38	41	L	3	1	72
17	L	2	1	28	42	P	2	2	58
18	L	1	2	64	43	P	3	3	12
19	L	1	2	6	44	L	1	1	60
20	L	1	3	77	45	P	4	1	27
21	L	3	1	6	46	L	2	3	64
22	L	2	1	52	47	P	4	2	15
23	P	3	1	36	48	L	1	1	18
24	L	3	2	7	49	L	4	3	8
25	L	2	4	8	50	L	1	2	6

Seulement 8 des 18 propriétaires de l'échantillon habitaient une maison unifamiliale. Le tableau 5 donne les réponses que ces derniers ont données aux questions Q5 et Q6 du sondage.

Tableau 5
Séries statistiques des réponses obtenues pour les questions 5 et 6 du sondage

Q5 (en 000 $)	99,1	77,1	110,5	85,2	65,0	81,0	92,3	75,6
Q6 (en 000 $)	1,9	1,5	2,1	1,7	1,3	1,4	1,6	1,5

Analyse des données

Les réponses aux questions suivantes vont permettre d'analyser les données recueillies.

A. Analyse des données de la première partie de la recherche

1. Déterminer la densité de population dans les quartiers centraux de Québec en 1991, sachant que la densité correspond au nombre d'habitants par kilomètre carré. Comparer votre résultat à la densité de population de la ville de Québec qui était de 1 883,3 hab./km² la même année.

2. Calculer et interpréter le taux de natalité et le taux de mortalité pour 1 000 habitants en 1991.

3. Donner la population active dans ces quartiers en 1986 et en 1991.

4. Comparer les taux de chômage de 1986 et de 1991.

5. Comparer les taux d'activité de 1986 et de 1991.

6. Calculer et interpréter le taux de variation de la population de ces quartiers entre 1986 et 1991.

7. a) Calculer les indices manquant dans la 4e colonne du tableau 2.

   b) Interpréter le plus petit et le plus grand indice de cette colonne.

   c) Y a-t-il eu vieillissement de la population depuis 1986 ? Justifier.

8. Interpréter l'indice des prix à la consommation à Québec en 1991.

9. Calculer et interpréter le taux d'inflation à Québec en 1991.

B. Analyse des données de la seconde partie de la recherche

1. a) Décrire la population étudiée par le sondage.

   b) Décrire l'unité statistique.

   c) Pour les questions Q1, Q2, Q3 et Q4 du sondage, nommer la variable étudiée, donner son type et indiquer l'échelle de mesure utilisée.

2. Présenter les données recueillies pour les variables suivantes en ayant recours au tableau et au graphique pertinents. Par la suite, analyser les données en citant quelques faits saillants tirés du tableau de distribution et compléter cette analyse en interprétant le mode, la médiane, la moyenne et l'écart type corrigé.

   a) Le mode d'occupation du logement (Q1).

   b) Le revenu du ménage (Q2).

   c) Le nombre de personnes par ménage (Q3).

   d) L'âge du logement (Q4).

3. a) Donner et interpréter le 9e décile de la distribution du nombre de personnes par ménage.

   b) Donner et interpréter le 1er quartile de la distribution de l'âge des logements.

4. a) Construire et interpréter l'intervalle de confiance qui permettrait d'estimer, à partir des résultats de l'échantillon, l'âge moyen de l'ensemble des logements des quartiers centraux de Québec en 1995. Prendre un niveau de confiance de 90 %.

   b) Rédiger un court article de style journalistique pour rendre public le résultat du sondage.

5. a) Construire et interpréter l'intervalle de confiance, au niveau de confiance de 95 %, qui permettrait d'estimer le pourcentage de ménages à faible revenu (moins de 30 000 $) dans les quartiers centraux de Québec en 1995.

    b) Rédiger un court article de style journalistique pour rendre public le résultat du sondage.

    c) Donner une estimation ponctuelle du pourcentage de ménages à faible revenu (moins de 30 000 $) dans les quartiers centraux de Québec. Cette estimation est-elle acceptable ? Justifier.

6. Au recensement de 1986, 38,6 % des ménages du centre-ville étaient composés d'une seule personne. Tester, au seuil de signification de 0,01, la première hypothèse de recherche :

    « En 1995, le pourcentage de ménages composés d'une seule personne est plus élevé qu'en 1986. »

7. Au recensement de 1986, il y avait une moyenne de 2,1 personnes par ménage au centre-ville de Québec. Tester, au seuil de signification de 0,05, la deuxième hypothèse de recherche :

    « En 1995, le nombre moyen de personnes par ménage est différent de celui de 1986. »

8. Tester la troisième hypothèse de recherche, au seuil de signification de 5 % :

    « Il y a un lien entre le mode d'occupation d'un logement (propriétaire ou locataire) et le revenu du ménage. »

9. a) Donner et interpréter la médiane de l'évaluation municipale des maisons unifamiliales des huit propriétaires d'une maison unifamiliale de l'échantillon.

    b) Peut-on dire statistiquement qu'il y a un lien entre l'évaluation municipale des maisons et le compte de taxes municipales ? Interpréter votre résultat.

    c) Calculer et interpréter le coefficient de détermination.

    d) Donner l'équation de la droite de régression.

    e) Estimer le montant des taxes municipales d'une maison évaluée à 86 000 $.

12367	23891	31506	90721	18710	89140	58595	99425	22840	08267
38890	30239	34237	22578	74420	22734	26930	40604	10782	80128
80788	55410	39770	93317	18270	21141	52085	78093	85638	81140
02395	77585	08854	23562	33544	45796	10976	44721	24781	09690
73720	70184	69112	71887	80140	72876	38984	23409	63957	44751
61383	17222	55234	18963	39006	93504	18273	49815	52802	69675
39161	44282	14975	97498	25973	33605	60141	30030	77677	49294
80907	74484	39884	19885	37311	04209	49675	39596	01052	43999
09025	65670	63660	34034	06578	87837	28125	48883	50482	55735
33425	24226	32043	60082	20418	85047	53570	32554	64099	52326
72651	69474	73648	71530	55454	19576	15552	20577	12124	50038
04142	32092	83586	61825	35482	32736	63403	91499	37196	02762
85226	14193	52213	60746	24414	57858	31884	51226	82293	73553
54888	03579	91674	59502	08619	33790	29011	85193	62262	28684
33258	51516	82032	45233	39351	33229	59464	65545	76809	16982
75973	15957	32405	82081	02214	57143	33526	47194	94526	73253
90638	75314	35381	34451	49246	11465	25102	71489	89883	99708
65061	15498	93348	33566	19427	66826	03044	97361	09159	47485
64420	07247	82233	97812	39572	07766	65844	29980	15533	90114
27175	17389	76963	75117	45580	99904	47160	55364	25666	25405
32215	30094	87276	56896	15625	32594	80663	08082	19422	80717
54209	58043	72350	89828	02706	16815	89985	37380	44032	59366
59286	66964	84843	71549	67553	33867	83011	66213	69372	23903
83872	58167	01221	95558	22196	65905	38785	01355	47489	28170
83310	57080	03366	80017	39601	40698	56434	64055	02495	50880
64545	29500	13351	78647	92628	19354	60479	57338	52133	07114
39269	00076	55489	01524	75568	22571	20328	84623	30188	43904
29763	05675	28193	65514	11954	78599	63902	21346	19219	90286
06310	02998	01463	27738	90288	17697	64511	39552	34694	03211
97541	47607	57655	59102	21851	44446	07976	54295	84671	78755
82968	85717	11619	97721	53513	53781	98941	38401	70939	11319
76878	34727	12524	90642	16921	13669	17420	84483	68309	85241
87394	78884	87237	92086	95633	66841	22906	64989	86952	54700
74040	12731	59616	33697	12592	44891	67982	72972	89795	10587
47896	41413	66431	70046	50793	45920	96564	67958	56369	44725
87778	71697	64148	54363	92114	34037	59061	62051	62049	33526
96977	63143	72219	80040	11990	47698	95621	72990	29047	85893
43820	13285	77811	81697	29937	70750	02029	32377	00556	86687
57203	83960	40096	39234	65953	59911	91411	55573	88427	45573
49065	72171	80939	06017	90323	63687	07932	99587	49014	26452
94250	84270	95798	13477	80139	26335	55169	73417	40766	45170
68148	81382	82383	18674	40453	92828	30042	37412	42423	45138
12208	97809	33619	28868	41646	16734	88860	32636	41985	84615
88317	89705	26119	12416	19438	65665	60989	59766	11418	18250
56728	80359	29613	63052	15251	44684	64681	42354	51029	77680

07138	12320	01073	19304	87042	58920	28454	81069	93978	66659
21188	64554	55618	36088	24331	84390	16022	12200	77559	75661
02154	12250	88738	43917	03655	21099	60805	63246	26842	35816
90953	85238	32771	07305	36181	47420	19681	33184	41386	03249
80103	91308	12858	41293	00325	15013	19579	91132	12720	92603
92630	78240	19267	95457	53497	23894	37708	79862	76471	66418
79445	78735	71549	44843	26104	67318	00701	34896	66751	99723
59654	71966	27386	50004	05358	94031	29281	18544	52429	06080
31524	49587	76612	39789	13537	48086	59483	60680	84675	53014
06348	76938	90379	51392	55887	71015	09209	79157	24440	30244
28703	51709	94456	48396	73780	06436	86641	69239	57662	80181
68108	89266	94730	95761	75023	48464	65544	96583	18911	16391
99938	90704	93621	66330	33393	95261	95349	51769	91616	33238
91543	73196	34449	63513	83834	99411	58826	40456	69268	48562
42103	02781	73920	56297	72678	12249	25270	36678	21313	75767
17138	27584	25296	28387	51350	61664	37893	05363	44143	42677
28297	14280	54524	21618	95320	38174	60579	08089	94999	78460
09331	56712	51333	06289	75345	08811	82711	57392	25252	30333
31295	04204	93712	51287	05754	79396	87399	51773	33075	97061
36146	15560	27592	42089	99281	59640	15221	96079	09961	05371
29553	18432	13630	05529	02791	81017	49027	79031	50912	09399
23501	22642	63081	08191	89420	67800	55137	54707	32945	64522
57888	85846	67967	07835	11314	01545	48535	17142	08552	67457
55336	71264	88472	04334	63919	36394	11196	92470	70543	29776
10087	10072	55980	64688	68239	20461	89381	93809	00796	95945
34101	81277	66090	88872	37818	72142	67140	50785	21380	16703
53362	44940	60430	22834	14130	96593	23298	56203	92671	15925
82975	66158	84731	19436	55790	69229	28661	13675	99318	76873
54827	84673	22898	08094	14326	87038	42892	21127	30712	48489
25464	59098	27436	89421	80754	89924	19097	67737	80368	08795
67609	60214	41475	84950	40133	02546	09570	45682	50165	15609
44921	70924	61295	51137	47596	86735	35561	76649	18217	63446
33170	30972	98130	95828	49786	13301	36081	80761	33985	68621
84687	85445	06208	17654	51333	02878	35010	67578	61574	20749
71886	56450	36567	09395	96951	35507	17555	35212	69106	01679
00475	02224	74722	14721	40215	21351	08596	45625	83981	63748
25993	38881	68361	59560	41274	69742	40703	37993	03435	18873
92882	53178	99195	93803	56985	53089	15305	50522	55900	43026
25138	26810	07093	15677	60688	04410	24505	37890	67186	62829
84631	71882	12991	83028	82484	90339	91950	74579	03539	90122
34003	92326	12793	61453	48121	74271	28363	66561	75220	35908
53775	45749	05734	86169	42762	70175	97310	73894	88606	19994
59316	97885	72807	54966	60859	11932	35265	71601	55577	67715
20479	66557	50705	26999	09854	52591	14063	30214	19890	19292
86180	84931	25455	26044	02227	52015	21820	50599	51671	65411

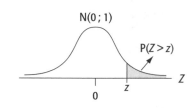

z	0,00	0,01	0,02	0,03	0,04	0,05	0,06	0,07	0,08	0,09
0,0	0,5000	0,4960	0,4920	0,4880	0,4840	0,4801	0,4761	0,4721	0,4681	0,4641
0,1	0,4602	0,4562	0,4522	0,4483	0,4443	0,4404	0,4364	0,4325	0,4286	0,4247
0,2	0,4207	0,4168	0,4129	0,4090	0,4052	0,4013	0,3974	0,3936	0,3897	0,3859
0,3	0,3821	0,3783	0,3745	0,3707	0,3669	0,3632	0,3594	0,3557	0,3520	0,3483
0,4	0,3446	0,3409	0,3372	0,3336	0,3300	0,3264	0,3228	0,3192	0,3156	0,3121
0,5	0,3085	0,3050	0,3015	0,2981	0,2946	0,2912	0,2877	0,2843	0,2810	0,2776
0,6	0,2743	0,2709	0,2676	0,2643	0,2611	0,2578	0,2546	0,2514	0,2483	0,2451
0,7	0,2420	0,2389	0,2358	0,2327	0,2296	0,2266	0,2236	0,2206	0,2177	0,2148
0,8	0,2119	0,2090	0,2061	0,2033	0,2005	0,1977	0,1949	0,1922	0,1894	0,1867
0,9	0,1841	0,1814	0,1788	0,1762	0,1736	0,1711	0,1685	0,1660	0,1635	0,1611
1,0	0,1587	0,1562	0,1539	0,1515	0,1492	0,1469	0,1446	0,1423	0,1401	0,1379
1,1	0,1357	0,1335	0,1314	0,1292	0,1271	0,1251	0,1230	0,1210	0,1190	0,1170
1,2	0,1151	0,1131	0,1112	0,1093	0,1075	0,1056	0,1038	0,1020	0,1003	0,0985
1,3	0,0968	0,0951	0,0934	0,0918	0,0901	0,0885	0,0869	0,0853	0,0838	0,0823
1,4	0,0808	0,0793	0,0778	0,0764	0,0749	0,0735	0,0721	0,0708	0,0694	0,0681
1,5	0,0668	0,0655	0,0643	0,0630	0,0618	0,0606	0,0594	0,0582	0,0571	0,0559
1,6	0,0548	0,0537	0,0526	0,0516	0,0505	0,0495	0,0485	0,0475	0,0465	0,0455
1,7	0,0446	0,0436	0,0427	0,0418	0,0409	0,0401	0,0392	0,0384	0,0375	0,0367
1,8	0,0359	0,0351	0,0344	0,0336	0,0329	0,0322	0,0314	0,0307	0,0301	0,0294
1,9	0,0287	0,0281	0,0274	0,0268	0,0262	0,0256	0,0250	0,0244	0,0239	0,0233
2,0	0,0228	0,0222	0,0217	0,0212	0,0207	0,0202	0,0197	0,0192	0,0188	0,0183
2,1	0,0179	0,0174	0,0170	0,0166	0,0162	0,0158	0,0154	0,0150	0,0146	0,0143
2,2	0,0139	0,0136	0,0132	0,0129	0,0125	0,0122	0,0119	0,0116	0,0113	0,0110
2,3	0,0107	0,0104	0,0102	0,0099	0,0096	0,0094	0,0091	0,0089	0,0087	0,0084
2,4	0,0082	0,0080	0,0078	0,0075	0,0073	0,0071	0,0069	0,0068	0,0066	0,0064
2,5	0,0062	0,0060	0,0059	0,0057	0,0055	0,0054	0,0052	0,0051	0,0049	0,0048
2,6	0,0047	0,0045	0,0044	0,0043	0,0041	0,0040	0,0039	0,0038	0,0037	0,0036
2,7	0,0035	0,0034	0,0033	0,0032	0,0031	0,0030	0,0029	0,0028	0,0027	0,0026
2,8	0,0026	0,0025	0,0024	0,0023	0,0023	0,0022	0,0021	0,0021	0,0020	0,0019
2,9	0,0019	0,0018	0,0018	0,0017	0,0016	0,0016	0,0015	0,0015	0,0014	0,0014
3,0	0,0013	0,0013	0,0013	0,0012	0,0012	0,0011	0,0011	0,0011	0,0010	0,0010
3,1	0,0010	0,0009	0,0009	0,0009	0,0008	0,0008	0,0008	0,0008	0,0007	0,0007

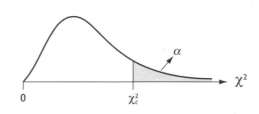

dl	α			
	0,10	0,05	0,025	0,01
1	2,71	3,84	5,02	6,63
2	4,61	5,99	7,38	9,21
3	6,25	7,81	9,35	11,3
4	7,78	9,49	11,1	13,3
5	9,24	11,1	12,8	15,1
6	10,6	12,6	14,4	16,8
7	12,0	14,1	16,0	18,5
8	13,4	15,5	17,5	20,1
9	14,7	16,9	19,0	21,7
10	16,0	18,3	20,5	23,2
11	17,3	19,7	21,9	24,7
12	18,5	21,0	23,3	26,2
13	19,8	22,4	24,7	27,7
14	21,1	23,7	26,1	29,1
15	22,3	25,0	27,5	30,6
16	23,5	26,3	28,8	32,0
17	24,8	27,6	30,2	33,4
18	26,0	28,9	31,5	34,8
19	27,2	30,1	32,9	36,2
20	28,4	31,4	34,2	37,6
21	29,6	32,7	35,5	38,9
22	30,8	33,9	36,8	40,3
23	32,0	35,2	38,1	41,6
24	33,2	36,4	39,4	43,0
25	34,4	37,7	40,6	44,3
26	35,6	38,9	41,9	45,6
27	36,7	40,1	43,2	47,0
28	37,9	41,3	44,5	48,3
29	39,1	42,6	45,7	49,6
30	40,3	43,8	47,0	50,9

Réponses aux exercices

Chapitre 1

Exercices 1.5

1. a) Population : ensemble des citoyens de la ville de
   Québec.
   Échantillon : les 200 citoyens soumis au sondage.
   Unité statistique : un citoyen.
   Variable : la chaîne de télévision favorite.
   Catégories : {Radio-Canada, Télé-Québec, TVA,
   TQS, Autres} ou bien {chaîne 6, chaîne 7, chaîne 8
   chaîne 13, autres}
   Type de variable : variable qualitative nominale.

   b) Population : les années comprises entre 1980 et 1990.
   Échantillon : il n'y a pas d'échantillon prélevé,
   l'étude portant sur chacune de ces années.
   Unité statistique : une année.
   Variable : le taux de chômage.
   Valeurs : des pourcentages entre 0 % et 100 %
   théoriquement, mais, dans la réalité, on peut
   s'attendre à ce qu'ils soient inférieurs à 15 % pour
   l'ensemble du Québec.
   Type de variable : variable quantitative continue.

   c) Population : les ménages de la ville de Montréal.
   Échantillon : les 380 ménages de la ville de Montréal
   soumis à l'enquête.
   Unité statistique : un ménage.
   Variable : le nombre d'enfants par ménage.
   Valeurs : théoriquement, un nombre entier entre 0 et
   disons 15, les familles de plus de 15 enfants étant
   bien sûr assez rares de nos jours.
   Type de variable : variable quantitative discrète.

   d) Population : l'ensemble de tous les habitants
   du Québec.
   Échantillon : il n'y a pas d'échantillon,
   puisque c'est un recensement.
   Unité statistique : une personne habitant au Québec.
   Variable : la langue parlée à la maison.
   Catégories : français, anglais, autres langues.
   Type de variable : variable qualitative nominale.

2. a) Quantitative continue. b) Qualitative nominale.
   c) Quantitative discrète. d) Quantitative continue.
   e) Qualitative nominale.   f) Qualitative ordinale.

3. a) Variable qualitative nominale ; échelle nominale.
   b) Variable quantitative discrète ; échelle ordinale.

c) Variable quantitative discrète ; échelle de rapport.

d) Variable quantitative continue ; échelle ordinale.

e) Variable quantitative continue ; échelle de rapport.

f) Variable qualitative ordinale ; échelle ordinale.

g) Variable quantitative discrète ; échelle d'intervalle.

Chapitre 2
Exercices 2.3

1. a) La troisième (d'après les titres, les unités statistiques
   sont les mariages et les décès, pas les Québécois)

   b) En se basant sur les données de 2000, on peut dire
   que les saisons ont une influence sur les mariages :
   il y a beaucoup plus de mariages en été (52 % des
   mariages) et au printemps (25 %) qu'en hiver (8 %).
   Par contre, les saisons n'ont pas d'influence sur les
   décès : bien que l'on ne trouve pas exactement 25 %
   des décès chaque saison, les écarts sont non
   significatifs.

2. a) Le nombre de films loués en un mois.

   b) Quantitative discrète.

   c)

   **Répartition des étudiants
   selon le nombre de films loués en un mois**

Nombre de films loués en un mois	Nombre d'étudiants
0	1
1	2
2	5
3	5
4	3
5	2
Total	18

   d) 18 étudiants.

   e) Plus de la moitié des 18 étudiants interrogés ont loué
   2 ou 3 films en un mois et 5 étudiants en ont loué
   plus de 3. Seulement 1 étudiant n'a pas loué de film.

   f) En ordonnant les données de la série :
   0, 1, 1, 2, 2, 2, 2, 2 , 3, 3, 3, 3, 3, 4, 4, 4, 5, 5.

3. a)
**Répartition de 25 étudiants
selon leur niveau de stress avant un examen**

Niveau de stress	Pourcentage d'étudiants
Nul	4 %
Faible	8 %
Moyen	16 %
Élevé	32 %
Très élevé	40 %
Total	100 %

b) 72 % des étudiants interrogés ont un niveau de stress élevé ou très élevé avant un examen. Seulement 12 % des étudiants n'éprouvent pas ou presque pas de stress avant un examen.

4. a) – Le type de famille.
   – Variable qualitative nominale.

   NOTE   Il ne faut pas tenir compte des chiffres dans la série statistique ; ce sont des codes pour faciliter la saisie des données.

b)
**Répartition des répondants
selon le type de famille**

Type de famille	Nombre de répondants
Famille monoparentale	10
Famille biparentale	20
Total	30

**Répartition des répondants
selon le type de famille**

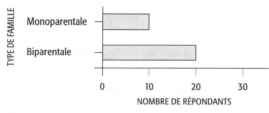

c) Les deux tiers des répondants vivent dans une famille biparentale.

5. a) Nom de la variable : « nombre de confidents ».
   Type : quantitative discrète.

b)
**Répartition de 48 jeunes de 15–24 ans
selon le nombre de confidents**

Nombre de confidents	Pourcentage des répondants
0	10,4 %
1	14,6 %
2	25,0 %
3	29,2 %
4	20,8 %
Total	100,0 %

**Répartition de 48 jeunes 15–24 ans
selon leur nombre de confidents**

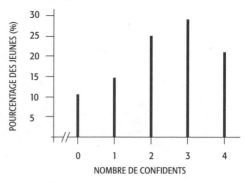

c) Environ 10 % des jeunes interrogés n'ont aucun confident, alors que 75 % en ont 2 ou plus.

6. Cheminement scolaire des étudiants inscrits à temps plein à un des programmes de baccalauréat en sciences humaines à l'automne 1984.

**Répartition des étudiants à temps plein à un
des programmes de baccalauréat en sciences humaines
selon leur cheminement scolaire, cohorte 1984**

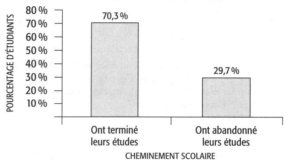

Source : André Lachance et Jacques La Haye, *Cheminement scolaire à l'université*, Gouvernement du Québec, 1992.

Analyse des données
D'après les données, 70 % des étudiants de la cohorte de 1984 ont obtenu leur baccalauréat.

**Répartition des étudiants qui abandonnent leurs études
selon l'année de l'abandon de leur études,
cohorte 1984**

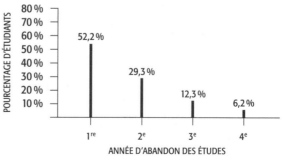

Source : André Lachance et Jacques La Haye, *Cheminement scolaire à l'université*, Gouvernement du Québec, 1992.

Analyse des données

Les données pour la cohorte de 1984 révèlent que 52 % des étudiants qui abandonnent leurs études le font après la première année et 29 % le font après la deuxième année.

Exercices 2.6

1. a) 1. La table de Sturges suggère approximativement 8 classes.
   2. $E = x_{max} - x_{min} = 11,6 - 0,1 = 11,5$.
   3. – Amplitude calculée = $11,5/8 \approx 1,44$.
      – Amplitude choisie = 1,5, car il est plus agréable de travailler avec des multiples de 5 (ou, dans ce cas-ci, des multiples de 0,5).
   4. Première classe : $0 \leq X < 1,5$.

   b) 1. La table de Sturges suggère approximativement 7 classes.
   2. $E = x_{max} - x_{min} = 206 - 142 = 64$.
   3. – Amplitude calculée = $64/7 \approx 9,14$.
      – Amplitude choisie = 10 ; cela faciliterait grandement la lecture du tableau.
   4. Première classe : $140 \leq X < 150$.

2. a) 1. La table de Sturges suggère approximativement 7 classes.
   2. $E = x_{max} - x_{min} = 7\,243 - 631 = 6\,612$.
   3. – Amplitude calculée = $6\,612/7 \approx 944,5$.
      – Amplitude choisie = 1 000.
   4. Première classe : [500 ; 1 500[.

   b)
   Répartition des 48 collèges publics du Québec selon le nombre d'étudiants, 1999

Nombre d'étudiants	Nombre de collèges	Pourcentage de collèges
[500 ; 1 500[	14	29,2 %
[1 500 ; 2 500[	7	14,6 %
[2 500 ; 3 500[	9	18,8 %
[3 500 ; 4 500[	4	8,3 %
[4 500 ; 5 500[	7	14,6 %
[5 500 ; 6 500[	5	10,4 %
[6 500 ; 7 500[	2	4,2 %
Total	48	100,1 %

Source : Secteur de l'enseignement supérieur, Direction des statistiques et des études quantitatives, Ministère de l'Éducation, 2001.

   c) *Analyse des données*
   Au Québec en 1999, les collèges publics se répartissent en trois catégories par rapport au nombre d'étudiants : environ 30 % de petits collèges (moins de 1 500 étudiants), 40 % de collèges de taille moyenne (entre 1 500 et 4 500 étudiants) et 30 % de gros collèges (plus de 4 500 étudiants). Note : Plusieurs autres types de regroupement des résultats sont acceptables.

3. a) Le nombre de téléviseurs par famille, 5 valeurs : 0, 1, 2, 3, 4.

   b) Variable quantitative discrète.

   c) Total : 30 données.

   d) Série statistique ordonnée : 0 1 1 1 1 1 1 1 1 1 1 1 1 1 2 2 2 2 2 2 2 2 2 2 2 3 3 3 4 4.

e)
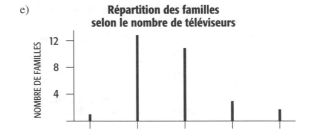

Répartition des familles selon le nombre de téléviseurs

4. a)
Répartition des femmes et des hommes ayant un revenu, selon le revenu disponible, Québec, 1997

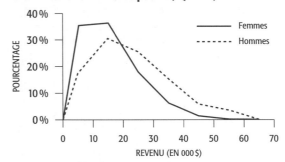

Source : Institut de la statistique du Québec, 2001.

   b) On trouve un plus grand pourcentage de femmes que d'hommes dans les bas revenus : deux fois plus de femmes que d'hommes ont un revenu disponible inférieur à 10 000 $, soit 36 % contre 18 %. Du côté des revenus disponibles supérieurs à 40 000 $, les femmes sont cinq fois moins nombreuses que les hommes, avec 2 % contre 10 %.

5. 25 600 ; 24 % ; 41 % ; 17 % de plus ; 35 % ; 25 % ; 10 % de moins.

6. a)
Graphique 1

Répartition de la population du Québec selon la langue parlée à la maison, Québec 1996

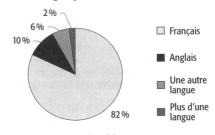

Graphique 2

Répartition de la population de la région de Montréal selon la langue parlée à la maison, Québec 1996

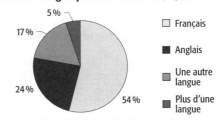

Source : Institut de la statistique du Québec, Recensement 1996.

b) $10\% \times 6\,892\,895 = 689\,290$ Québécois parlent anglais à la maison.

$24\% \times 1\,749\,510 = 419\,882$ Montréalais parlent anglais à la maison.

Donc, $\dfrac{419\,882}{689\,290} \times 100 = 60{,}91\% \approx 61\%$.

Près de 61 % des Québécois qui parlent anglais à la maison habitent la région de Montréal.

7. a) En 1996-1997 dans les cégeps du Québec, seulement 2 % des professeurs ont moins de 30 ans, 42 % ont entre 40 et 50 ans et 40 % ont plus de 50 ans. Dans les dix prochaines années, ces derniers prendront leur retraite, pour la plupart ; c'est près de 40 % du corps professoral qu'il faudra être en mesure de remplacer.

b)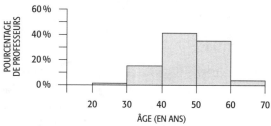

Répartition des professeurs de cégep selon l'âge, Québec 1996-1997

Source : *Indicateurs de l'éducation au Canada*, rapport du Programme d'indicateurs pancanadiens de l'éducation, 1999.

c) Les fréquences cumulées sont : 2 % ; 18 % ; 60 % ; 96 % ; 100 %.

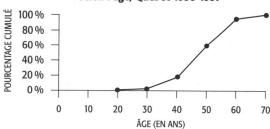

Répartition cumulative des professeurs de cégep selon l'âge, Québec 1996-1997

Source : *Indicateurs de l'éducation au Canada*, rapport du Programme d'indicateurs pancanadiens de l'éducation, 1999.

8.

Répartition de 32 magasins selon le volume des ventes en août

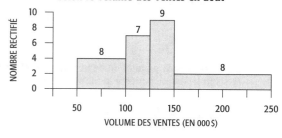

9. a) **Répartition des enfants selon l'âge**

Âge (en ans)	Pourcentage des enfants
$2 \le x < 4$	18,2 %
$4 \le x < 6$	36,4 %
$6 \le x < 8$	18,2 %
$8 \le x < 14$	27,3 %
Total	100,1 %

b) **Répartition des enfants selon l'âge**

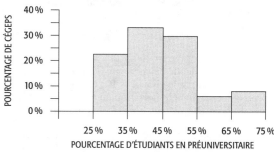

10.

Répartition des 48 collèges publics du Québec selon le pourcentage d'étudiants en préuniversitaire, 1999

Source : Secteur de l'enseignement supérieur, Direction des statistiques et des études quantitatives, Ministère de l'Éducation, 2001.

Analyse des données

En 1999, 56 % des collèges publics du Québec sont à prédominance technique et près de 15 % sont à prédominance préuniversitaire. Dans le 29 % des collèges restants, il y a presque autant d'étudiants inscrits dans un programme technique que dans un programme préuniversitaire.

11. a) 6,7 % (20 %/3)   b) 2 % (10 %/5)

12. Fréquences cumulées : 4,4 % ; 30,6 % ; 75,0 % ; 97,0 % ; 100,0 %.

Répartition cumulative des garçons de 3 ans selon la taille

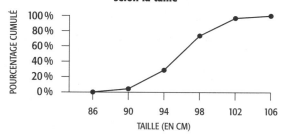

13. Non, la surface de l'icône représentant les frais de scolarité pour l'an 2000 est environ quatre fois plus grande que celle de l'icône de 1990 (voir le graphique 1 ci-dessous). Comme le pourcentage double, la surface de l'icône doit doubler.

Une bonne représentation de la situation est donnée par le graphique 2.

Graphique 1
Mauvaise représentation

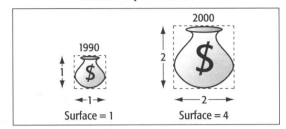

Graphique 2
Bonne représentation

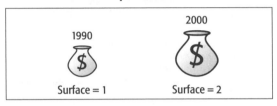

14. Le graphique *b*. Ici c'est le volume qui doit être proportionnel à l'effectif. Comme on dit que le nombre de maisons neuves en 1991 est égal à la moitié de ce qu'il était en 1990, le volume de la maison de 1991 doit être égal à la moitié de celui de 1990 ; or, il est bien évident que pour le graphique *a* la maison 1990 peut contenir plus de deux fois la maison 1991.

Graphique 1
Mauvaise représentation

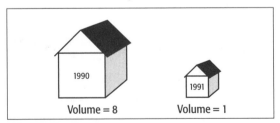

Graphique 2
Bonne représentation

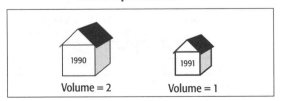

Exercices 2.9

1. a) Tous les élèves du secondaire du Québec en 2000.

   b) i) 49,2 % des élèves de l'échantillon sont des filles.
      ii) 29 % des élèves de l'échantillon sont des fumeurs réguliers ou débutants.
      iii) 57,5 % des fumeurs réguliers de l'échantillon sont des filles.
      iv) 21,7 % des filles de l'échantillon fument régulièrement.
      v) 10,7 % des élèves de l'échantillon sont des filles qui fument régulièrement.

   c) i) <u>Titre du tableau 2</u>
      Répartition des élèves de l'échantillon, par statut de fumeur, selon le sexe, Québec, 2000

      <u>Titre du tableau 3</u>
      Répartition des élèves de l'échantillon, par sexe, selon le statut de fumeur, Québec, 2000

      ii) – 57,5 % des fumeurs réguliers de l'échantillon sont des filles.
      – 53,9 % des non-fumeurs de l'échantillon sont des garçons.

      iii) – 18,6 % des élèves de l'échantillon sont des fumeurs réguliers.
      – 75,3 % des garçons de l'échantillon sont non-fumeurs.

      iv) 33,4 % contre 24,7 % % ; 57,5 % de filles contre 42,5 % de garçons ; (55,3 %).

   d) Le tabagisme des parents est une des variables qui influencent les comportements tabagiques des adolescents. En effet, chez les élèves qui ont au moins un parent qui fume, le pourcentage de fumeurs réguliers est de 24 %, alors qu'il n'est que de 14 % si aucun des parents de l'élève ne fume. Bien que la différence soit moins grande (12 % contre 10 %), on observe le même phénomène chez les fumeurs débutants.

2. a) i) Cette affirmation est vraie, bien que l'augmentation soit faible. Des données du graphique 1, on peut déduire que le taux d'échec était de 11,4 % en 1998-1999 et de 11,9 % en 1999-2000, soit 0,5 % de plus.
      ii) Cette affirmation est fausse. Les données du graphique 2 indiquent que l'écart était de 5,4 % en 1998-1999 en faveur des filles et de 6,3 % en 1999-2000, une augmentation de près de 1 %.
      iii) Cette affirmation est vraie. Le taux de réussite est de 82,7 % en formation technique et de 93,1 % en formation préuniversitaire, soit 10,4 % plus élevé.

   b) i) 11,9 %.   ii) 70,1 %.   iii) 17,3 %.   iv) 48,3 %.

3. a) C'est en 1960 que le nombre de naissances au Québec a été le plus élevé, avec 141 200. Si l'on découpe les années considérées en périodes de 10 ans, on observe une augmentation de 18 000 naissances de 1950 à 1960, suivie d'une baisse de 44 700 naissances entre 1960 et 1970 et d'une très faible augmentation (à peine 1 000) du nombre de naissances, de 1970 à 1980. Entre 1980 et 1990, il y a eu une baisse des naissances dans les cinq premières années, suivie d'une remontée. Depuis 1990, le nombre de naissances a recommencé sa chute pour s'établir à 71 900 en l'an 2000, le nombre le plus bas pour les cinquante années considérées.

b) C'est en 1955 qu'on atteignait le plus haut indice de fécondité au Québec, avec une moyenne de 4 enfants par femme. Par la suite, l'indice a constamment diminué, passant même sous le seuil de renouvellement des générations, soit une moyenne de 2,1 enfants par femme, en 1970 pour atteindre son plus bas niveau, une moyenne de 1,4 enfant par femme, en 1985 et en 2000. Ce déséquilibre entre les générations, qui se traduit par un vieillissement de la population, va causer de gros problèmes aux générations futures.

4. a) 35,1 %.   b) 85,1 %.   c) 41,3 %.   d) 24,5 %.

e) **Répartition des victimes de violence conjugale, par groupe d'âge, selon le sexe, Québec, 2000**

Groupe d'âge	Femmes	Hommes	Total
Moins de 30 ans	88,6 %	11,4 %	100 %
De 30 à 39 ans	84,5 %	15,5 %	100 %
De 40 à 49 ans	82,4 %	17,6 %	100 %
50 ans et plus	75,5 %	24,5 %	100 %
Total	85,1 %	14,9 %	100 %

Analyse des données
La répartition du nombre de victimes de violence conjugale selon le sexe dépend de l'âge de la victime. On peut observer que, plus l'âge des victimes de violence conjugale est élevé, plus la proportion d'hommes est élevée. En effet, alors que les hommes comptent pour 15 % des victimes de violence conjugale, ils constituent 11 % des victimes ayant moins de 30 ans et près de 25 % des victimes ayant 50 ans et plus.

f) Malheureusement, le nombre de victimes de violence conjugale a augmenté chaque année : il est passé de 13 250 victimes en 1997 à 15 824 en 2000, une augmentation de 2 574 victimes en 4 ans, et on ne tient compte ici que des cas déclarés.

5. a) **Évolution du taux de chômage des 25–34 ans selon le niveau de scolarité, Québec 1990-1996**

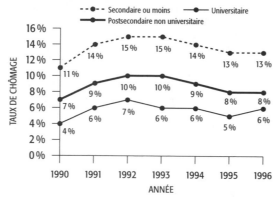

b) Entre 1990 et 1996, on peut observer des écarts constants entre les taux de chômage des 25–34 ans pour les trois niveaux de scolarité considérés. En effet, le taux de chômage est, selon l'année, de 4 ou 5 % plus élevé pour les personnes ayant terminé des études secondaires ou moins par rapport à celles qui ont terminé des études postsecondaires

non universitaires, et ces dernières ont un taux de chômage de 2 ou 3 % plus élevé que les personnes qui ont terminé des études universitaires.

6. a) Répartition des ménages, par tranche de revenu, selon qu'ils soient branchés ou non à Internet, Québec, 2000

b) 33,2 % des ménages québécois sont branchés à Internet en 2000.

c) – 52,7 % des ménages ayant des enfants de moins de 18 ans sont branchés à Internet.
   – 87,2 % des ménages dont le chef de ménage n'a pas terminé ses études secondaires ne sont pas branchés à Internet.
   – 14,2 % des ménages ayant un revenu de moins de 22 500 $ sont branchés à Internet.

d) Les ménages qui ont des enfants de moins de 18 ans sont plus nombreux à se brancher à Internet, et 53 % contre 24 % pour les ménages sans enfants de moins de 18 ans.

e) Plus le niveau de scolarité du chef de ménage est élevé, plus le pourcentage de ménages branchés à Internet est élevé : il est de 13 % au plus bas niveau de scolarité et de 61 % au plus haut niveau.

f) En effet, le tableau 4 indique que, plus le revenu du ménage est élevé, plus le taux de branchement du ménage à Internet est élevé : il est de 14 % dans les plus bas revenus et de 63 % dans les plus hauts revenus.

7. a) **Évolution du taux de mortalité par 100 000 du cancer du poumon selon le sexe, Québec 1976-2001**

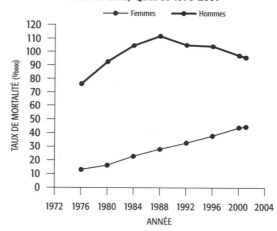

b) Près de 6 fois ; 2 fois ; 1988 ; augmente.

8. a) **Répartition des étudiants du cégep selon la situation de travail et le sexe**

Sexe	Travail à temps partiel		Total
	Oui	Non	
Filles	700	2 100	2 800
Garçons	900	1 300	2 200
Total	1 600	3 400	5 000

b)

**Répartition des caisses d'oranges
selon le fournisseur et la qualité**

Qualité	Fournisseur		Total
	A	B	
Bonne	10	30	40
Mauvaise	2	6	8
Total	12	36	48

9.

**Répartition des répondants selon le sexe
et la satisfaction en regard du service**

Sexe	Niveau de satisfaction en regard du service			Total
	Très satisfait	Moyennement satisfait	Peu satisfait	
Féminin	10	9	3	22
Masculin	15	1	2	18
Total	25	10	5	40

Exercices récapitulatifs du chapitre 2

1. Comme l'amplitude de la 1re classe est la moitié de
celle de la classe standard, il faut construire un rectangle
dont la hauteur est égale à deux fois le pourcentage de
la classe (48 %) pour respecter le principe de proportionnalité entre les pourcentages et les surfaces des
rectangles des classes.

**Répartition des Québécois ayant un indice élevé
de détresse psychologique selon l'âge, 1998**

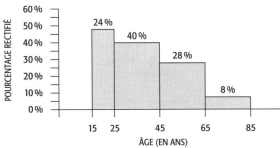

2. 1. La table de Sturges suggère approximativement
10 classes.

   2. $E = x_{max} - x_{min} = 984 - 54 = 930$.

   3. – Amplitude calculée $= 930/10 = 93$.
      – Amplitude choisie $= 100$.

   4. Première classe : $50 \leq X < 150$.

3. De 1989 à 2000, les droits de scolarité au 1er cycle dans
les universités du Québec ont toujours été plus bas que
ceux de l'Ontario (et de l'ensemble des universités
canadiennes non québécoises). De 1989 à 1994,
une augmentation plus rapide des droits de scolarité au
Québec a fait diminuer l'écart entre cette province et
l'Ontario à 980 $ en 1989-1990 et à 446 $ en 1993-1994.
Par la suite, il y a eu un gel des droits de scolarité au
Québec, tandis qu'en Ontario ces droits ont continué
d'augmenter. En 1999-2000, les droits de scolarité
sont de 4 049 $ en Ontario et de 1 690 $ au Québec,
soit 2 359 $ de moins.

4. a)

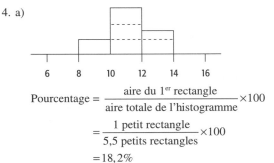

$$\text{Pourcentage} = \frac{\text{aire du 1}^{er}\text{ rectangle}}{\text{aire totale de l'histogramme}} \times 100$$

$$= \frac{1 \text{ petit rectangle}}{5,5 \text{ petits rectangles}} \times 100$$

$$= 18,2 \%$$

b) 18,2 %.

c) Puisque 1 petit rectangle équivaut à 20 jeunes,
5,5 petits rectangles représentent 110 jeunes.

d)

Répartition des spectateurs selon l'âge

Âge (en ans)	Nombre de spectateurs	Pourcentage
$8 \leq X < 10$	20	18,2 %
$10 \leq X < 12$	60	54,5 %
$12 \leq X < 14$	30	27,3 %
Total	110	100,0 %

e) On applique le raisonnement suivant :

$$\frac{\text{Aire de la partie hachurée}}{\text{Aire sous le polygone}} \times 100$$

$$\approx \frac{\text{Aire du 3}^{e}\text{ rectangle}}{\text{Aire totale de l'histogramme}} \times 100$$

$$\approx \frac{1,5}{5,5} \times 100 = 27,3 \%$$

5. a) Diagramme à rectangles verticaux utilisé avec
une variable qualitative nominale ou ordinale.

   b) Ogive ou courbe de fréquences cumulées utilisée avec
une variable quantitative continue.

   c) Diagramme en bâtons utilisé avec une variable
quantitative discrète.

6. a) i) 9,7 %   ii) 17 %   iii) 51,7 %

   b)

**Répartition du nombre de diplômes décernés
dans les universités québécoises,
par type de diplôme, selon le sexe, 1999**

Type de diplôme	Hommes	Femmes	Total
Baccalauréat	40,9 %	59,1 %	100 %
Maîtrise	48,3 %	51,7 %	100 %
Doctorat	61,3 %	38,7 %	100 %
Total	43 %	57 %	100 %

Source : Direction des statistiques et des études quantitatives, Ministère de l'Éducation du Québec.

   c) En 1999, il y a eu plus de diplômes universitaires
décernés à des femmes qu'à des hommes, avec 57 %
contre 43 %. Si l'on considère le type de diplôme,
les baccalauréats et les maîtrises sont majoritairement
décernés à des femmes, avec 59 % et 52 % des
diplômes respectivement. Pour ce qui est des docto-
rats, on compte plus d'hommes que de femmes
(61 % contre 39 %) qui en sont récipiendaires.

Chapitre 3
Exercices 3.3

1. *b* et *c*.

2. a) La moyenne se situe entre 1 et 2, mais plus près de 2 ; $\mu \approx 1,8$.

   b) La moyenne se situe entre 8 et 10 ; $\mu \approx 9$.

   c) $\mu = 0$.

3. a) Moyenne : 11,7 calendriers par personne. Ces 7 personnes ont vendu en moyenne 11,7 calendriers en une journée.

   Mode : 6 calendriers. Une pluralité de personnes (28,6 %) ont vendu 6 calendriers en une journée.

   Médiane : 8 calendriers. Au moins 50 % des personnes ont vendu 8 calendriers ou moins en une journée.

   La médiane est la meilleure mesure de tendance centrale pour représenter cette série, car la moyenne est faussée par une donnée beaucoup plus grande que les autres et l'effectif du mode ne se démarque pas assez pour être significatif.

   b) La seule mesure de tendance centrale possible est le mode.

   Mode : féminin. Une pluralité (ou majorité) d'enfants de la famille (71,4 %) sont des filles.

   c) Moyenne : 751 spectateurs. Il y a eu en moyenne 751 spectateurs par représentation.

   Mode : aucun.

   Médiane : 757 spectateurs. La moitié des représentations ont été jouées devant moins de 757 spectateurs.

   La moyenne et la médiane sont toutes deux acceptables pour représenter ces données, chacune comportant une interprétation intéressante des données.

4. a) Variable : nombre de livres lus en trois mois.

   Type : quantitative discrète.

   Valeurs : 0, 1, 2, 3.

   b) 112 données.

   c) – $\mu = 0,8$. Les étudiants de ce groupe ont lu, en moyenne, 0,8 livre en trois mois.

   – Mo = 0 livre. Une pluralité d'étudiants (50 %) n'ont lu aucun livre au cours des trois derniers mois.

   – Me = 0,5 : comme il y a 112 données, on obtiendra la médiane en calculant la moyenne de la 56e et de la 57e donnée :

   $$Me = \frac{56^e \text{ donnée} + 57^e \text{ donnée}}{2} = \frac{0 + 1}{2} = 0,5 \text{ livre}$$

   La moitié des étudiants du groupe n'ont lu aucun livre au cours des trois derniers mois.

   d) $C_{60} = 1$ (comme 60 % de 112 donne 67,2, on prend la valeur de la 68e donnée).

   Au moins 60 % des étudiants ont lu un ou zéro livre au cours des trois derniers mois. (On pourrait aussi dire qu'au moins 60 % des étudiants ont lu au plus un livre au cours des trois derniers mois.)

5. Il y a fort probablement quelques étudiants très âgés dans le groupe.

6. a) 28,9 ans ; 2 ans.

   b) 28,7 ans ; 1,9 an.

   c) $D_1 = 21,4$ ans ; On peut estimer que 10 % des femmes qui ont donné naissance à un enfant ont moins de 21,4 ans en 2000.

   d) On peut estimer que 80 % des femmes qui ont donné naissance à un enfant ont moins de 34 ans en 2000. On peut déduire que 20 % de ces femmes ont plus de 34 ans.

7. a) La moyenne de cet examen est de 75,4 %.

   b) On peut estimer que 50 % des étudiants ont obtenu moins de 75 % à cet examen.

   c) Une pluralité d'étudiants (30 %) ont obtenu une note entre 70 % et 80 % à cet examen.

   d) $Q_1 = 65,8$ % ; on peut estimer que 25 % des étudiants ont obtenu moins de 65,8 % à cet examen.

8. Moyenne pondérée =

   $$60\% \times \frac{3}{10} + 70\% \times \frac{2}{10} + 65\% \times \frac{2}{10} + 80\% \times \frac{3}{10} = 69\%$$

9. Moyenne pondérée =

   $$35\,000\text{ \$} \times \frac{10}{40} + 30\,000\text{ \$} \times \frac{25}{40} + 28\,000\text{ \$} \times \frac{5}{40} = 31\,000\text{ \$}$$

10. a) Le nombre total de familles au Québec en 1996.

    b) Nombre de personnes par famille ; variable quantitative discrète.

    c) 1,9 %.

    d) Mo = 2 personnes par famille. Une pluralité de familles du Québec (44 %) sont composées de deux personnes.

    e) Me = 3 personnes par famille. Au moins 50 % des familles sont composées de trois personnes ou moins.

    f) $\mu = 3$. Au Québec en 1996, les familles étaient composées en moyenne de trois personnes.

11. a) $\mu = 66,3 \times 0,50 + 60,2 \times 0,50 = 63,3$ kg

    b) Non, on ne connaît pas le poids de chacun des sous-groupes.

    c) $\mu = 66,3 \times \frac{10}{50} + 60,2 \times \frac{40}{50} = 61,4$ kg

12. a) Les travailleurs mettent en moyenne 25,2 minutes pour se rendre au travail.

    b) Une pluralité de travailleurs (36 %) mettent entre 20 et 30 minutes pour se rendre au travail.

    c) Me = 24,5 minutes ; on peut estimer que 50 % des travailleurs de cette usine prennent moins de 24,5 minutes pour se rendre au travail.

    d) Au 34e centile (c'est le rang centile de 20) ; on peut estimer que 34 % des travailleurs prennent moins de 20 minutes pour se rendre au travail.

    e) $Q_1 = 15,5$ minutes ; on peut estimer que 25 % des travailleurs prennent moins de 15,5 minutes pour se rendre au travail.

3

f) $D_1 = 7,1$ minutes ; on peut estimer que 10 % des travailleurs prennent moins de 7,1 minutes pour se rendre au travail.

g) $Me = C_{50} = D_5 = Q_2$

Exercices 3.5

1. a) Histogramme 1 : $\mu = 11$; histogramme 2 : $\mu = 7$.

b) Histogramme 1.

c) 33,3 % : surface du rectangle (3 unités)/surface de l'histogramme (9 unités).

2. a) Nombre de fautes de frappe par page ; quantitative discrète.

b) $\mu = 0,9$; dans ce texte de 50 pages, il y a en moyenne 0,9 faute de frappe par page.

c) $\sigma = 1$: la plupart des pages ont 0 ou 1 faute de frappe (0 et 1 sont les entiers compris dans l'intervalle $[-0,1 ; 1,9]$).

d) $Mo = 0$; une pluralité de pages (44 %) n'ont aucune faute.
$Me = 1$; il y a au moins 50 % des pages de ce texte qui contiennent 1 faute ou moins.

e) $D_9 = 2,5$; on compte 90 % des pages qui contiennent deux fautes ou moins.

3. a) 1.   2.

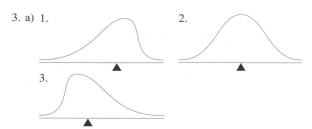

3.

b) L'affirmation 2 est vraie.

4. La série des 365 températures quotidiennes à Montréal.

5. a) μ ne peut être 14, car le plus grand résultat, d'après l'étendue, sera 14 et les trois autres seront compris entre 4 et 14 inclus, donc 14 ne peut être le centre d'équilibre de la série.

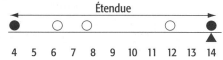

b) Oui, par exemple : 4 6 14 14 14 :

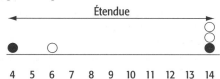

c) On ne peut trouver une série qui donnerait une moyenne de 55 dans ces conditions. Si l'on veut que 55 soit le centre d'équilibre de la série, il faudrait trouver trois valeurs, entre 50 et 55 inclus, telles que la somme, en valeur absolue, de leurs écarts à la

moyenne additionnée à l'écart de la plus petite valeur $(50 - 55 = -5)$ soit égale à 45 (l'écart entre 55 et 100). Même en donnant la plus petite valeur possible à ces trois nombres, on aurait : 50 50 50 50 100 et $\mu = 60$.

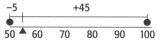

6. a) Étendue $E = 1,1$ mm.

b) $\bar{x} = 6$ mm ; $s = 0,29$ mm. Les tiges de l'échantillon ont en moyenne 6 mm de diamètre. La plupart des tiges de l'échantillon ont un diamètre se situant à $\pm 0,3$ mm de la moyenne, soit entre 5,7 mm et 6,3 mm.

c) $Mo = 6,2$ mm ; une pluralité de tiges (25 %) ont un diamètre de 6,2 mm.
$Me = 6,0$ mm ; il y a au moins 50 % des tiges de l'échantillon qui ont un diamètre de 6,0 mm ou moins.

d) $V_3 = 6,15$; 60 % des tiges ont un diamètre inférieur à 6,15 mm.

7. a) Écart type de 2 < écart type de 3 < écart type de 1.

b) Écart type de 2 < écart type de 1 < écart type de 3.

8. a) i) Dans le graphique 2, les courbes ont la même moyenne.
ii) Dans le graphique 1, les courbes ont le même écart type.

b)

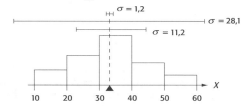

– 1,2 est trop petit pour représenter la moyenne des écarts. De plus, il n'y a pas environ les deux tiers de la surface de l'histogramme dans l'intervalle $]\mu - \sigma ; \mu + \sigma[$;

– 28,1 est trop grand pour représenter la moyenne des écarts : il est plus grand que le plus grand des écarts ;

– l'écart type de cette distribution est 11,2. Il est plus plausible que cet écart corresponde à la moyenne des écarts. De plus, environ les deux tiers de la surface de l'histogramme semblent compris dans l'intervalle $]\mu - \sigma ; \mu + \sigma[$.

9. a) $\mu = 120$ heures ; $\sigma = 10,5$ heures. Les piles de ce lot ont duré en moyenne 120 heures. La plupart des piles du lot ont eu une durée de fonctionnement se situant à $\pm 10,5$ heures de la moyenne, soit entre 109,5 heures et 130,5 heures.

b) Approximatives, car on utilise le centre de classe pour représenter les données de la classe.

c) Médiane = 119,3 heures ; on peut estimer que 50 % des piles du lot ont eu une durée de fonctionnement de moins de 119,3 heures.

d) $C_{70} = 125$; on peut estimer que 70 % des piles ont duré moins de 125 heures.

3

Exercices 3.8

1. a) La série B. Dans la série A, il y a des données qui sont deux fois et même cinq fois plus grandes que les autres, ce qui est loin d'être le cas dans la série B.

   b) Le coefficient de variation de la série A est de 46,7 % ($\mu = 6$ et $\sigma = 2,8$) alors que pour la série B il est de 2,6 % ($\mu = 106$ et $\sigma = 2,8$) ; cette série est donc beaucoup plus homogène que l'autre.

2. a) Usine A : $\overline{x} = 89,6$ et $s = 7,6$.
   Usine B : $\overline{x} = 98$ et $s = 12,2$.

   b) L'usine A, avec un CV = 8,5 %, a une production plus homogène que l'usine B, avec un CV = 12,4 %.

3. a) 1.

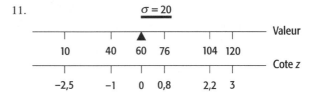

   2.

   b) 1. Écart entre le point et $\mu = -20$.
      2. Écart entre le point et $\mu = 10$.

4. a) 1. Cote z de 2.   2. Cote z de 0.
      3. Cote z de -1.   4. Cote z de $-1,5$.

   b) 1. 20 %.   2. 0 %.   3. -10 %.   4. -15 %.

   c) 1. 85 %.   2. 65 %.   3. 55 %.   4. 50 %.

5. a) Celui de Lise. La distance entre la moyenne et la note étant la même dans les deux cas pour que Lise obtienne une plus grande cote z, il faut que l'écart type de son groupe soit compris un plus grand nombre de fois dans cette distance que celui du groupe de Marie ; il doit donc être plus petit.

   Exemple

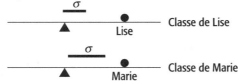

   b) Celui de Lise. Lise a une cote z plus élevée que celle de Marie, sa note est donc plus éloignée de la moyenne de son groupe que ne l'est la note de Marie, mais, comme elles ont la même note, on doit donc en déduire que la moyenne de l'examen est plus faible dans le groupe de Lise.

   Exemple

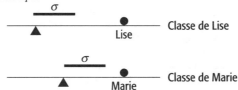

6. $CV_Q = 9,5$ % et $CV_F = 14,1$ % ; les salaires des enseignants Québécois sont plus homogènes que ceux des Français.

7. 73,6 %.

8. 16 000 personnes (ce nombre comprend les personnes dont la cote z est inférieure à $-2,5$ et celles dont la cote z est supérieure à 2,5).

9. Il serait raisonnable d'attribuer la baisse des recettes aux travaux municipaux, car une cote z de -5 est exceptionnelle.

10. a) La plupart des étudiants ont une note se situant à ± 10 % de la moyenne, soit entre 50 % et 70 %.

    b) Lucie a une note se situant à 1,5 écart type au-dessus de la moyenne.

    c) Elle a 15 points de plus que la moyenne : $1,5 \times 10$.

    d) $60 \% + 15 \% = 75 \%$

11.

			$\sigma = 20$			
			▲			Valeur
10	40	60	76	104	120	
						Cote z
$-2,5$	-1	0	0,8	2,2	3	

Exercices récapitulatifs du chapitre 3

1. a) Les élèves du secondaire au Québec en 2000.
   b) 4 730 élèves (voir tableau 1).
   c) 906 élèves (voir tableau 3).
   d) 29 %.

2. Mode = non-fumeurs. Une pluralité (ou majorité) d'élèves de l'échantillon (71 %) sont non-fumeurs.

3. a) Moyenne = 1 (0,980) ; les fumeurs débutants de l'échantillon ont fumé en moyenne une cigarette dans la journée précédant l'enquête.

   b) Écart type = 1,1 ; la plupart des fumeurs débutants de l'échantillon ont fumé zéro, une ou deux cigarettes dans la journée précédant l'enquête.

   c) Mode = 0 ; une pluralité des fumeurs débutants de l'échantillon (48 %) n'ont pas fumé dans la journée précédant l'enquête.

   d) Médiane $= \dfrac{246^e \text{ donnée} + 247^e \text{ donnée}}{2} = \dfrac{1+1}{2} = 1$; au moins 50 % des fumeurs débutants de l'échantillon ont fumé une ou zéro cigarette dans la journée précédant l'enquête.

   e) $D_7 = 2$ (70 % $\times$ 492 = 344,4, on prend la valeur de la 345e donnée) ; au moins 70 % des fumeurs débutants de l'échantillon ont fumé deux cigarettes ou moins dans la journée précédant l'enquête.

   f) CV = 110 % ; la distribution n'est pas homogène, car le CV est supérieur à 15 %.

4. a) Moyenne = 31,41 $; les élèves en 5e secondaire de l'échantillon ont en moyenne 31,41 $ d'argent de poche par semaine.

   b) Écart type = 17,93 $; la plupart des répondants en 5e secondaire ont entre 13,48 $ et 49,34 $ en argent de poche par semaine.

   c) Classe modale = 45 et plus ; une pluralité des répondants en 5e secondaire (36 %) disposent d'un montant de 45 $ et plus d'argent de poche par semaine.

   d) Médiane = 28,39 $; on peut estimer que 50 % des répondants en 5e secondaire ont moins de 28,39 $ d'argent de poche par semaine.

   e) D_1 = 6,41 $; on peut estimer que 10 % des répondants en 5e secondaire ont moins de 6,41 $ d'argent de poche par semaine.

   f) La distribution n'est pas homogène, car son coefficient de variation (57,1 %) est supérieur à 15 %.

   g) Oui. En calculant la cote z de 80, afin de comparer le montant d'argent de poche de Maxime à ceux des jeunes de son âge, on trouve 2,7, ce qui est assez exceptionnel comme cote z.

5. a) On ne peut déterminer cette moyenne à moins de poser comme hypothèse qu'il y a autant de filles que de garçons dans l'échantillon.

   b) Moyenne pondérée = 20,60 $ × 49,2 % + 24 $ × 50,8 % = 22,33 $; les répondants disposent en moyenne de 22,33 $ d'argent poche par semaine.

Chapitre 4
Exercices 4.2

1. 55,2 % ; 44,6 % ; 5 filles pour 4 garçons ; 4 filles pour 5 garçons (le ratio s'est inversé).

2. a) En 1998, on comptait 7 décès pour 8 naissances à la CUQ.

   En 1998, on comptait 3 décès pour 4 naissances à la CUM.

   b) En 1998, il y a eu 7,8 décès pour 1 000 habitants à la CUQ.

   En 1998, il y a eu 8,7 décès pour 1 000 habitants à la CUM.

   c) Le taux d'accroissement naturel est de 0,11 % à la CUQ et de 0,27 % à la CUM.

3. **Situation de travail au Québec de mai à juillet 2001**

Mois	Personnes occupées (en milliers)	Chômeurs (en milliers)	Population active (en milliers)	Taux de chômage
Mai	3 460,6	343,0	3 803,6	9,0 %
Juin	3 461,1	334,0	3 795,1	8,8 %
Juillet	3 463,2	310,2	3 773,4	8,2 %

4. a) En 1998, le taux de suicide était de 21,3 ‰₀ au Québec et de 14 ‰₀ au Canada, une différence de 7,3 ‰₀.

   b) 1. Vrai.   2. Faux, c'est en 1983.
      3. Faux, ce n'est pas le cas pour le taux d'hospitalisation pour tentative de suicide chez les 75 ans et plus où, exceptionnellement, il est plus élevé chez les hommes que chez les femmes.
      4. Vrai.   5. Vrai.   6. Vrai.
      7. Faux, 5 fois (4,9) plus élevé.
      8. Faux, ça concerne les deux sexes. Des graphiques 2 et 3 on peut déduire que les moyens utilisés par les hommes dans une tentative de suicide conduisent plus souvent à la mort que ceux employés par les femmes.

5. a) $\dfrac{x \text{ hab.}}{1 \text{ spéc.}} = \dfrac{10\ 000 \text{ hab.}}{6,8 \text{ spéc.}} \Rightarrow x = \dfrac{10\ 000 \times 1}{6,8} = 1\ 471 \text{ hab.}$

Tableau 1

Région	Ratio du nombre d'habitants par spécialiste
Saguenay–Lac-St-Jean	1 471
Québec	690
Montréal-Centre	541
Laurentides	2 326

$\dfrac{x \text{ omnipr.}}{10\ 000 \text{ hab.}} = \dfrac{1 \text{ omnipr.}}{1\ 064 \text{ hab.}} \Rightarrow x = \dfrac{10\ 000 \times 1}{1\ 064} = 9,4 \text{ omnipr.}$

Tableau 2

Région	Ratio du nombre d'habitants par omnipraticien
Saguenay-Lac-St-Jean	9,4
Québec	11,6
Montréal-Centre	10,5
Laurentides	8,5

   b) 6,8 ‰ ; 4,3 ‰ ; 18,5 ‰ ; 2,7 fois ; 4,3 fois ; 862 ; 1176.

Exercices 4.4

1. a) 45,9 %.   b) 29,4 %.   c) 35 %.   d) 100 %.
   e) 38,7 %.

2. 1,4 % ; 24,1 % ; –16,6 %.

3. a) En 1997, il y avait 42,7 grossesses pour 1 000 filles de 15 à 19 ans au Canada alors qu'au Québec on en comptait 36,1 pour 1 000 filles de cet âge.

   b) 12,3 %, donc 12,3 grossesses pour 100 filles de 15 à 19 ans.

   c) Alberta, Manitoba, Saskatchewan, Territoires du Nord-Ouest et Yukon.

   d) Canada : –3,2 % ; Québec : 21,1 %, le taux de grossesse a diminué de 3,2 % au Canada mais augmenté de 21,1 % au Québec entre 1989 et 1997.

4

Exercices 4.6

1. En 40 ans, la population du Québec a augmenté de 37,6 % alors que celle de l'Ontario a augmenté de 83 %. Pour 100 Québécois et 100 Ontariens en 1961, on compte 138 Québécois et 183 Ontariens en 2001. Une analyse, par période de dix ans, montre que la population du Québec augmente à un rythme beaucoup plus lent que celle de l'Ontario : par exemple, de 1991 à 2001, l'indice du Québec a augmenté de 6,5 points alors que celui de l'Ontario progressait de 21 points, soit un taux d'augmentation de 5 % contre 13,2 %.

Année	Indice Québec (1961 = 100)	Indice Ontario (1961 = 100)
1961	100	100
1971	114,6	123,5
1981	122,4	138,3
1991	131,1	161,7
2001	137,6	183,0

2. a) Indice 1999 $= \dfrac{27,3}{14,9} \times 100 = 183,2$. On en déduit que, de 1976 à 1999, le nombre de jeunes titulaires d'un baccalauréat a augmenté de 83,2 %.

   b) Taux d'augmentation $= \dfrac{27,3 - 14,9}{14,9} \times 100 = 83,2\ \%$

3. a) 129,10 $; 2,1 % pour 1992 ; 3,8 % pour 1991 ; 1,7 %.

   b) Revenu indexé pour 1991 : 31 140 $, Revenu indexé pour 1992 : 31 794 $.

4. a) 1997-1998 : 100 ; 1998-1999 : 100,4 ; 1999-2000 : 79,5.

   b) Le prêt moyen accordé aux étudiants du collégial a baissé de 20,5 % en 1999-2000 par rapport à 1997-1998. Pour 100 $ de prêt en 1997-1998, on accorde 79,50 $ en 1999-2000.
   Note : Cette diminution s'explique en partie par le fait qu'en 1999-2000, grâce aux bourses du millénaire du fédéral, le gouvernement du Québec a pu diminuer le montant accordé en prêt pour augmenter celui des bourses, ce qui a permis de diminuer d'autant l'endettement des étudiants.

   c) 87,4 (79,5 × 49,4 % + 95,2 × 50,6 %) ; le prêt moyen accordé aux étudiants de niveau postsecondaire a diminué de 12,6 % en 1999-2000 par rapport à 1997-1998. Pour 100 $ de prêt qu'on accordait à ces étudiants en 1997-1998, on accorde 87,40 $ en 1999-2000.

5. a) 123,8.   b) 20,7 %.

6. a) 123,2.   b) 123,5.   c) 122,6.   d) 130,7.

7. a) En 2001, le taux de chômage à Montréal est de 10 % alors qu'il est de seulement 7,3 % en Estrie.
   Rappel : Taux de chômage = chômeurs / population active.

   b) En 2001, il n'y a presque pas de différence entre le taux d'activité à Montréal (62,9 %) et en Estrie (62,8 %).
   Rappel : Taux d'activité = population active / population en âge de travailler (15 ans et plus).

   c) À Montréal en 2001, on comptait 1 chômeur pour 9 personnes occupées (ayant un emploi).

8. 25 % ; 45,8 %.

9. a) On trouve le taux de fécondité le plus élevé chez les femmes de 25 à 29 ans. En 2000 au Québec, chez les femmes de 25 à 29 ans, on comptait 104 naissances pour 1 000 femmes dans ce groupe d'âge.

   b) En 2000, une femme aura en moyenne 1,438 enfant durant sa vie.

Réponses au problème de synthèse de la partie 1

Partie A

1. a) L'ensemble de tous les Canadiens âgés de 18 à 30 ans.

   b) 500 canadiens âgés de 18 à 30 ans.

   c) Un Canadien âgé de 18 à 30 ans.

   d)

Nom	Type	Échelle de mesure
Q2	La langue maternelle	Qualitative nominale	Échelle nominale
Q3	L'âge	Quantitative continue	Échelle ordinale
Q5	Type de produits de crédit	Qualitative nominale	Échelle nominale
Q6	État de la situation financière (12 derniers mois)	Qualitative ordinale	Échelle ordinale
Q8	Montant de la dette sur la carte de crédit	Quantitative continue	Échelle de rapport

2. a) 53,0 %   b) 43,0 %   c) 40,6 %   d) 56,2 %

   e) **Répartition des répondants, par groupe d'âge, selon qu'ils soient détenteurs ou non d'une carte de crédit bancaire**

Âge	Détenteur d'une carte de crédit bancaire		Total
	Oui	Non	
De 18 à 24 ans	43,0 %	57,0 %	100 %
De 25 à 30 ans	71,1 %	28,9 %	100 %
Total	56,2 %	43,8 %	100 %

Analyse
Le pourcentage de répondants détenteurs d'une carte de crédit bancaire varie selon l'âge. En effet, 71 % des répondants âgés de 25 à 30 ans en ont une, contre 43 % des répondants âgés de 18 à 24 ans.

3. a) i) **Répartition des répondants selon le nombre total de produits de crédit détenus**

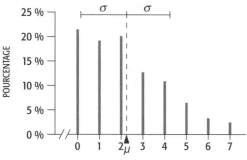

Analyse des données

On dénombre 22 % des répondants qui n'ont aucun des produits de crédit énumérés à la question Q5 du sondage ; 40 % disent en avoir un ou deux, le quart en détiendraient trois ou quatre et près de 14 % en auraient cinq et plus.

ii) $\mu = 2,2$ et $\sigma = 1,9$. Les répondants détiennent en moyenne 2,2 produits de crédit. La plupart détiennent de 1 à 4 produits de crédit. Pour la représentation graphique des mesures, voir ci-dessus.

iii) $C_{41} = (1+2)/2 = 1,5$

Interprétation

41 % des répondants détiennent un produit de crédit ou moins.

(Ou bien : 41 % des répondants détiennent au plus un produit de crédit.)

$D_5 = C_{50}$ = médiane = 2

Interprétation

Au moins 50 % des répondants détiennent deux produits de crédit ou moins.

b) Moyenne : 18–24 : 1,5   25–30 : 3,0

Interprétation

En moyenne, les plus jeunes répondants détiennent moins de produits de crédit que les plus âgés : une moyenne de 1,5 produit chez les 18 à 24 ans contre une moyenne 3 produits chez les 25 à 30 ans.

Mode : 18–24 : 0   25–30 : 2

Interprétation

Une pluralité de répondants âgés de 18 à 24 ans (31 %) n'ont aucun produit de crédit alors que, chez les 25 à 30 ans, une pluralité de répondants (21 %) ont deux produits de crédit.

Médiane : 18–24 : 1 (133e donnée)
25–30 : 3 (118e donnée)

Interprétation

Chez les 18–24 ans, au moins 50 % des répondants ne détiennent aucun produit de crédit ou détiennent un produit de crédit. Chez les 25–30 ans, au moins 50 % des répondants détiennent trois produits de crédit ou moins.

4. a) Au cours des 12 derniers mois, l'état de la situation financière a été très difficile et plutôt difficile pour 47 % des répondants et plutôt facile ou très facile pour 53 % d'entre eux.

b) i) Répartition des répondants, par situation de travail, selon l'état de leur situation financière au cours des 12 derniers mois

ii) L'état de la situation financière des répondants est influencé par leur situation de travail. En effet, 17 % des répondants sans emploi jugent leur situation financière très difficile, contre 8 % chez les répondants ayant un emploi. Seulement 37 % des répondants sans emploi la jugent plutôt facile ou très facile, contre 60 % chez les répondants ayant un emploi.

iii) Des 130 (26 % × 500) répondants sans emploi, 22 (17 % × 130) avaient une situation financière qu'ils jugeaient très difficile.

5. a) **Répartition des détenteurs d'au moins une carte de crédit selon la fréquence de non-paiement du solde total au cours des 12 derniers mois**

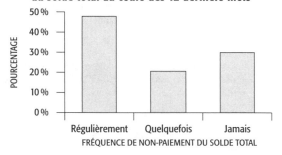

Analyse

Il arrive régulièrement à près de 50 % des détenteurs d'au moins une carte de crédit de ne pas payer le solde total de leurs cartes. Moins du tiers des détenteurs (30 %) paient la totalité du solde à la réception du compte.

b) i) 15 $ (3 % × 500 $)

ii) 1,6 fois plus ; 60,8 % ; près de 3 (2,9) fois plus ; 190,9 % (On comprend pourquoi les magasins insistent tant pour que l'on utilise leur carte de crédit !)

6. a)

Âge	Présence d'une dette		
	Oui	Non	Total
De 18 à 24 ans	68	26	94
De 25 à 30 ans	164	37	201
Total	232	63	295

b) 78,6 % des détenteurs d'au moins une carte de crédit ont une dette à rembourser. Ce pourcentage est de 72,3 % chez les 18–24 ans et de 81,6 % chez les 25–30 ans.

7. a) Note : Normalement, le polygone devrait être fermé à gauche, au centre de l'intervalle [−500 ; 0[, mais comme le montant de la dette ne peut être négatif, nous fermons le polygone à l'origine (0 ;0).

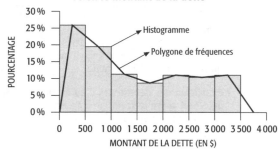

Répartition des répondants ayant une dette sur leurs cartes de crédit selon le montant de la dette

b) Moyenne : 1 431,50 $; écart type : 1 051,34 $
Interprétation
La dette moyenne des répondants ayant une dette sur leurs cartes de crédit est de 1 432 $. La plupart d'entre eux ont une dette se situant entre 381 $ et 2 483 $.

c) Médiane : 1 168,10 $
Interprétation
On peut estimer que 50 % des répondants ayant une dette sur leurs cartes de crédit ont une dette inférieure à 1 168 $.

d) $V_1 = C_{20} = 380,23$ $
Interprétation
On peut estimer que 20 % des répondants ayant une dette sur leurs cartes de crédit ont une dette inférieure à 380 $.

e) Moyenne pondérée =
1 431,50 $ × 78,6 % + 0 $ × 21,4 % = 1 125,16 $
Interprétation
La dette moyenne des répondants ayant au moins une carte de crédit est de 1 125 $.

8. a) Le montant de la dette chez les 18–24 ans est beaucoup moins élevé que chez les 25–30 ans :
– En considérant la surface sous les polygones de fréquences, on peut estimer qu'un peu plus de 75 % des 18–24 ans ont une dette inférieure à 1 500 $, alors qu'au moins 50 % des 25–30 ans ont une dette supérieure à cette valeur.
– Chez les 18–24 ans, une pluralité de répondants (35 %) ont une dette inférieure à 500 $. On a la même classe modale pour les 25–30 ans, mais celle-ci contient seulement 20 % des répondants.
– Seulement 4 % des répondants de 18–24 ans ont une dette de plus de 3 000 $, alors que, chez les 25–30 ans, un peu plus de 15 % sont dans la même situation.

b) Pour les 18–24 ans : moyenne : 1 016 $; écart type : 853,37 $
La dette moyenne des 18–24 ans est de 1 016 $, alors qu'elle est en moyenne de 1 713 $ chez les 25–30 ans. Si la plupart des répondants de 18–24 ans ont une dette se situant entre 163 $ et 1 869 $, la plupart des répondants de 25–30 ans ont quant à eux une dette se situant entre 633 $ et 2 793 $.

c) Elle est plus homogène dans le groupe des 25–30 ans (coefficient de variation de 63 %) que dans celui des 18–24 (coefficient de variation de 84 %). Toutefois, aucune des deux distributions ne peut être considérée comme homogène avec un coefficient de variation supérieure à 15 %.

d) Marie-Josée. Par rapport aux répondants de son âge, la cote z de sa dette est 1,97, alors qu'elle est de 1,47 pour Olivier si on le compare aux répondants de son âge.

Partie B

1. Selon une étude de Statistique Canada, 50 % des ménages canadiens dont le chef a moins de 25 ans ont une valeur nette (avoir – dettes) inférieure à 200 $ en 1999.

2. Faux, c'est vrai jusqu'à l'âge de 64 ans seulement.

3. Il y a un certain nombre de ménages dont la valeur nette est beaucoup plus élevée que les autres ménages. Cela fait augmenter de beaucoup la moyenne, la rendant ainsi moins représentative de l'ensemble des données. Dans une telle situation, la médiane est une bien meilleure mesure de tendance centrale pour représenter la distribution des données.

4. a)

Âge du chef de ménage	Indice 1999 (1984 =100)
Moins de 25 ans	6,5
De 25 à 34 ans	64,5
De 35 à 44 ans	81,6
De 45 à 54 ans	92,9
De 55 à 64 ans	119,4
65 ans et plus	155,9

b) En 1999, la valeur nette médiane des ménages dont le chef a moins de 25 ans a diminué de 93,5 % par rapport à 1984. Pour une différence de 100 $ entre l'avoir et les dettes en 1984, la différence n'est plus que de 6,50 $ en 1999.

c) C'est vrai uniquement pour les ménages dont le chef a moins de 55 ans.

5. a) Ces ménages ont 40 $ de dettes pour chaque 100 $ d'avoir (ou 0,40 $ de dettes pour 1 $ d'avoir).

b) Le ratio entier : 1/6. Les ménages dont le chef a entre 45 et 55 ans ont 1 $ de dettes pour 6 $ d'avoir.

c) Faux. L'endettement diminue à partir du moment où le chef de ménage passe de la classe 25–34 ans à celle de 35–44 ans.

d) Pour chaque 100 $ d'avoir, la dette est passée de 24 $ à 35 $ entre 1984 et 1999 pour les ménages dont le chef avait moins de 25 ans, soit 11 $ de plus. Durant cette même période, la dette augmentait de 10 $ par tranche de 100 $ d'avoirs pour les ménages dont le chef était âgé de 25 à 30 ans. Ces statistiques montrent bien qu'on assiste à un endettement important des jeunes ménages depuis une quinzaine d'années.

Partie C

1. Logement : 23,9 % ; Loisirs, formation et lecture :
11,3 % ; IPC : 117 (116,9)
Interprétation
Le coût de la vie a augmenté de 17 % en 1999 par rapport à 1992 pour les ménages québécois ayant un chef de ménage de moins de 30 ans. En 1999, ces ménages payaient 117 $ pour un ensemble de biens et services payés 100 $ en 1992.

2.

Situation du travail, Québec, 1999	Personnes âgées de...	
	15 à 24 ans	25 à 29 ans
Population totale (en milliers)	974,1	470,9
Population active (en milliers)	581,9	397,9
Taux de chômage	15,8 %	8,3 %
Taux d'activité	59,7 %	84,5 %

Chapitre 5
Exercices 5.2.2

1. a) 0,1949.   b) 0,6102 $(1 - 2 \times 0,1949)$.
c) 0,8051 $(1 - 0,1949)$.

2. a)   b)

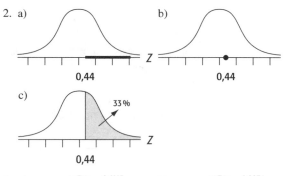

c)

3. a)   b)

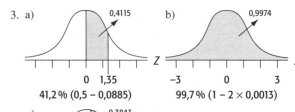

41,2 % $(0,5 - 0,0885)$ 99,7 % $(1 - 2 \times 0,0013)$

c)

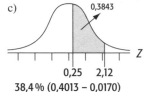

38,4 % $(0,4013 - 0,0170)$

4. a)   b)

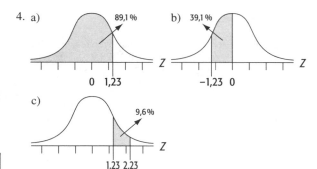

c)

d) 2,3 %.   e) 2,3 %.   f) 95,4 %.

Exercices 5.2.4

1. a) 2,33.   b) 1,04.   c) 2,575.

2. a) –1,28 ; borne.   b) 6,8 % ; surface.   c) 1,28 ; borne.

Exercices 5.4

1. a) Comme $\mu = 3\,364$ g et $\sigma = 558,5$ g, par la loi normale $N(3\,364 ; 558,5^2)$.
b) i) 6,1 % (4 590 / 75 628).
ii) $P(Z < -1,55) = 0,0606 = 6,1\,\%$.
c) $P(-1,55 < Z < 1,14) = 81,2\,\%$; dans le tableau 83,5 % ; l'écart est de 2,3 %.

2. a)

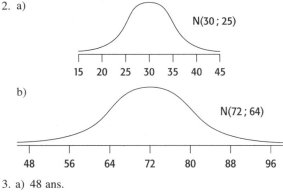

b)

3. a) 48 ans.
b) 64,4 % $[1 - (0,3336 + 0,0228)]$.
c) Entre 21 ans et 63 ans   (entre $\mu - 3\sigma$ et $\mu + 3\sigma$).

4. a) 38,3 %.
b) Environ 3 %.
c) 113 (113,4).
d) Environ 1 personne sur 1 000.

5. a) 0,26 % $\times 634 = 1,65 \approx 2$ étudiants.
b) 69,4 kg.

6. a) 6,7 %.   b) 86,6 %.
c) Le producteur remplacera les piles qui dureront moins de 93 heures.

7. a) $39,1 + 1,035 \times 10,6 = 50,1$.
b) À vous de répondre, et comparez avec votre voisin !

5

Exercices récapitulatifs du chapitre 5

1. a) Il faut utiliser la loi normale de moyenne $\mu = 28,9$ ans et d'écart type $\sigma = 5,5$ ans, soit N(28,9 ; 5,5²).

   b) P(30 < X < 38) = P(0,20 < Z < 1,65) = 37,1 %.

   c) $c = 28,9 + 0,84 \times 5,5 = 33,5$ ans.

2. a)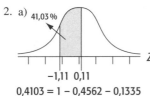

   41,03 %

   −1,11 0,11

   0,4103 = 1 − 0,4562 − 0,1335

   b)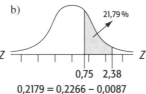

   21,79 %

   0,75 2,38

   0,2179 = 0,2266 − 0,0087

   c) En cherchant dans la table N(0 ; 1) une *surface* de 0,0838, on trouve la valeur $z = 1,38$.
   Donc, d'après la représentation graphique, $a = -1,38$.

   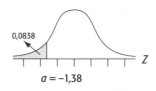

   0,0838

   $a = -1,38$

3. a) 68,3 %

   b) P(X < 575) = P(Z < −0,2) = 42,1 %, soit environ 421 employés.

   c) P(X > 620) = P(Z > 0,7) = 24,2 %, soit environ 242 employés.

   d) En prenant $z = -1,04$, on trouve un salaire de 533 $.

   e) En prenant $z = \pm 0,67$, on trouve l'intervalle [551,50 $; 618,50 $].

4.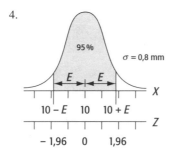

   95 %

   $\sigma = 0,8$ mm

   E E

   10 − E   10   10 + E

   −1,96   0   1,96

   $E = 1,96 \times 0,8 = 1,568$

   L'intervalle sera 10 + 1,57 mm

Chapitre 6
Exercices 6.2

1. a) 54, 31, 10, 7, 9, 58 sont les numéros des six individus de l'échantillon.

   b) On sélectionne chaque 10ᵉ individu (60/6) dans la liste en commençant par le 3ᵉ. Les individus portant les numéros suivants seront dans l'échantillon : 3, 13, 23, 33, 43, 53.

   c) Les individus portant les numéros suivants seront dans l'échantillon : 8, 18, 28, 38, 48, 58.

2. a) Échantillonnage par grappes.

   b) Échantillonnage aléatoire simple.

   c) Échantillonnage à l'aveuglette ou accidentel.

   d) Échantillonnage de volontaires.

   e) Échantillonnage systématique.

   f) Échantillonnage par quotas.

   g) Échantillonnage stratifié.

   h) *a*, *b*, *e* et *g* sont des échantillonnages aléatoires.

Exercices 6.4

1. a) En posant E l'écart maximum cherché, on trouve $E = 1,96 \times 1,6 = 3,1$. Pour 95 % des échantillons possibles, l'écart entre $\bar{x}$ et μ est d'au plus 3,1 ans.

   b) Toutes les moyennes qui s'écartent de plus de 3,1 ans de μ (44,5 ans) ne seront pas dans cette zone, soit les moyennes plus petites que 41,4 ans et plus grandes que 47,6 ans. Dans la liste de la page 170, on compte 8 échantillons sur les 145 dans cette situation, soit 5,5 % des échantillons.
   Note : Si l'on avait prélevé tous les échantillons possibles, il y en aurait eu 5 %.

   c) 69,7 % (101/145) des étudiants ont obtenu un échantillon dont la moyenne est comprise entre 42,9 ans et 46,1 ans.
   Note : Si l'on avait prélevé tous les échantillons possibles, il y en aurait eu 68,3 %.

2. a) i) $\mu = 23$ heures, $\bar{x} = 22$ heures et $\mu_{\bar{x}} = \mu = 23$ heures.

   ii) $\sigma = 3$ heures, $s = 2,5$ heures et
   $$\sigma_{\bar{x}} = \frac{\sigma}{\sqrt{n}} = \frac{3}{\sqrt{36}} = 0,5 \text{ heure} \quad (\text{car } N \geq 20\, n).$$

   iii)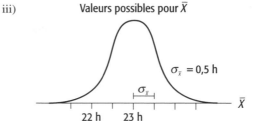

   Valeurs possibles pour $\bar{X}$

   $\sigma_{\bar{x}} = 0,5$ h

   $\sigma_{\bar{x}}$

   22 h   23 h

   b) $\bar{x}_{\min} = 23 - 3 \times 0,5 = 21,5$ heures.

   c) En posant E l'écart maximum cherché, on trouve $E = 1,645 \times 0,5 = 0,8$ h. Pour 90 % des échantillons possibles, l'écart entre $\bar{x}$ et μ est d'au plus 0,8 heure.

   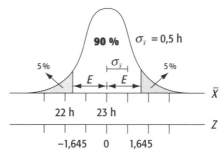

   90 % $\sigma_{\bar{x}} = 0,5$ h

   5 % $\sigma_{\bar{x}}$ 5 %

   E E

   22 h   23 h

   −1,645   0   1,645

   d) i) 1 heure ; non, car l'écart est plus grand que 0,8 heure (voir la représentation graphique en *c*).

   ii) 22,8 heures ou 23,3 heures (tout nombre compris entre 22,2 heures et 23,8 heures).

3. a) L'âge de la mère à l'accouchement ; variable quantitative continue.

   b) $\sigma_{\bar{x}} = \dfrac{5,3}{\sqrt{100}} = 0,5$, d'où $\bar{x}_{min} = 28,7 - 3 \times 0,5 = 27,2$ ans
   et $\bar{x}_{max} = 28,7 + 3 \times 0,5 = 30,2$ ans.
   En négligeant les valeurs très rares, la moyenne
   de l'échantillon donnera un nombre compris entre
   27,2 ans et 30,2 ans.

   c) $E = 1,28 \times 0,5 = 0,6$ an.

4. a) $n \geq 30$.   b) $N < 20\,n$.   c) $E = 2,575 \times 0,4 = 1$ an.

5. a) Le poids des colis qui est mesuré en kilogrammes.

   b) 68,3 %, car les moyennes entre 3,2 kg et 3,6 kg ont
   une cote z entre –1 et 1.

   c) $\sigma_{\bar{x}} = 0,2$ kg, puisque la distance entre 3,6 kg et 3,4 kg
   mesure un écart type (la cote z de 3,6 est 1).

   d) $\mu = 3,4$ kg (le centre de la courbe normale, puisque
   $\mu_{\bar{x}} = \mu$).

   e) $\sigma = 1,6$ kg $\left(\sigma_{\bar{x}} = \dfrac{\sigma}{\sqrt{n}} \Rightarrow 0,2 = \dfrac{\sigma}{\sqrt{64}} \right)$

   f) L'intervalle 3, soit [3,2 kg ; 3,4 kg], car l'aire sous la
   courbe au-dessus de cet intervalle est la plus grande.

6. a) $\mu = 6$ h et $\sigma = 2,4$ h.   b) 4,33 h ; 5,67 h ; 6,67 h.

   c) La distribution des valeurs possibles pour $\bar{X}$.

   d) $\mu_{\bar{x}} = 6$ h et $\sigma_{\bar{x}} = 1$ h.   e) oui, on a $\mu_{\bar{x}} = \mu = 6$ h.

   f) Oui, en remplaçant les valeurs de σ, N et n dans
   l'égalité, on trouve $\sigma_{\bar{x}} = 1$ h.

Exercices 6.7

1. a) On a $\bar{x} = 49,7$ g et $E = z\sigma_{\bar{x}} = 0,1$ g, l'intervalle
   de confiance est $49,6$ g $\leq \mu \leq 49,8$ g.
   Interprétation
   Il y a 95 % de chances que le poids moyen de
   l'ensemble des contenants remplis par cette machine
   se situe entre 49,6 g et 49,8 g.

   b) Le risque d'erreur est égal à 5 %.
   Interprétation
   Il y a 5 % de chances que le véritable poids moyen
   des contenants remplis par cette machine soit plus
   petit que 49,6 g ou plus grand que 49,8 g.

   c) La marge d'erreur $E = 0,1$ g.
   Interprétation
   Il y a 95 % de chances d'avoir un écart d'au plus
   0,1 g entre le poids moyen des 100 contenants de
   l'échantillon et le poids moyen de tous les contenants
   produits.

2. a) i) $z = 1,28$.   ii) $z = 1,81$.   iii) $z = 2,17$.

   b) On obtiendra la plus petite marge d'erreur avec
   un niveau de confiance de 80 %.

   On obtiendra le plus grand risque d'erreur avec
   un niveau de confiance de 80 %.

3. a) Avec $n = 36$, $\bar{x} = 5,3$ min et $s = 3,5$ min, on trouve
   l'intervalle $4,2$ min $\leq \mu \leq 6,4$ min.

   b)
   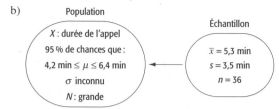

   c) 5,3 minutes ; 36 appels ; 1,1 min ; 19 fois sur 20.

4. Avec $n = 125$, $\bar{x} = 337$ mL et $\sigma = 3$ mL, on trouve
   l'intervalle $336,5$ mL $\leq \mu \leq 337,5$ mL.

5. a) 1. Faux. Ce n'est pas l'interprétation qu'il faut
   donner au niveau de confiance. Les chances que
   la moyenne $\bar{x}$ de l'échantillon se situe dans
   l'intervalle de confiance ne sont pas de 95 %,
   mais de 100 % : $\bar{x}$ sera toujours au centre de
   l'intervalle de confiance puisque les bornes de
   cet intervalle sont $\bar{x} - E$ et $\bar{x} + E$: $\bar{x} = 337$ mL
   est donc au *centre* de l'intervalle de confiance.

   C'est la moyenne μ de la population qui a 95 % de
   chances de se situer quelque part entre les bornes
   de l'intervalle construit.
   2. Faux. Cette formulation est imprécise : qu'est-ce
   qui est dans l'intervalle construit ? vous ?
   3. Vrai.
   4. Vrai.

   b) 1. Faux.
   2. Faux. Il y a 0 % de chances que $\bar{x}$ ne soit pas dans
   l'intervalle (voir 1a).
   3. Vrai.
   4. Faux. Cette formulation est imprécise : quelle
   moyenne ?
   – de l'échantillon ? Si l'on pense à $\bar{x}$, c'est faux :
   il y a 0 % de chances.
   – de la population ? Si l'on pense à μ, c'est vrai.

6. a) Note : n'oubliez pas d'utiliser le facteur de correction
   car $N < 20n$.

   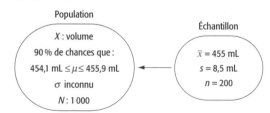

   b) Il y a seulement 10 % de chances que la marge
   d'erreur entre la moyenne de l'échantillon et la
   moyenne de la population soit supérieure à 0,9 mL.

   c) i) Une estimation ponctuelle.
   ii) Une estimation par intervalle de confiance.

   d) $E = 3\sigma_{\bar{x}} = 3 \times 0,54 = 1,6$ mL.
   L'emploi de cette marge d'erreur pour estimer μ aug-
   menterait nos chances que μ se situe dans l'intervalle

6

de confiance à presque 100 % (exactement à 99,7 %), mais cela diminuerait la précision de l'estimation en augmentant la marge d'erreur de 0,9 mL à 1,6 mL. On fait donc le choix de courir un certain risque que μ ne se situe pas dans l'intervalle construit pour augmenter la précision de l'estimation.

7. a) Avec $n = 500$, $\bar{x} = 13,9$ kg et $s = 1,4$ kg, on trouve l'intervalle 13,8 kg $\leq \mu \leq$ 14,0 kg.

   b) Oui, car la marge d'erreur n'est pas très grande (elle est inférieure à 0,1 kg).

8. a) Plus grande.   b) Plus petite.

9. a) $\mu = 48$ minutes ; c'est une estimation très acceptable, car la marge d'erreur n'est que de 0,4 minute.

   b) Intervalle de confiance, au niveau de 95 % :
   47,6 min $\leq \mu \leq$ 48,4 min.
   Interprétation
   Selon les résultats de ce sondage, il y a 95 % de chances qu'en réalité le temps moyen que prennent l'ensemble des travailleurs canadiens pour faire la navette entre la maison et le travail soit compris entre 47,6 minutes et 48,4 minutes.

10. Au moins 74 sacs.

11. Au moins 189 personnes.

12. Au moins 189 appels.

Exercices 6.9

1. a) $\hat{p}_{\min} = 17\,\% - 3 \times 3,1\,\% = 7,7\,\%$ et
   $\hat{p}_{\max} = 17\,\% + 3 \times 3,1\,\% = 26,3\,\%$.

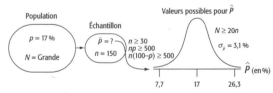

   b) i) $E = 1,28 \times 3,1 = 4\,\%$.
   ii) Non, l'écart entre $\hat{p}$ et p est de 4,6 % (21,6 – 17) : il est supérieur à l'écart de 4 % calculé en *i*.
   iii) Oui, l'écart de 4,6 % entre le pourcentage de 21,6 % de l'échantillon et celui de 17 % de la population est inférieur à $E = 5,1\,\%$ (1,645 × 3,1). La position approximative de $\hat{p}$ est illustrée ci-dessous :

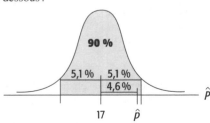

2. Non. Comme $p = 2\,\%$, on a $np = 100 \times 2 = 200 < 500$: on ne respecte pas une des conditions permettant d'affirmer que la distribution des valeurs possibles pour $\hat{p}$ suit une normale. (En fait, elle suit une loi binomiale.)

3. a) On a : $N = 4\,536$; le pourcentage de femmes dans l'usine est $p = 3280/4536 = 72,3\,\%$.

Taille de l'échantillon	Écart type $\sigma_{\hat{p}}$	Marge d'erreur E
$n = 100$	4,5 %	8,8 %
$n = 150$	3,7 %	7,2 %
$n = 200$	3,2 %	6,2 %

   b) Quand la taille de l'échantillon augmente, la marge d'erreur entre p et $\hat{p}$ diminue.

4. a) La marge d'erreur est de 2,5 %.

   b) 44,1 % $\leq p \leq$ 49,1 %.
   Interprétation
   Il y a 95 % de chances que le pourcentage réel de Canadiens favorables à l'avortement se situe entre 44,1 % et 49,1 %.

   c) i)   La marge d'erreur sera plus grande ;
   ii) le risque d'erreur sera plus petit ;
   iii) l'intervalle de confiance sera plus grand

   d) La marge d'erreur est de 5,2 %.

5. Marge d'erreur = 3 % ; intervalle de confiance :
   39 % $\leq p \leq$ 45 %.

6. a) 4 jours.   b) 8 minutes.

   c) Méthode probabiliste ; la liste des abonnés du téléphone de l'ensemble du Québec.

   d) 1 442.

   e) Le nombre d'entrevues réalisées par rapport au nombre d'individus (ou numéros de téléphone) choisis au hasard et jugés valides.

   f) $E = 3\,\%$; oui, parfaitement compatible.

   g) i)   Pour Montréal métro : $E = 4,2\,\%$ et pour Québec métro : $E = 6,1\,\%$.
   ii) Non, elles sont plus élevées.
   iii) « Rappelons que la marge d'erreur tend à augmenter lorsque les résultats portent sur des sous-groupes de l'échantillon. »

7. a) 45 %.   b) 41 % $\leq p \leq$ 49 %.   c) 5 %.

   d) Il y a 95 % de chances que le véritable pourcentage de personnes favorables au projet de loi dans la population se situe entre 41 % et 49 %, ou bien il y a 95 % de chances pour que le véritable pourcentage de la population favorable au projet de loi se situe à au plus 4 % du pourcentage de 45 % trouvé dans l'échantillon.

   e) En posant $E = 4\,\%$ et $\hat{p} = 50\,\%$, on obtient $n = 600,25$. On prendra au minimum 601 personnes.

   f) i) Augmenter.   ii) Diminuer.

8. a) Environ 385 personnes. Comme on n'a pas d'idée de la valeur de $\hat{p}$, on utilise $\hat{p} = 50\,\%$.

   b) $\hat{p} = 160/385 = 41,6\,\%$; on obtient l'intervalle :
   36,6 % $\leq p \leq$ 46,5 %.

9. a) Intervalle de confiance : 52,1 % $\leq p \leq$ 59,9 % ;
   on a $\hat{p} = 56\,\%$ et $E = 3,9\,\%$.

   b) Environ 2 367 personnes.

Exercices récapitulatifs du chapitre 6

1. a) Non. La plus petite moyenne échantillonnale possible, en négligeant les cas très rares, est : 41,8 ans ($\mu - 3\sigma_{\bar{x}}$ où $\sigma_{\bar{x}} = 0,7$ an).

   b) i) 1 an. ii) 2,3 %. On a $p = 11,7\%$ et $\sigma_{\hat{p}} = 1,4\%$.

2. a) 56,7 % ; la marge d'erreur est de 5,6 %.

   b) Entre 47,7 ans et 50,9 ans ; on a $\bar{x} = 49,25$ ans, $s = 14,37$ ans et $E = 1,6$ an.

   c) On a $\bar{x} = 46,25$ \$, $s = 31,08$ \$ et $E = 3,52$ \$; intervalle de confiance : $42,73\ \$ \le \mu \le 49,77\ \$$.
   Interprétation de l'intervalle
   Il y a 95 % de chances que le montant moyen des achats, pour l'ensemble des clients, se situe entre 42,73 \$ et 49,77 \$.

   d) Entre 15,5 % et 24,5 % ; on a $\hat{p} = 20\%$ et $E = 4,5\%$.

   e) Un sondage effectué par un centre-jardin auprès de sa clientèle a donné les résultats suivants : 56,7 % des clients sont des femmes, l'âge moyen de la clientèle est de 49,3 ans ; on estime qu'à chacune de leur visite les clients achètent en moyenne pour 46,25 \$ et utilisent le paiement direct pour payer leurs achats dans une proportion de 20 %.
   Méthodologie
   Ce sondage a été effectué auprès d'un échantillon aléatoire de 300 clients. Pour un échantillon de cette taille, la marge d'erreur est la suivante pour chacune des variables étudiées, 19 fois sur 20 :
   Sexe : 5,6 % ; âge : 1,6 an ; montant des achats : 3,52 \$; façon de payer : 4,5 %.

Chapitre 7
Exercices 7.2

1. a) $H_0 : \mu = 500$ mL
      $H_1 : \mu \neq 500$ mL

   b) $H_0 : \mu = 3,3$ nuitées
      $H_1 : \mu < 3,3$ nuitées

   c) $H_0 : \mu = 35$ mm
      $H_1 : \mu \neq 35$ mm

   d) $H_0 : \mu = 6,25$ cm
      $H_1 : \mu < 6,25$ cm

   e) $H_0 : \mu = 4,4$ jours par an
      $H_1 : \mu < 4,4$ jours par an

2. a) $H_0 : \mu = 5$ kg $H_1 : \mu \neq 5$ kg
      $c_1 = 4,950$ kg et $c_2 = 5,050$ kg
      <u>Règle de décision</u>
      Rejeter H_0 si la moyenne de l'échantillon prélevé est supérieure à 5,05 kg ou inférieure à 4,95 kg.

   b) Le lundi à 10 h et le mardi à 16 h.

   c) Statistiquement, un seuil de signification veut dire qu'il y a 5 % de chances de rejeter H_0 alors que celle-ci est vraie. Dans le contexte de ce problème, cela se traduit ainsi : il y a 5 % des chances de conclure que la machine est déréglée alors que, dans les faits, il n'en est rien.

3. a) $\bar{x} = 25,5$ heures/semaine ; $s = 7,3$ heures.

   b) $H_0 : \mu = 18$ h
      $H_1 : \mu > 18$ h
      $\sigma_{\bar{x}} = 0,54$ h
      <u>Règle de décision</u>
      Rejeter H_0 si la moyenne $\bar{x}$ de l'échantillon prélevé est supérieure à 18,9 h.

<u>Conclusion</u>
Puisque $\bar{x} = 25,5$ h $> 18,9$ h, on rejette H_0.
Oui, les étudiants avaient raison de se plaindre, les 26 heures de cours du programme demandent beaucoup plus d'heures d'étude que les 18 heures prévues.

4. On trouve $\bar{x} = 6$ min à partir de l'échantillon. On sait également que $\sigma = 3,2$ min.
   On a $n < 30$, mais comme on dit que la distribution du temps de service (population mère) suit un modèle normal, alors la distribution des valeurs possibles pour $\bar{x}$ suit également un modèle normal.
   $H_0 : \mu = 8,3$ min
   $H_1 : \mu < 8,3$ min
   $\sigma_{\bar{x}} = 0,64$ min
   <u>Règle de décision</u>
   Rejeter H_0 si la moyenne $\bar{x}$ de l'échantillon prélevé est inférieure à 7,2 min.
   <u>Conclusion</u>
   Comme $\bar{x} = 6$ min. $< 7,2$ min., on rejette H_0.
   Oui, l'informatisation a permis d'accélérer le service à la clientèle.

5. $\bar{x} = 28\,400$ \$ et $s = 12\,500$ \$
   $H_0 : \mu = 25\,501$ \$
   $H_1 : \mu \neq 25\,501$ \$
   $\sigma_{\bar{x}} = 883,88$ \$
   <u>Règle de décision</u>
   Rejeter H_0 si la moyenne de revenu $\bar{x}$ de l'échantillon est inférieure à 23 769 \$ ou supérieure à 27 233 \$.
   <u>Conclusion</u>
   Comme $28\,400 > 27\,233$ \$, on rejette H_0.
   L'écart entre $\bar{x}$ et μ est statistiquement significatif.
   Le revenu moyen personnel est différent dans la région de Montréal, où il semble plus élevé que la moyenne québécoise.

6. $\bar{x} = 54,5$ kg/cm² ; $s = 2,4$ kg/cm².
   $H_0 : \mu = 50$ kg/cm²
   $H_1 : \mu > 50$ kg/cm²
   $\sigma_{\bar{x}} = 0,38$ kg/cm²
   <u>Règle de décision</u>
   Rejeter H_0 si la moyenne $\bar{x}$ de l'échantillon prélevé est supérieure à 50,9 kg/cm².
   <u>Conclusion</u>
   Puisque $\bar{x} = 54,5$ kg/cm² $> 50,9$ kg/cm², on rejette H_0.
   Oui, on peut dire qu'il y a augmentation significative de la résistance moyenne à la rupture.
   L'écart de 4,5 kg/cm² entre $\bar{x}$ et μ est statistiquement significatif : il y a tout lieu de croire que cette augmentation de la résistance est attribuable à l'introduction du nouvel alliage.

7. $\bar{x} = 51,6$ sem. ; $s = 8,8$ sem. ;
   $H_0 : \mu = 51$ sem.
   $H_1 : \mu > 51$ sem.
   $\sigma_{\bar{x}} = 0,79$ sem.
   <u>Règle de décision</u>
   Rejeter H_0 si la moyenne $\bar{x}$ de l'échantillon prélevé est supérieure à 52,3 sem.
   <u>Conclusion</u>
   Comme $\bar{x} = 51,6$ sem. $< 52,3$ sem., on accepte H_0.
   Non, rien ne prouve statistiquement que le temps d'attente des patients a augmenté ; il est toujours de 51 semaines en moyenne.

7

Exercices 7.4

1. a) $H_0 : p = 65\%$ $H_1 : p < 65\%$
   <u>Règle de décision</u>
   Rejeter H_0 si le pourcentage de l'échantillon
   est inférieur à 61,1 %.
   <u>Conclusion</u>
   Comme $\hat{p} = 62\% > 61,1\%$, on accepte H_0.
   Oui, on doit accepter l'affirmation du député.

   b) Non, mais statistiquement on n'a pas pu prouver
   qu'il avait tort ; on doit donc lui accorder le bénéfice
   du doute.

2. a) $H_0 : p = 76\%$ et $H_1 : p \neq 76\%$.

   b) H_0. c) 3 % ($2 \times 1,5\%$).

   d) Celui de la population.

   e) $\sigma_{\hat{p}} = \sqrt{\dfrac{76 \times 24}{1\,300}} = 1,2\%$

   f) <u>Règle de décision</u>
   Rejeter H_0 si le pourcentage de l'échantillon est
   inférieur à 73,4 % ou supérieur à 78,6 %.

   g) Exemples : 72 % (car plus petit que 73,4 %) ; 79,5 %
   (car plus grand que 78,6 %).

3. $H_0 : p = 49,4\%$
   $H_1 : p > 49,4\%$

   $\sigma_{\hat{p}} = \sqrt{\dfrac{49,4 \times 50,6}{1\,003}} = 1,6\%$

   <u>Conclusion</u>
   On rejette H_0, car $\hat{p} = 54,8\% > 52,0\%$.
   Le pourcentage de Québécois qui voteraient « Oui » à la
   question posée lors du dernier référendum a augmenté.

4. $H_0 : p = 25\%$
   $H_1 : p < 25\%$

   $\sigma_{\hat{p}} = \sqrt{\dfrac{25 \times 75}{200}} \times \sqrt{\dfrac{1\,320 \times 200}{1\,320 - 1}} = 2,8\%$

   Note : Il faut utiliser le facteur de correction,
   car $N < 20n$.
   <u>Conclusion</u>
   On accepte H_0, car $\hat{p} = 22\% > 20,4\%$.
   La campagne de sensibilisation ne semble pas avoir été
   efficace. L'écart entre le pourcentage de l'échantillon et
   celui de la population est attribuable au hasard de
   l'échantillonnage.

5. a) On a $n = 1\,200$
   $H_0 : p = 80\%$
   $H_1 : p \neq 80\%$

   $\sigma_{\hat{p}} = \sqrt{\dfrac{80 \times 20}{1\,200}} = 1,2\%$

   <u>Règle de décision</u>
   Rejeter H_0 si le pourcentage $\hat{p}$ de l'échantillon est
   inférieur à 76,9 % ou supérieur à 83,1 %.

   b) On a le taux de survie suivant dans l'échantillon :
   Abitibi : 76 % Saguenay : 85 %
   Côte-Nord : 78 % Gaspésie : 82 %
   <u>Conclusion</u>
   Le taux de survie des plants est différent de 80 % en
   Abitibi et au Saguenay. Il semble inférieur au taux
   prévu en Abitibi, mais supérieur au Saguenay.

6. $H_0 : p = 41\%$
   $H_1 : p > 41\%$

   $\sigma_{\hat{p}} = \sqrt{\dfrac{41 \times 59}{300}} = 2,8\%$

   <u>Conclusion</u>
   On rejette H_0, car $\hat{p} = 48,3\% > 45,6\%$.
   Le pourcentage d'étudiantes universitaires qui prennent
   la pilule contraceptive est plus élevé que ce que l'on
   trouve généralement chez les femmes du même âge.

Exercices récapitulatifs du chapitre 7

1. $H_0 : \mu = 6,5$ h
   $H_1 : \mu > 6,5$ h
   $\alpha = 0,01$

   On a :
   $n = 1\,500$
   $\bar{x} = 7,2$ h
   $s = 3,8$ h

   $\sigma_{\bar{x}} = \dfrac{3,8}{\sqrt{1\,500}} = 0,1$ h

   <u>Règle de décision</u>
   Rejeter H_0 si la moyenne $\bar{x}$ de l'échantillon prélevé
   est supérieure à 6,7 h.
   <u>Conclusion</u>
   Comme $\bar{x} = 7,2$ h $> 6,7$ h, on rejette H_0.
   Par rapport à 1998, les internautes consacrent plus
   d'heures en moyenne par semaine à Internet à la maison.

2. $H_0 : p = 47\%$
   $H_1 : p < 47\%$
   $\alpha = 0,05$

   On a :
   $n = 1\,500$
   $\hat{p} = 665/1\,500 = 44,3\%$

   $\sigma_{\hat{p}} = \sqrt{\dfrac{47 \times 53}{1\,500}} = 1,3\%$

   <u>Règle de décision</u>
   Rejeter H_0 si le pourcentage $\hat{p}$ de l'échantillon prélevé
   est inférieur à 44,9 %.
   <u>Conclusion</u>
   Comme $\hat{p} = 44,3\% < 44,9\%$, on rejette H_0.
   Le pourcentage de tous les internautes inquiets de
   la sécurité sur Internet a diminué.

3. $H_0 : p = 25\%$
   $H_1 : p \neq 25\%$
   $\alpha = 0,05$

   On a :
   $n = 1\,500$
   $\hat{p} = 357/1\,500 = 23,8\%$

   $\sigma_{\hat{p}} = \sqrt{\dfrac{25 \times 75}{1\,500}} = 1,1\%$

   <u>Règle de décision</u>
   Rejeter H_0 si le pourcentage $\hat{p}$ de l'échantillon prélevé
   est inférieur à 22,8 % ou supérieur à 27,2 %.

7

Conclusion
Comme $\hat{p} = 23{,}8\% > 22{,}8\%$, on accepte H_0.
Rien ne permet statistiquement de penser que le pourcentage de tous les internautes qui font des achats en direct est différent de 25 %.
L'écart entre p et $\hat{p}$ est fort probablement attribuable au hasard de l'échantillonnage.

Chapitre 8
Exercices 8.2

1. a) 38,9 % (14/36).

   b) i) 38,9 % des parties jouées à domicile, soit :
   38,9 % × 16 = 6,2 parties théoriquement.
   ii) 38,9 % des parties jouées à l'extérieur, soit :
   38,9 % × 20 = 7,8 parties théoriquement.

   c) i) Il est impossible de répondre à cette question puisqu'on ne connaît pas la nature du lien entre les deux variables. Le nombre de parties gagnées à domicile ne sera pas égal à 38,9 % des parties jouées à domicile, mais de combien sera-t-il ? de 45 % ? de 34 % ?
   ii) Il en est de même pour le nombre de parties gagnées à l'extérieur. Si l'on pose pour H_0 : il y a un lien entre le lieu où se joue la partie et le résultat de la partie, il est impossible de construire un test du khi-deux.

2. a) H_0 : Les variables « Sexe » et « Consommation d'alcool » sont indépendantes.
   H_1 : Les variables « Sexe » et « Consommation d'alcool » sont dépendantes.

O | T	Nombre de consommations par semaine				
Sexe	Aucune	De 1 à 6	De 7 à 13	14 et plus	Total
Femmes	112 | 87,3	93 | 91,1	16 | 26,6	4 | 19,8	225
Hommes	121 | 145,5	150 | 151,9	55 | 44,3	49 | 33	375
Total	233 (38,8%)	243 (40,5%)	71 (11,8%)	53 (8,8%)	600

   $\chi^2 = 38{,}4$
   Règle de décision : rejeter H_0 si $\chi^2 > 7{,}81$.
   Conclusion
   Comme 38,4 > 7,81, on rejette H_0. Les variables « sexe » et « consommation d'alcool » sont dépendantes.
   Nature de la dépendance
   Les femmes consomment moins d'alcool que les hommes. En effet, alors que théoriquement il devrait y avoir 20,6 % (11,8 % + 8,8 %) des hommes et 20,6 % des femmes qui prennent sept consommations ou plus par semaine, ce pourcentage n'est que de 9 % ((16 + 4)/225) chez les femmes et de 28 % ((55 + 49)/375) chez les hommes.

   b) Oui, les effectifs théoriques sont tous supérieurs à 5. Le fait qu'un des effectifs observés soit plus petit que 5 ne cause pas de problème pour la validité du test.

   c) 8,8 % des femmes de l'échantillon, soit 20 femmes, et 8,8 % des hommes de l'échantillon, soit 33 hommes.

3. H_0 : Les variables « Âge » et « Niveau d'adaptation » sont indépendantes.
   H_1 : Les variables « Âge » et « Niveau d'adaptation » sont dépendantes.

O | T	Niveau d'adaptation			
Âge des répondants	Très difficile	Assez difficile	Pas difficile	Total
De 18 à 29 ans	81 | 136,9	138 | 115,8	132 | 98,3	351
De 30 à 49 ans	126 | 136,9	131 | 115,8	94 | 98,3	351
50 ans et plus	203 | 136,5	78 | 115,5	69 | 98	350
Total	410 (39 %)	347 (33 %)	295 (28 %)	1 052

   $\chi^2 = 94{,}8$
   Règle de décision : rejeter H_0 si $\chi^2 > 13{,}3$.
   Conclusion
   Comme 94,8 > 13,3, on rejette H_0. Oui, il semble bien que la facilité avec laquelle s'est effectué le passage des mesures impériales au système métrique dépendait de l'âge.
   Nature de la dépendance
   Les personnes de 50 ans et plus ont eu beaucoup plus de difficulté à s'adapter au système métrique que les personnes de 18 à 29 ans. En effet, alors que théoriquement 39 % des personnes des différentes tranches d'âge de l'échantillon auraient dû trouver très difficile l'adaptation au système métrique, on en a observé 58 % (203/350) chez les personnes de 50 ans et plus et seulement 23 % (81/351) chez les 18 à 29 ans.

4. a)

Sexe	Salaire hebdomadaire		
	Moins de 400 $	400 $ et plus	Total
Femmes	40 %	60 %	100 %
Hommes	40 %	60 %	100 %
	40 %	60 %	100 %

   b)

Sexe	Salaire hebdomadaire				
	Moins de 450 $	[450 $; 500 $[	[500 $; 550 $[	550 $ et plus	Total
Femmes	60	50	40	50	200
Hommes	90	75	60	75	300
	150 (30 %)	125 (25 %)	100 (20 %)	125 (25 %)	500

5. a) Pour pouvoir effectuer un test de khi-deux, il faut que les **effectifs théoriques** soient tous plus grands ou égaux à 5, ce qui n'est pas le cas ici.
   Note : Si vous faites quand même le test, tout en sachant que les conditions d'application ne sont pas respectées, votre conclusion ne sera pas valide statistiquement.

O | T	Revenu du ménage					
Sexe du chef de ménage	Très faible	Faible	Moyen	Élevé	Très élevé	Total
Femmes	3 | **2,3**	18 | 17,5	40 | 33,8	8 | 12,3	1 | **4,1**	70
Hommes	1 | **1,7**	12 | 12,5	18 | 24,2	13 | 8,8	6 | **2,9**	50
	4 (3,3 %)	30 (25 %)	58 (48,3 %)	21 (17,5 %)	7 (5,8 %)	120

8

b) On regroupe les deux premières et les deux dernières catégories de revenu :

O | T	Revenu du ménage			
Sexe du chef de ménage	Faible ou très faible	Moyen	Élevé ou très élevé	Total
Femmes	21 | 19,8	40 | 33,8	9 | 16,3	70
Hommes	13 | 14,2	18 | 24,2	19 | 11,7	50
	34 (28,3 %)	58 (48,3 %)	28 (23,3 %)	120

H_0 : Les variables « sexe du chef de ménage » et « revenu du ménage » sont indépendantes.

H_1 : Les variables « sexe du chef de ménage » et « revenu du ménage » sont dépendantes.

$\chi^2 = 10,7$

<u>Règle de décision</u> : rejeter H_0 si $\chi^2 > 5,99$.

<u>Conclusion</u>

Comme $10,7 > 5,99$, on rejette H_0. Les variables « sexe du chef de ménage » et « revenu du ménage » sont dépendantes. Il y a donc un lien entre ces deux variables.

Nature de la dépendance

Les ménages dont le chef est un homme ont des revenus qui sont en plus forte proportion que prévue élevés ou très élevés. Les ménages dont le chef est une femme ont en majorité des revenus moyens. En effet, selon l'hypothèse de l'indépendance des variables, il devrait y avoir 23,3 % des ménages dont le chef est un homme dans les catégories de revenu élevé ou très élevé : il y en a 38 % (19/50), soit près de 15 % de plus. Pour les ménages dont le chef est une femme, on prévoyait trouver 48,3 % des ménages dans la catégorie de revenu moyen : on en observe 57 % (40/70), soit 9 % de plus.

6. a) H_0 : Les variables « scolarité » et « attitude face à l'avortement » sont indépendantes.

H_1 : Les variables « scolarité » et « attitude face à l'avortement » sont dépendantes.

O | T	Attitude face à l'avortement			
Scolarité	Pour	Mixte	Contre	Total
Moins de 9 ans	31 | 45,1	23 | 21,5	56 | 43,6	110
Entre 9 et 12 ans	171 | 179,2	89 | 85,2	177 | 173,1	437
Plus de 12 ans	116 | 93,9	39 | 44,7	74 | 90,7	229
Total	318 (41 %)	151 (19,5 %)	307 (39,6 %)	776

Source : Alalouf, Labelle et Ménard, *Introduction à la statistique appliquée*, 2ᵉ éd., Montréal, Addison-Wesley, 1990, p. 95.

$\chi^2 = 17,7$

<u>Règle de décision</u> : rejeter H_0 si $\chi^2 > 9,49$.

<u>Conclusion</u>

Puisque $17,7 > 9,49$, on rejette H_0. Les variables « scolarité » et « attitude face à l'avortement » sont dépendantes. Il y a donc un lien entre ces deux variables.

Nature de la dépendance

Il semble que les personnes ayant plus de 12 ans de scolarité soient plus favorables à l'avortement que les personnes ayant moins de 9 ans de scolarité. En effet, théoriquement, 41 % des personnes de chaque niveau de scolarité devraient être en faveur de l'avortement et on en observe 10 % de plus chez les personnes ayant plus de 12 ans de scolarité, soit 51 % (116/229), et 13 % de moins chez celles ayant moins de 9 ans de scolarité, soit 28 % (31/110).

b) Pour les catholiques : on accepte H_0.
Pour les protestants : on rejette H_0.
Les variables « scolarité » et « attitude face à l'avortement » sont dépendantes seulement chez les protestants.

Exercices 8.5

1. a) Positive.   b) Nulle.
c) Positive (généralement, les couples sont formés de personnes dans les mêmes tranches d'âge.)

2. a) $r = 1$ ou $r = -1$, les deux points seront nécessairement situés sur une même droite.

b) Y : consommation d'huile à chauffage et X : température extérieure.

3. a) Oui, il y a un lien très fort entre l'âge auquel un ex-fumeur cesse de fumer et le taux de mortalité causé par le cancer du poumon : on trouve un coefficient de corrélation de 0,94 pour les hommes. Comme cette corrélation est positive, on peut conclure que, plus un fumeur cesse tard de fumer, plus les risques de mourir d'un cancer du poumon augmentent.
De plus, comme le coefficient de détermination r^2 est de 0,88, on peut dire que l'âge auquel un homme cesse de fumer explique 88 % de la variation du taux de mortalité.

b) On peut appliquer la même conclusion pour les ex-fumeuses, car le coefficient de corrélation est de 0,92 pour les femmes. (L'étude constatait aussi que les fumeurs risquaient 33 fois plus de mourir d'un cancer du poumon que les personnes qui n'avaient jamais fumé.)
De plus, comme le coefficient de détermination r^2 est de 0,85, on peut dire que l'âge auquel une femme cesse de fumer explique 85 % de la variation du taux de mortalité.

4. a) $r \approx 0$

b) Le fait que $r = 0$ nous permet uniquement de dire qu'il n'y a pas de dépendance linéaire entre ces variables, mais il peut y avoir une dépendance non linéaire.

c) Le nuage de points que vous obtiendrez (tous les points sont sur une parabole) vous montrera qu'il existe une corrélation non linéaire parfaite entre les deux variables. Celles-ci sont donc dépendantes.

5. a) $y = 2,5 + 4,8\, x$
b) $y = 48,9 - 3,6\, x$
$a = 38,5 - (-3,6)(2,9) = 38,5 + (3,6)(2,9)$

8

6. a) $r = 1$, on a $\bar{x} = 1\,258$, $s_x = 394{,}74$, $\bar{y} = 79{,}296$, $s_y = 17{,}80$ et $\sum xy = 526\,883$.

   La corrélation est parfaite et positive ; plus le nombre de kilowattheures consommés est grand, plus le coût total est élevé.

   b) Les points du diagramme de dispersion sont parfaitement alignés.

   c) Le coefficient de détermination $r^2 = 1$.

   Le nombre de kilowattheures consommés explique 100 % des variations du coût total.

   d) $y = 22{,}56 + 0{,}0451x$

   e) 85,70 $.

   f) Cette équation donne la structure de tarification d'Hydro-Québec, pour la consommation domestique inférieure à 1 800 kWh.

   a = 22,56 $ est le montant fixe à payer pour le service de base avant toute consommation.

   b = 0,0451 $ est le coût de l'électricité par kilowattheure.

7. a) $y = 49{,}4 + 2x$ b) 67,4 %.   c) 77,4 %.

8. –1,45. Une note négative ne peut être considérée comme une estimation acceptable.

   Le modèle que nous avons adopté, disant que les variables X et Y sont liées par l'équation $y = -7{,}10 + 1{,}13x$, n'est plus valable si l'on s'éloigne trop des valeurs observées pour X.

Exercices récapitulatifs du chapitre 8

1. H_0 : Il n'y a pas de lien entre le taux de réussite et le sexe de l'étudiant.

   H_1 : Il y a un lien entre le taux de réussite et le sexe de l'étudiant.

$O \mid T$	Taux de réussite			
Sexe	Tous les cours réussis	De 51 % à 99 % des cours	50 % et moins des cours	Total
Femme	382 | 348,3	262 | 255,3	144 | 184,4	788
Homme	251 | 284,6	202 | 208,7	191 | 150,7	644
Total (% T)	633 (44,2 %)	464 (32,4 %)	335 (23,4 %)	1 432

Condition d'application : les effectifs théoriques sont tous supérieurs à 5.

$\chi^2 = 27{,}2$

<u>Règle de décision</u> : Rejeter H_0 si $\chi^2 > 5{,}99$.

<u>Conclusion</u> : Comme $27{,}2 > 5{,}99$, on rejette H_0.

Il y a un lien entre le taux de réussite et le sexe de l'étudiant.

Nature de la dépendance

Le taux de réussite des femmes est meilleur que celui des hommes à la 1re session en formation préuniversitaire.

En effet, les femmes réussissent tous leurs cours de 1re session dans des proportions supérieures à celles des hommes, avec 48 % (382/788) contre 39 % (251/644). Environ 18 % (144/788) d'entre elles échouent la moitié ou plus de leurs cours comparativement à près de 30 % (191/644) des hommes.

2. a) X : Nombre de kilomètres parcourus et Y : Coût de la course.

   b) $r = 0{,}96$ ($\bar{x} = 10{,}64$, $s_x = 2{,}78$, $\bar{y} = 19{,}41$, $s_y = 4{,}62$ et $\sum xy = 1\,737{,}505$).

   Interprétation

   La corrélation entre le coût de la course en taxi et le nombre de kilomètres parcourus est forte (car très près de 1) et positive : plus on parcourt de kilomètres, plus le coût de la course est élevé.

   c) $r^2 = 0{,}92$. Le nombre de kilomètres parcourus explique 92 % de la variation du coût d'une course en taxi. Il y a donc 8 % de la variation du coût qui est attribuable à d'autres variables que le nombre de kilomètres parcourus. En fait, le coût dépend aussi du temps total d'immobilisation du taxi pendant la course (feu rouge, arrêt obligatoire, etc.) qui est tarifé à 0,44 $ la minute.

   d) $y = 2{,}48 + 1{,}59x$

   e) $-a$ est le tarif de base de 2,50 $.

   $-b$ est le coût par kilomètre de 1,60 $ (1,20 $ par km + en moyenne un peu moins d'une minute d'arrêt par km à 0,44 $).

   f)

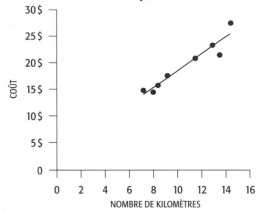

Coût de la course en fonction du nombre de kilomètres parcourus

Réponses au problème de synthèse de l'ouvrage

A. Analyse des données de la première partie

1. La densité des quartiers du centre-ville était de 5 326,8 hab./km², soit près de trois fois plus que celle de la ville de Québec.

2. En 1991, il y a eu 12,2 naissances et 7,3 décès pour 1 000 habitants dans les quartiers centraux de Québec.

3. La population active était de 28 000 personnes en 1986 et de 26 790 en 1991.

4. Le taux de chômage était de 19,7 % en 1986 et de 15,6 % en 1991, soit une baisse de 4,1 %.

5. Le taux d'activité était de 53,2 % en 1986 et de 54,7 % en 1991, soit une hausse de 1,5 %.

6. La population des quartiers du centre-ville a diminué de 6,6 % en 1991 par rapport à 1986.

7. a) Pour les 24–30 ans, l'indice est 87,8, alors qu'il est de 89,5 pour les 55–74 ans.

   b) En 1991, par rapport à 1986, la population des quartiers du centre-ville de Québec a diminué de 18,2 % chez les 10–19 ans et augmenté de 9,6 % chez les 75 ans et plus.

   c) Il y a vieillissement de la population. On observe une diminution importante du nombre de jeunes de moins de 35 ans, alors que le nombre de personnes de 35 à 54 ans et de 75 ans et plus a augmenté.

8. En 1991, le coût de la vie à Québec a augmenté de 25,5 % par rapport à 1986. Un ensemble de biens et de services qui coûtait 100 $ en 1986 coûte 125,50 $ en 1991.

9. Le taux d'inflation à Québec en 1991 était de 1,4 %. Le coût de la vie a augmenté de 1,4 % en 1991 par rapport 1990. (Pour ne pas s'appauvrir, les revenus d'une personne doivent être 1,4 % plus élevés en 1991 qu'en 1990.)

B. Analyse des données de la seconde partie

1. a) Les ménages des quartiers du centre-ville de Québec (Saint-Roch, Saint-Sauveur, Vieux-Limoilou, Maizerets) en 1995.

   b) Un ménage.

   c)

	Nom	Type	Échelle de mesure
Q1	Mode d'occupation du logement	Qualitative nominale	Échelle nominale
Q2	Revenu du ménage	Quantitative continue	Échelle ordinale
Q3	Nombre de personnes par ménage	Quantitative discrète	Échelle de rapport
Q4	Âge du logement	Quantitative continue	Échelle de rapport

2. a) **Répartition des ménages de l'échantillon selon le mode d'occupation de leur logement**

Mode d'occupation du logement	Nombre de ménages	Pourcentage
Locataire	32	64 %
Propriétaire	18	36 %
Total	50	100 %

Répartition des ménages de l'échantillon selon le mode d'occupation de leur logement

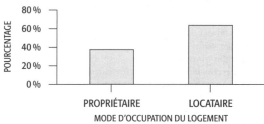

Analyse des données
Une pluralité (ou majorité) de ménages de l'échantillon (64 %) sont locataires.
Note : Le mode est la seule mesure possible.

b) **Répartition des ménages de l'échantillon selon leur revenu**

Revenu du ménage (en 000 $)	Nombre de ménages	Pourcentage
Moins de 30	14	28 %
[30 ; 60[	17	34 %
[60 ; 90[	14	28 %
90 et plus	5	10 %
Total	50	100 %

En donnant une amplitude de 30 000 $ à la dernière classe, on obtient l'histogramme suivant :

Répartition des ménages de l'échantillon selon leur revenu

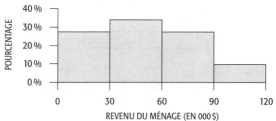

Analyse des données
On dénombre 28 % des ménages de l'échantillon dans la catégorie des revenus inférieurs à 30 000 $ et seulement 10 % dans la catégorie des revenus supérieurs à 90 000 $.

Une pluralité de ménages (34 %) ont un revenu entre 30 000 $ et 60 000 $.

La médiane est 49 411,76 $. On peut estimer que 50 % des ménages de l'échantillon ont un revenu inférieur à 49 412 $.

On peut estimer que le revenu moyen des ménages de l'échantillon est de 51 000 $ avec un écart type corrigé de 29 067 $, ce qui signifie que la plupart des ménages de l'échantillon ont un revenu se situant entre 21 933 $ et 80 067 $.
Note : Si les choix de réponse de la question Q2 avaient présenté plus de catégories de revenus, avec une plus petite amplitude, le sondage aurait permis d'obtenir une mesure plus fine des revenus des ménages.

c)

**Répartition des ménages de l'échantillon
selon le nombre de personnes par ménage**

Nombre de personnes par ménage	Nombre de ménages	Pourcentage
1	24	48 %
2	15	30 %
3	8	16 %
4	3	6 %
Total	50	100 %

**Répartition des ménages de l'échantillon
selon le nombre de personnes par ménage**

Analyse des données

Seulement 6 % des ménages de l'échantillon sont composés de 4 personnes alors que 78 % des ménages ont au plus 2 personnes.

Une pluralité des ménages de l'échantillon (48 %) sont composés d'une seule personne.

La médiane est 2 : au moins 50 % des ménages de l'échantillon comptent 2 personnes ou moins.

La moyenne de personnes par ménage est de 1,8, avec un écart type corrigé de 0,9, ce qui signifie que la plupart des ménages de l'échantillon sont formés d'une ou de deux personnes (1 et 2 étant les entiers compris dans l'intervalle [0,9 ; 2,7]).

d) Démarche pour construire les classes

1. Il faut approximativement 7 classes selon la table de Sturges.
2. Étendue : 84 − 6 = 78
3. Amplitude calculée : 78/7 = 11,1
   Amplitude choisie : 10

**Répartition des ménages de l'échantillon
selon l'âge de leur logement**

Âge du logement (en ans)	Nombre de ménages	Pourcentage
[5 ; 15[	9	18 %
[15 ; 25[	3	6 %
[25 ; 35[	5	10 %
[35 ; 45[	9	18 %
[45 ; 55[	7	14 %
[55 ; 65[	7	14 %
[65 ; 75[	4	8 %
[75 ; 85[	6	12 %
Total	50	100 %

**Répartition des ménages de l'échantillon
selon l'âge de leur logement**

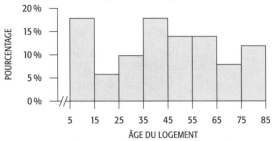

Analyse des données

Les logements des ménages de l'échantillon sont très âgés : 46 % ont entre 35 et 65 ans et 12 % ont plus de 75 ans. Seulement 18 % des logements ont moins de 15 ans.

On observe une distribution bimodale : une pluralité des ménages de l'échantillon (18 %) vivent dans des logements ayant entre 5 et 15 ans ou entre 35 et 45 ans.

La médiane étant de 43,9 ans, on peut estimer que 50 % des ménages de l'échantillon habitent dans des logements ayant moins de 44 ans.

La moyenne d'âge des logements est de 43,8 ans, avec un écart type corrigé de 22,9 ans, ce qui signifie que la plupart des logements ont entre 21 et 67 ans.

3. a) $D_9 = \dfrac{45^e \text{ donnée } + 46^e \text{ donnée}}{2} = \dfrac{3+3}{2} = 3$

Au moins 90 % des ménages de l'échantillon comptent 3 personnes ou moins.

b) $Q_1 = 26$ ans
Il y a 25 % des ménages de l'échantillon qui habitent des logements ayant moins de 26 ans.

4. a) Intervalle de confiance : 38,5 ans $\leq \mu \leq$ 49,1 ans
Il y a 90 % de chances que l'âge moyen de l'ensemble des logements des quartiers centraux de Québec se situe entre 38,5 ans et 49,1 ans.

b) Selon une étude, l'âge moyen des logements des quartiers centraux de Québec est de 43,8 ans.
Méthodologie
Ce sondage a été effectué auprès d'un échantillon aléatoire de 50 ménages. Avec un échantillon de cette taille, la marge d'erreur est de 5,3 ans, 18 fois sur 20.

5. a) Intervalle de confiance : 15,6 % $\leq p \leq$ 40,4 %.
Il y a 95 % de chances que le pourcentage réel de ménages à faible revenu pour l'ensemble des ménages du centre-ville de Québec se situe entre 15,6 % et 40,4 %.

b) Selon un sondage, 28 % des ménages des quartiers du centre-ville de Québec sont des ménages à faible revenu (moins de 30 000 $).
Méthodologie
Ce sondage a été effectué auprès d'un échantillon aléatoire de 50 ménages. Avec un échantillon de cette taille, la marge d'erreur est de 12,4 %, 19 fois sur 20.

c) $p = \hat{p} = 28$ %. Non. Avec une marge d'erreur de 12,4 %, il est inacceptable de prétendre que $p = \hat{p}$.

6. 1. $H_0 : p = 38,6\,\%$
   $H_1 : p > 38,6\,\%$
   $\alpha = 0,01$

   On a : $n = 50$
   $\hat{p} = 48\,\%$

2. On a : $n \geq 30$, $np \geq 500$ et $n(100{-}p) \geq 500$,
   d'où $\hat{p}$ suit une normale.

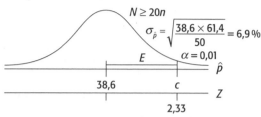

3. Point critique :
   Écart maximum tolérable : $E = 2,33 \times 6,9 = 16,1\,\%$
   Point critique : $c = 38,6 + 16,1 = 54,7\,\%$

4. Règle de décision
   Rejeter H_0 si le pourcentage $\hat{p}$ de l'échantillon
   est supérieur à 54,7 %.

5. Conclusion
   Puisque $\hat{p} = 48\,\% < 54,7\,\%$, on accepte H_0.
   Rien ne prouve statistiquement que le pourcentage
   de ménages composés d'une personne est plus élevé
   en 1995 qu'en 1986.

7. 1. $H_0 : \mu = 2,1$ personnes par ménage
   $H_1 : \mu \neq 2,1$ personnes par ménage
   $\alpha = 0,05$

   On a : $n = 50$
   $\bar{x} = 1,8$ personne par ménage
   $s = 0,9$ personne par ménage

2. On a : $n \geq 30$, d'où $\bar{x}$ suit une normale

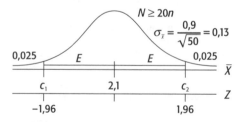

3. Points critiques :
   Écart maximum tolérable : $E = 1,96 \times 0,13 = 0,25$
   Points critiques : $c_1 = 2,1 - 0,25 = 1,85 \approx 1,9$
   $c_2 = 2,1 + 0,25 = 2,35 \approx 2,4$

4. Règle de décision
   Rejeter H_0 si la moyenne $\bar{x}$ de l'échantillon est
   inférieure à 1,9 ou supérieure à 2,4.

5. Conclusion
   Puisque $\bar{x} = 1,8 < 1,9$, on rejette H_0.
   La moyenne du nombre de personnes par ménage est
   différente de celle de 1986. Elle semble avoir baissé.

8. H_0 : Le mode d'occupation du logement est indépendant
   du revenu du ménage.
   H_1 : Le mode d'occupation du logement dépend du
   revenu du ménage.

O | T	Revenu du ménage (en 000 $)				
Mode d'occupation	Moins de 30	[30 ; 60[	[60 ; 90[	90 et plus	Total
Locataire	12 | 9	11 | 10,9	7 | 9	2 | 3,2	32
Propriétaire	2 | 5	6 | 6,1	7 | 5	3 | 1,8	18
Total (% T)	14 (28 %)	17 (34 %)	14 (28 %)	5 (10 %)	50 (100 %)

Attention ! On regroupe les deux dernières colonnes,
car les effectifs théoriques sont inférieurs à 5.

O | T	Revenu du ménage (en 000 $)			
Mode d'occupation	Moins de 30	[30 ; 60[	60 et plus	Total
Locataire	12 | 9	11 | 10,9	9 | 12,2	32
Propriétaire	2 | 5	6 | 6,1	10 | 6,8	18
Total (% T)	14 (28 %)	17 (34 %)	19 (38 %)	50 (100 %)

$\chi^2 = 5,1$

Règle de décision : rejeter H_0 si le $\chi^2 > 5,99$

Conclusion : puisque $5,1 < 5,99$, on accepte H_0.

Les variables sont indépendantes. Les données de
l'échantillon ne permettent pas de conclure qu'il y
a un lien entre le mode d'occupation du logement
et le revenu du ménage pour les ménages des
quartiers du centre-ville de Québec.

9. a) Médiane : $\dfrac{81 + 85,2}{2} = 83,1$

   Interprétation
   50 % des propriétaires d'une maison unifamiliale
   de l'échantillon ont une maison évaluée à moins
   de 83 100 $.

   b) Coefficient de corrélation linéaire
   $r = \dfrac{1139,81 - 8 \times 85,725 \times 1,625}{7 \times 14,47 \times 0,266} = 0,94$

   Interprétation
   La corrélation entre l'évaluation municipale d'une
   maison et le montant des taxes municipales est forte
   (car 0,94 est très près de 1) et positive : plus
   l'évaluation de la maison est élevée, plus les
   taxes sont élevées.

   c) $r^2 = 0,88$.

   Interprétation
   Il y a 88 % de la variation des taxes municipales sur
   une maison unifamiliale qui peut être expliquée par
   l'évaluation municipale de la maison. Par conséquent,
   12 % de cette variation de taxes peut être attribuable
   à d'autres facteurs.

   d) $y = 0,14 + 0,017x$.

   e) Environ 1 602 $.

Bibliographie

ALALOUF, S., D. LABELLE et J. MÉ-NARD. *Introduction à la statistique appliquée*, 2e éd., Montréal, Addison-Wesley, 1990.

ALLARD, J. *Concepts fondamentaux de la statistique*, Montréal, Addison-Wesley, 1992.

BAILLARGEON, G. *Méthodes statistiques avec applications dans différents secteurs de l'entreprise*, Trois-Rivières, Éditions SMG, 1984.

BAILLARGEON, G., et L. MARTIN. *Statistique appliquée à la psychologie*, 2e éd., Trois-Rivières, Éditions SMG, 1989.

BÉLISLE, J.-P., et J. DESROSIERS. *Introduction à la statistique*, Boucherville, Gaëtan Morin éditeur, 1983.

D'ASTOUS, A. *Le projet de recherche en marketing*, Montréal, Chenelière-McGraw-Hill, 1995.

LAPIN, L. *Statistique de gestion*, Laval, Études vivantes, 1987.

MARTINEAU, G. *Statistique non para-métrique appliquée aux sciences humaines*, Montréal, Éditions Sciences et culture, 1990.

SATIN, A., et W. SHASTRY. *L'échantillon-nage : un guide non mathématique*, 2e éd., n° 12-602-XPF au catalogue, Statistique Canada.

Statistique Canada. *Votre guide d'utilisa-tion des prix à la consommation*, n° 62-557-XPB au catalogue, 1996.

Adresses électroniques de données statistiques

Institut de la statistique du Québec :
http://www.stat.gouv.qc.ca

La Toile du Québec :
http://www.toile.qc.ca

Statistique Canada :
http://www.statcan.ca/start_f.html

Ministère de l'Éducation :
http://www.meq.gouv.qc.ca/M_stat.htm

Société de l'assurance automobile
du Québec : http://www.saaq.gouv.qc.ca

Ministère de la Santé et des Services
sociaux : http://www.msss.gouv.qc.ca

Index